Reinhard Brückner

Organisch-chemischer Denksport

Aus dem Programm
Chemie

Organische Chemie,
von S. H. Pine, J. B. Hendrickson, D. J. Cram und
G. S. Hammond

Organisch-chemisches Praktikum,
von G. Kempter

Prinzipien und Methoden der stereoselektiven Synthese,
von E. Winderfeldt

Analytische und präparative Labormethoden.
Grundlegende Arbeitstechniken für Chemiker, Bio-
chemiker, Mediziner, Pharmazeuten und Biologen,
von K. E. Geckeler und H. Eckstein

Einführung in die Schnelle Flüssigkeitschromatographie,
von G. Eppert

Quantitative Analytische Chemie.
Grundlagen – Methoden – Experimente,
von J. S. Fritz und G. H. Schenk

Biochemie,
von L. Stryer

Biochemie – ein Einstieg,
von H. Kindl

Arzneistoffe,
von W. Schunack, K. Mayer und M. Haake

Pestizide und Umweltschutz,
von G. Schmidt

Vieweg

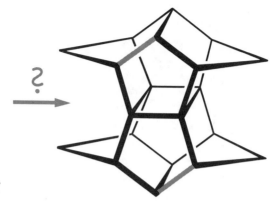

Reinhard Brückner

ORGANISCH-CHEMISCHER DENKSPORT

Ein Seminar für Fortgeschrittene
mit Aufgaben zur Naturstoffsynthese,
Mechanistik und Physikalischen Organischen Chemie

Friedr. Vieweg & Sohn   Braunschweig / Wiesbaden

CIP-Titelaufnahme der Deutschen Bibliothek

Brückner, Reinhard:
Organisch-chemischer Denksport: e. Seminar
für Fortgeschrittene mit Aufgaben zur Natur-
stoffsynthese, Mechanistik u. physikal. organ.
Chemie / Reinhard Brückner. – Braunschweig;
Wiesbaden: Vieweg, 1989
    ISBN 3-528-06329-7

Die Wiedergabe von Gebrauchsnamen, Handelsnamen, Warenbezeichnungen usw. in diesem Buch
berechtigt auch ohne besondere Kennzeichnung nicht zu der Annahme, daß solche Namen im Sinne
der Warenzeichen- und Warenschutzgesetzgebung als frei zu betrachten wären und daher von jeder-
mann benutzt werden dürfen.

Der Verlag Vieweg ist ein Unternehmen der Verlagsgruppe Bertelsmann.

Druck und buchbinderische Verarbeitung: W. Langelüddecke, Braunschweig
Printed in Germany

ISBN   3-528-06329-7

"What is your theory, then?" I asked eagerly. "My dear Watson, try a little analysis yourself," Holmes said. "You know my methods. Apply them, and it will be instructive to compare results."

Sir Arthur Conan Doyle (Aus: The Sign of Four)

VORWORT

Das Prinzip "Übung macht den Meister" wird - wie ich meine - in den Lehrplänen unserer Universitäten zu einseitig nur auf die *manuelle* Seite der Chemieausbildung bezogen. Ich glaube allerdings, daß der Organische Chemiker eigentlich erst in zweiter Linie ein Handwerker ist, während er in erster Linie einer *intellektuellen* Tätigkeit nachgeht. Überraschenderweise überlassen jedoch die meisten Fakultäten das Verdauen, Üben und Anwenden des theoretischen Stoffs dem Studenten in seinem stillen Kämmerlein - und dabei fühlt sich sicher so mancher verlassen.

Diese Lücke versucht das vorliegende Buch zu schließen. Ich habe es "Organisch-chemischer Denksport" getauft, um deutlich zu machen, daß es in der Organischen Chemie nicht nur ums "Kochen" geht, sondern auch ums Denken. Der offizielle Untertitel dieses Buches lautet "Ein Seminar für Fortgeschrittene". Der eigentlich vorgesehene Untertitel war "Extra-harte Nüsse aus Naturstoffsynthese, Physikalisch-Organischer Chemie und Mechanistik". Da Sie dieser Untertitel aber vielleicht verschreckt hätte, verrate ich ihn erst hier, nachdem Sie mir immerhin schon bis ins *Innere* dieses Buches gefolgt sind. Denn jetzt hoffe ich doch, daß Sie sich auch *ganz* auf das Abenteuer "Organisch-chemischer Denksport" einlassen. Nehmen Sie die Herausforderung an, siebzig "extra-harte Nüsse" zu knacken! Wer wagt, gewinnt! Das Durcharbeiten dieses Buches soll Ihnen nicht nur Spaß machen, Sie nicht nur im Lösen von Organisch-Chemischen Problemen trainieren, sondern Ihnen vor allem auch vor Augen führen, daß Sie derartige Probleme bereits jetzt, als "noch nicht ganz fertiger Chemiker", lösen KÖNNEN!

Die einzige Voraussetzung dafür ist, daß Sie sich mit Geduld und Ausdauer an die Aufgaben heransetzen. Sie dürfen nicht erwarten, daß Sie die Antworten im Fünfminuten-Takt - gewissermaßen "on-sight" - herausbekommen. Beginnen Sie die Suche nach den Lösungen nicht im hinteren Teil dieses Buches, sondern in Ihrem Kopf! Sie sollten die Lösung natürlich nicht nur aus einem Blatt Papier vor Ihnen und aus zerkauten Bleistiften konstruieren: Das Konsultieren eines Lehrbuchs oder eines Kommilitonen gehört - außer in Prüfungen - zu den legitimen (und empfehlenswerten) Methoden, ein chemisches Problem zu klären!

Spüren Sie die Lösungen mit Beharrlichkeit auf! Die hier vorgelegten Probleme wurden in einem wöchentlichen Seminar an der Universität Marburg besprochen, und als "Richtgeschwindigkeit" mag Ihnen unser Durchsatz von ca. zwei Fragen pro Woche dienen. Widerstehen Sie dem inneren Schweinehund, der Sie in die Versuchung führt, allzufrüh aufzugeben und sich durch Aufschlagen des Lösungsteils des Buches um den Lernerfolg zu bringen. Dieser stellt sich nur ein, wenn auch *Sie* Gehirnschmalz investiert haben!

Sie finden hier Aufgaben aus den verschiedensten Gebieten der modernen Organischen Chemie. Vertreten sind Strukturaufklärung, Totalsynthesen, Stereochemie, Mechanismen und Kinetik. Ein ausführlicher Antwortteil gestattet, Ihre Ergebnisse mit meinen Lösungsvorstellungen zu vergleichen. Zu allen Problemen finden Sie auch zusätzlich Literaturverweise. Ein *besonderer* Schwerpunkt dieses Buches liegt im Auffinden von Synthesewegen zu Naturstoffen in Fällen, wo die Literatur noch keine Präzedenz bietet; für jedes dieser Zielmoleküle wird ein beispielhafter Synthesevorschlag entwickelt.

Die Absicht des Buches ist, die Vielfalt organisch-chemischer Fragestellungen zu zeigen. Vertrautes wird in ungewohnter Umgebung dargestellt, um altes Wissen in neuem Kontext zu aktivieren. Wo immer möglich, wird auf Zusammenhänge zwischen Dingen verwiesen, über die zuvor vielleicht nur unverknüpftes Einzelwissen bestand. Die retrosynthetische Analyse von Naturstoffen umfaßt wie kaum ein anderer Aufgabentyp die ganze Breite der Organischen Chemie.

Die Fragen sind grob nach zunehmender Schwierigkeit geordnet. Inhaltlich wurde jedoch Wert auf eine möglichst *bunte* Aufeinanderfolge gelegt. Dies soll erstens Sie bei der Stange halten, denn zu Ihrer Erbauung ist dieses Buch geschrieben worden. Und wenn Sie den "Denksport" als Selbststudium betreiben, möchte ich Ihre Entdeckerfreude durch variantenreiches Fragen immer wieder neu stimulieren. Zweitens verhindert die thematische Durchmischung der Aufgaben das schablonenhafte "Schubladen-Denken", das kreativem Denken an vorderster Stelle im Weg steht.

Das Buch richtet sich an Diplomanden und Doktoranden der Organischen Chemie. Es wendet sich darüber hinaus an alle - durchaus auch an Studenten *vor* dem Diplomexamen - , die von der Organischen Chemie so fasziniert sind, daß sie den angebotenen Knobeleien nicht widerstehen können. Hochschullehrer könnten das geplante Buch als Anregung für Mitarbeiter- oder Studentenseminare nutzen.

Dieses Buch wäre nie entstanden, wenn sich meine Frau nicht der immens zeitaufwendigen Aufgabe gewidmet hätte, dem Computer klarzumachen, wie er die Formelzeichnungen nach meinem Geschmack anzufertigen hat! Ihr gilt dafür mein ganz herzlicher Dank, besonders auch deshalb, weil sich mein Geschmack angesichts der zunehmenden Qualität der Computer-Outputs im Laufe der Fertigstellung dieses Buches verfeinerte. Gleich an zweiter Stelle danke ich vielmals meinem Freund Klaus Ditrich! Er hat das Manuskript sehr prompt und sehr sorgfältig Korrektur gelesen und damit in wahrer Freundschaft die volle Verantwortung für alle verbliebenen Fehler übernommen. Herrn Björn Gondesen vom Vieweg-Verlag danke ich für die Ermunterung, dieses Buchprojekt in Angriff zu nehmen, und für die unkomplizierte und engagierte Beratung in vielen Detailfragen.

Marburg, im Juli 1988   Reinhard Brückner

INHALTSVERZEICHNIS

K = *Kinetik*, M = *Mechanismen*, N = *NMR-Spektroskopie*, O = *sonstige Physikalisch-Organische Fragestellungen*, P = *"Papiersynthese" (mit viel Stereochemie)*, S = *Stereochemie*, V = *Vervollständigen einer Synthese (einschließlich mechanistischer Probleme)*

K = *Kinetik*, M = *Mechanismen*, N = *NMR-Spektroskopie*, O = *sonstige Physikalisch-Organische Fragestellungen*, P = *"Papiersynthese" (mit viel Stereochemie)*, S = *Stereochemie*, V = *Vervollständigen einer Synthese (einschließlich mechanistischer Probleme)*

K = *Kinetik*, M = *Mechanismen*, N = *NMR-Spektroskopie*, O = *sonstige Physikalisch-Organische Fragestellungen*, P = *"Papiersynthese" (mit viel Stereochemie)*, S = *Stereochemie*, V = *Vervollständigen einer Synthese (einschließlich mechanistischer Probleme)*

K = *Kinetik*, M = *Mechanismen*, N = *NMR-Spektroskopie*, O = *sonstige Physikalisch-Organische Fragestellungen*, P = *"Papiersynthese" (mit viel Stereochemie)*, S = *Stereochemie*, V = *Vervollständigen einer Synthese (einschließlich mechanistischer Probleme)*

K = *Kinetik*, M = *Mechanismen*, N = *NMR-Spektroskopie*, O = *sonstige Physikalisch-Organische Fragestellungen*, P = *"Papiersynthese" (mit viel Stereochemie)*, S = *Stereochemie*, V = *Vervollständigen einer Synthese (einschließlich mechanistischer Probleme)*

K = *Kinetik*, M = *Mechanismen*, N = *NMR-Spektroskopie*, O = *sonstige Physikalisch-Organische Fragestellungen*, P = *"Papiersynthese" (mit viel Stereochemie)*, S = *Stereochemie*, V = *Vervollständigen einer Synthese (einschließlich mechanistischer Probleme)*

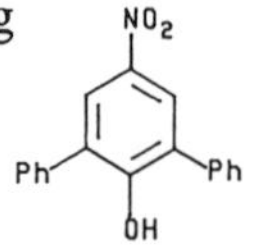

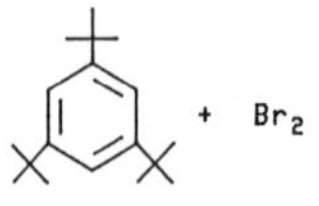

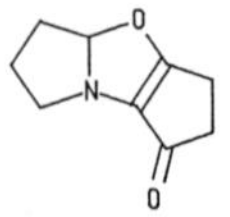

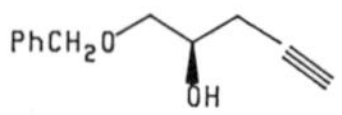

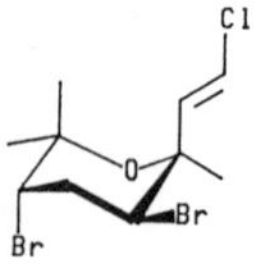

K = *Kinetik*, M = *Mechanismen*, N = *NMR-Spektroskopie*, O = *sonstige Physikalisch-Organische Fragestellungen*, P = *"Papiersynthese" (mit viel Stereochemie)*, S = *Stereochemie*, V = *Vervollständigen einer Synthese (einschließlich mechanistischer Probleme)*

Aufgabe 70

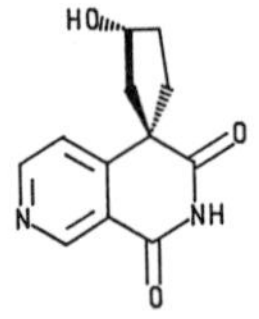

P   79

K = *Kinetik*, M = *Mechanismen*, N = *NMR-Spektroskopie*, O = *sonstige Physikalisch-Organische Fragestellungen*, P = *"Papiersynthese" (mit viel Stereochemie)*, S = *Stereochemie*, V = *Vervollständigen einer Synthese (einschließlich mechanistischer Probleme)*

Teil 1

AUFGABEN

AUFGABE 1

Im August 1985 wurde der Vorwurf erhoben, die Sowjetunion verwende "spy dust", um US-Bürger in Moskau zu überwachen. Diese Substanz wurde massenspektrometrisch als **1** identifiziert. In der Folge überprüften die Amerikaner das Vorkommen von "spy dust" in ihrer Moskauer Botschaft durch Anfärben mit Naphthoresorcin (**2**).

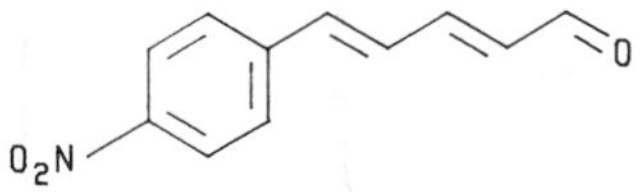

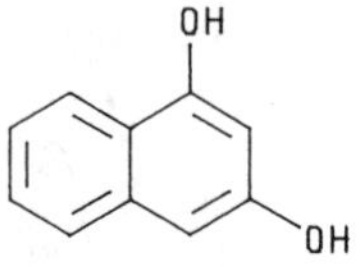

a) Wie würden Sie "spy dust" herstellen?

b) Worauf beruht die genannte Farbreaktion?

AUFGABE 2

Im Organischen Fortgeschrittenen-Praktikum der Universität Marburg wurde die Grignard-Verbindung aus 2-Phenylethylchlorid mit Methacrolein (1.1 Moläquivalente) umgesetzt (Ether, 2 h Rückfluß, 15 h Raumtemperatur, Aufarbeitung mit Essigsäure). Dabei isolierte der Praktikant überraschenderweise *zwei* Verbindungen (60 MHz-^{1}H-NMR-Spektren Abbildung 1).

a) Welche Struktur besitzt das unerwartete Produkt?

b) Schlagen Sie einen plausiblen Bildungs-Mechanismus vor! Durch welche Zusatz-Experimente würden Sie Ihre Vorstellungen zum Mechanismus untermauern?

c) Welche Anwendungsmöglichkeit dieser unerwarteten Reaktion sehen Sie?

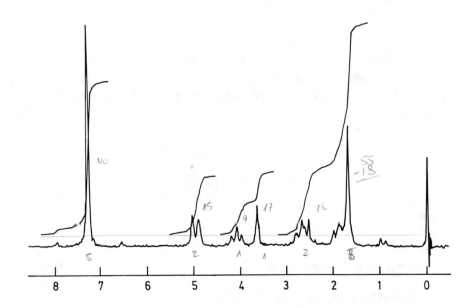

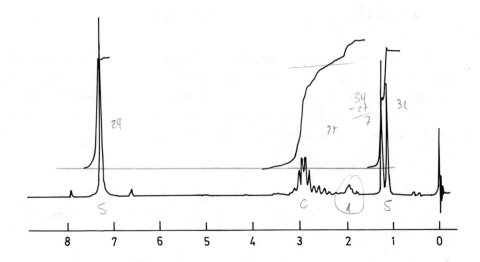

Abbildung 1 60 MHz ^{1}H-NMR-Spektren der Produkte von Aufgabe 2

AUFGABE 3

Sechs Variationen auf *ein* Thema! Allerdings, wie gesagt, *Variationen* ... und beim Beispiel f) sogar mit *Präludium*.

Erklären und ergänzen Sie die nachstehenden Reaktionsfolgen!

a)

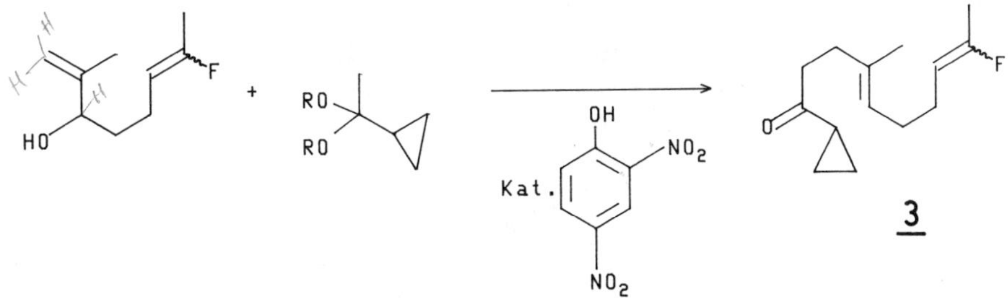

b)

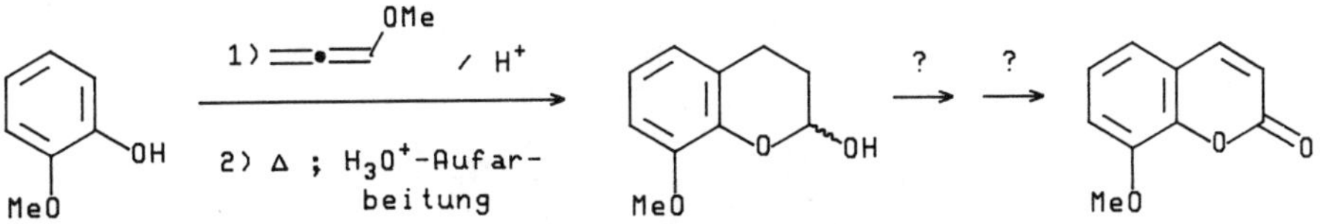

c)

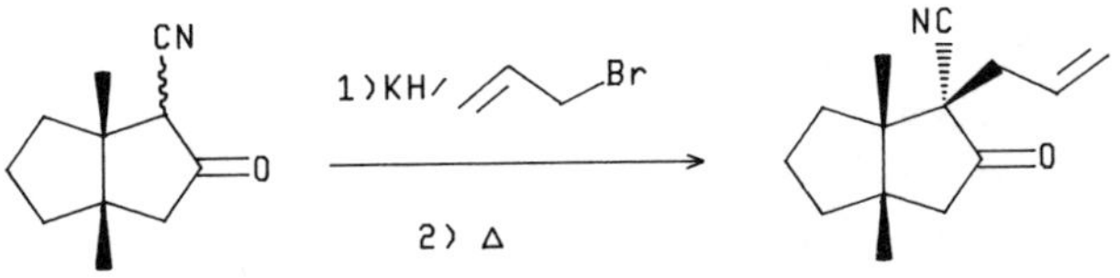

Verdeutlichen Sie anhand einer Zeichnung, wieso der Bicyclus **4** stereoselektiv gebildet wird; die Darstellung von **4** erfordert übrigens *wirklich* zwei Schritte!

d)

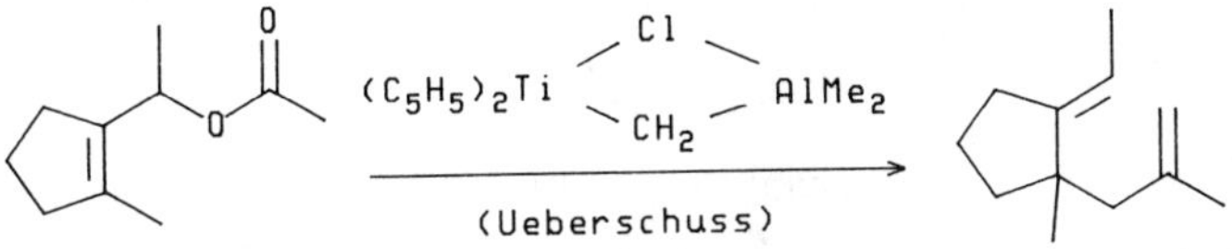

Wie kommt es zur E-selektiven Bildung der trisubstituierten Olefine **3** bzw. **5**? Zeichnen Sie möglichst gute Modelle der Übergangszustände!

e)

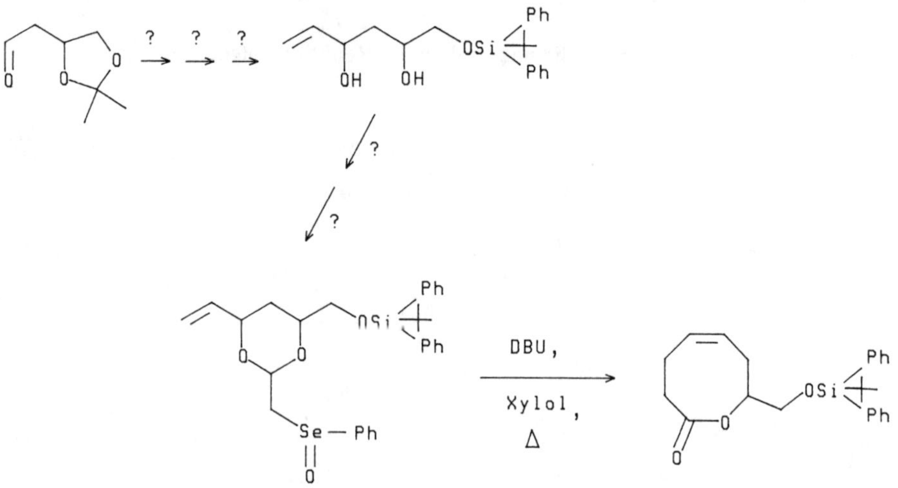

f)

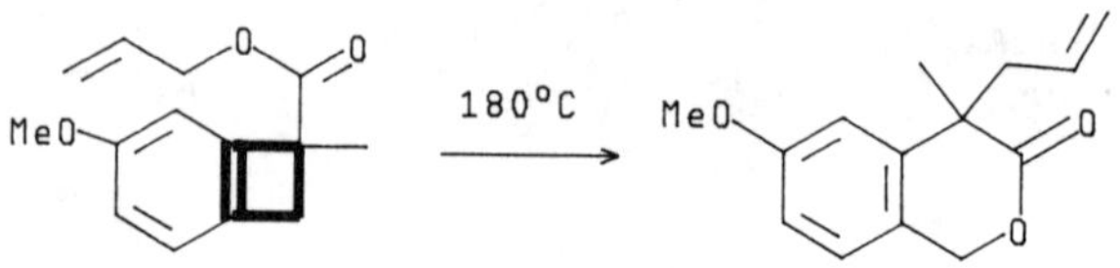

AUFGABE 4

Wie könnte diese neue Pyrrol-Synthese ablaufen?

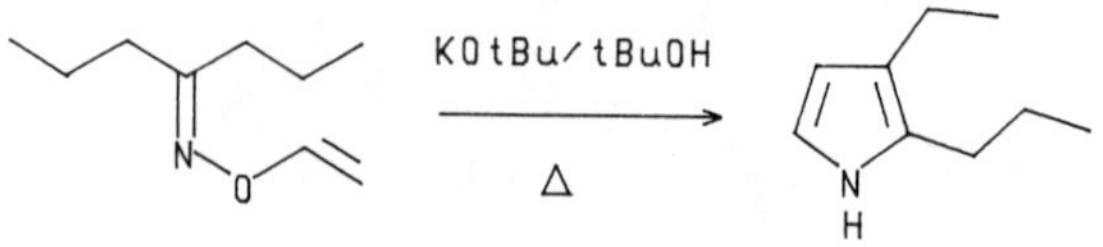

Erinnern Sie sich an eine mechanistisch verwandte Synthese eines anderen Heterocyclus? Könnte man das gleiche Reaktionsprinzip wie bei **6 → 7** auch bei der Synthese dieses *anderen* Heterocyclus nutzen?

AUFGABE 5

"Feeding deterrents" sind Substanzen, die Vieh oder Schädlinge vom Konsum von Nutzpflanzen abhalten. Z. B. wurde gefunden, daß ein bestimmtes Gras aufgrund der Anwesenheit von Peramin (**8**) nicht länger dem Insektenfraß zum Opfer fiel. *Sie könnten also auf die Idee kommen, **8** als Pflanzenschutzmittel zu verwenden. Wie würden Sie es dann herstellen?*

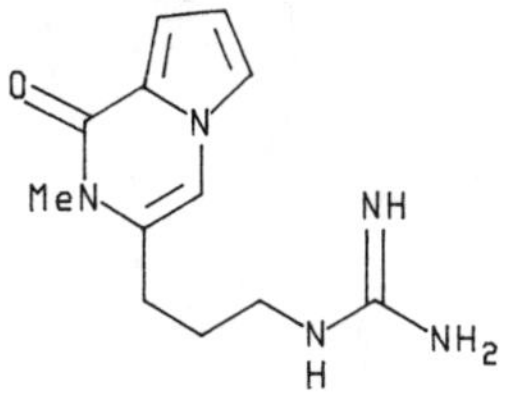

AUFGABE 6

Tri-*tert*-butylazet (**9**) wurde 1986 als erstes elektronisch unverfälschtes Aza-cyclobutadien isoliert. Die *tert*-Butylgruppen verleihen diesem Antiaromaten **9** beträchtliche thermische Stabilität: Man kann **9** in Toluol tagelang unzersetzt auf 100°C erhitzen!

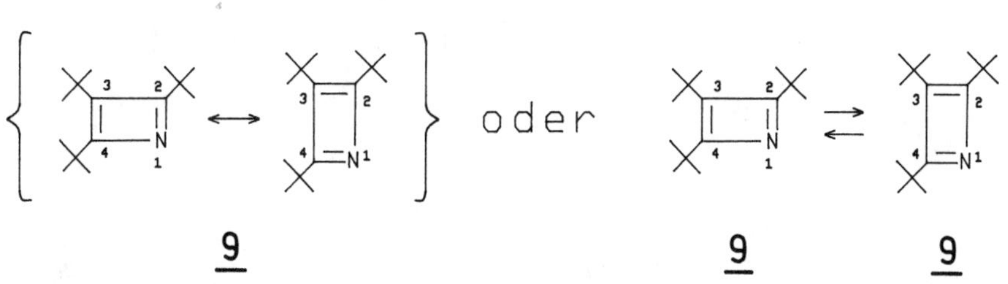

Bei der Charakterisierung von **9** interessierte primär die alte Frage aus der Cyclobutadien-Chemie: Mesomerie oder Valenzisomerie? Was sagen Ihnen die ^{13}C-NMR-Daten (d_8-Toluol; Multiplizitäten des off-resonance-Spektrums in Klammern) dazu?

-110°C: δ = 26.5 (q), 30.5 (s und q), 34.9 (s), 37.3 (s), 134.1 (s), 158.8 (s), 203.7 (s).

+100°C: δ = 27.1 (q), 30.4 (s), 30.9 (q), 35.7 (s), 134.4 (s), 180.9 (s).

AUFGABE 7

Ergänzen Sie die fehlenden Reaktionen!

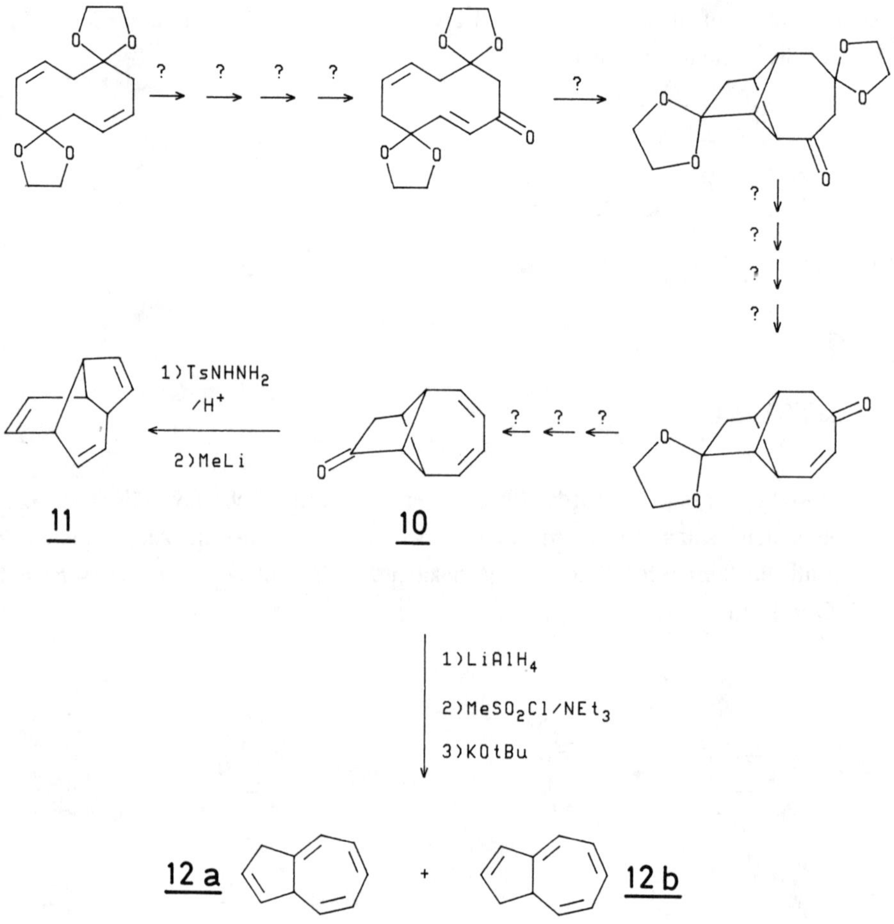

11   10

1)LiAlH$_4$

2)MeSO$_2$Cl/NEt$_3$

3)KOtBu

12 a   +   12 b

Welche Verbindung wollte der Autor ganz offensichtlich aus **10** herstellen? Erklären Sie, wie stattdessen **11** und **12** entstanden!

PS: Wie gewinnt man das Ausgangsmaterial dieser Sequenz?

AUFGABE 8

Hier eine kurze Synthese von Hirsuten (**15**); ergänzen Sie die Reaktionsbedingungen! Beachten Sie die stereoselektive Transformation von **14**! Haben Sie einen mechanistischen Vorschlag zur Bildung von **14**?

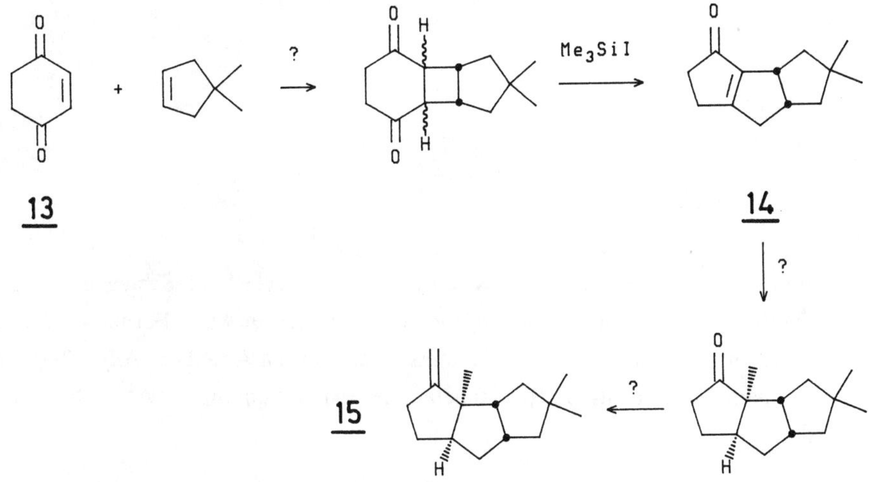

Wie würden Sie die Ausgangsmaterialien gewinnen? Achtung: Das Dion **13** ist tautomer zu Hydrochinon (vergleiche Aufgabe 37)!

AUFGABE 9

Kürzlich wurden die Gasphasen-Aciditäten der Ketone **16** und **17** gemessen, die Tautomere von Phenol sind. Ist **16** oder **17** die stärkere Säure? Und wie verhält es sich vergleichsweise mit der Acidität von Phenol?

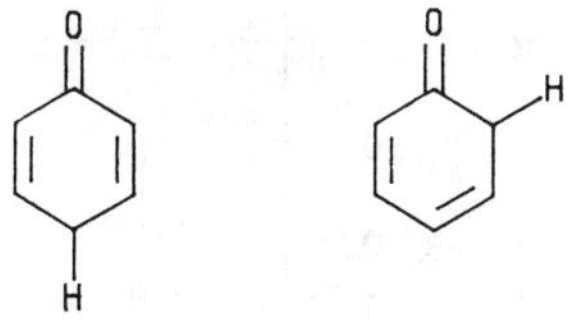

AUFGABE 10

Wie kommt es zu dem folgenden Acidität-Unterschied von beinahe 10 pK-Einheiten?

$$iPr_2NH : pK_a = 33.1 \qquad (Me_3Si)_2NH : pK_a = 24.7$$

AUFGABE 11

Phosphonium-Ylide, die der Wittig-Reaktion ausweichen! Schlagen Sie einen Mechanismus vor, der *allen* nachfolgenden Daten gerecht wird! Berücksichtigen Sie auch, daß man für Ar = p-MeO-C$_6$H$_4$ stets einen *höheren* Anteil des Allylethers **20** im Produktgemisch fand als bei den tabellierten Experimenten, wo Ar = Ph gewählt wurde.

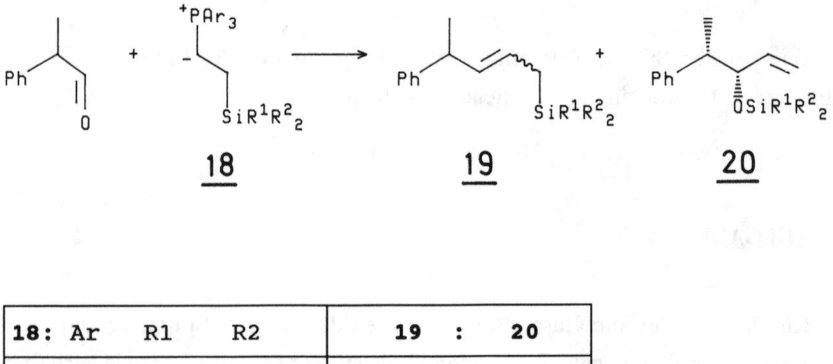

18: Ar	R1	R2	19	:	20
Ph	Me	Me	1	:	2
Ph	Ph	Me	1	:	4.5
Ph	OiPr	Me	1	:	12
Ph	Me	Ph	1	:	10
Ph	Me	OiPr	1	:	>100

AUFGABE 12

Daß eine äquatoriale Methylgruppe am Cyclohexan energetisch vorteilhafter ist als axial orientiertes Methyl, ist altbekannt. Weshalb besitzen dann aber die Methylgruppen am Tetrahydropyran - das *wie Cyclohexan* eine Sesselkonformation einnimmt - Konformeren-Energien, die zum Teil vom Cyclohexan-Wert *abweichen*?

ΔG (kcal mol^{-1})

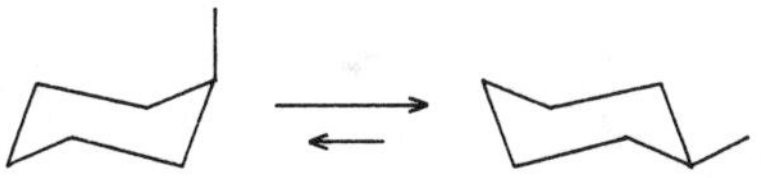

-1.74

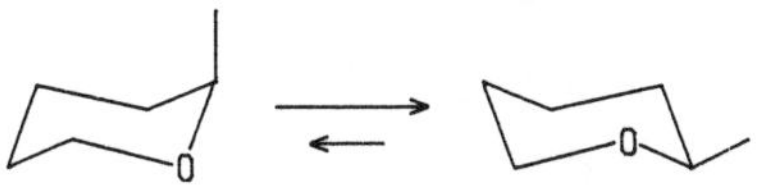

-2.86

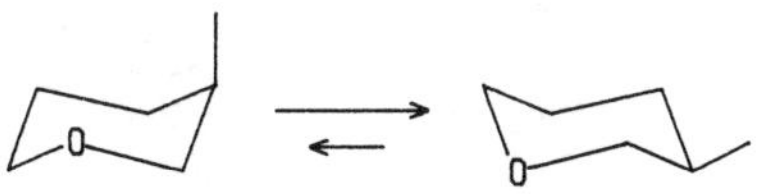

-1.43

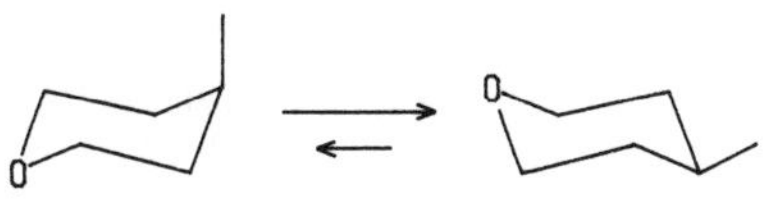

-1.95

Übertragen Sie das Resultat Ihrer Überlegungen auf die Methyl-1,3-dioxane **21** - **23**. Bei welchem Isomer erwarten Sie die größte Energie-Differenz bei äquatorialer verglichen mit axialer Methyl-Substitution?

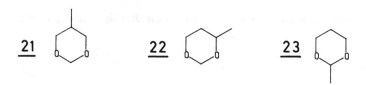

21   **22**   **23**

AUFGABE 13

Nun eine elegante enantioselektive Synthese von D-Ring und Seitenkette des Cholesterins aus (+)-Campher! Ergänzen Sie die fehlenden Reaktionen!

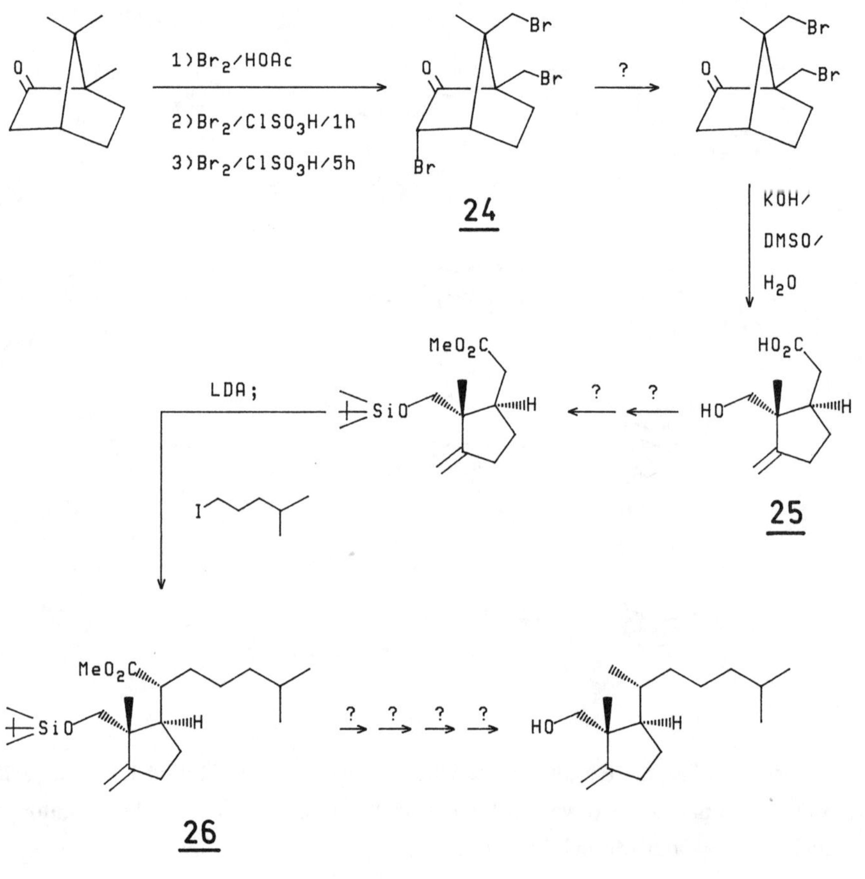

a) Wie entsteht **24**? In welcher Reihenfolge treten die drei Bromatome wohl ein? Warum wird an *jeder* Position nur *einmal* bromiert?

b) Wie entsteht **25**?

c) Das neue Chiralitätszentrum von **26** wird diastereoselektiv (95 : 5) gebildet; erklären Sie dies anhand einer Zeichnung!

AUFGABE 14

Hier beherrscht jemand seine Redox-Chemie! Finden Sie Mechanismen für all diese überraschenden Umwandlungen!

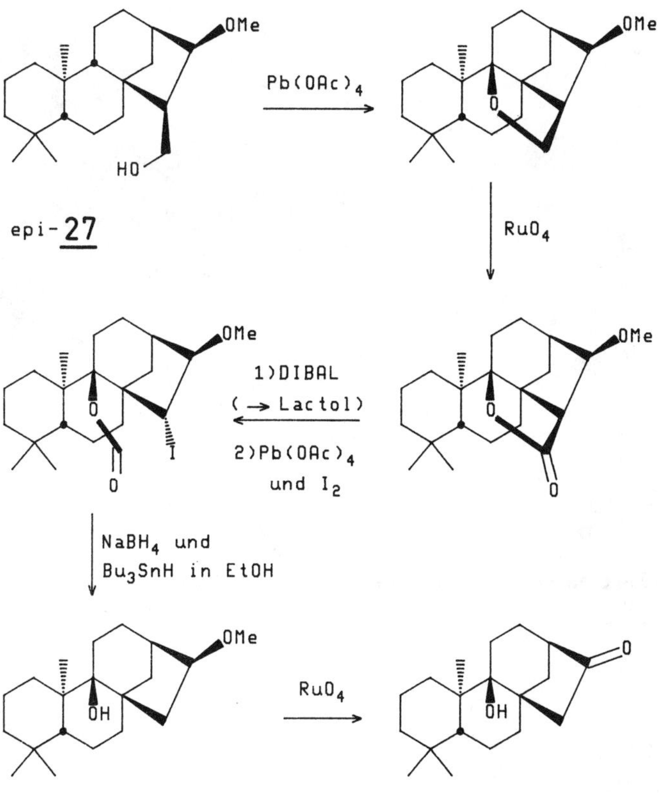

epi-**27**

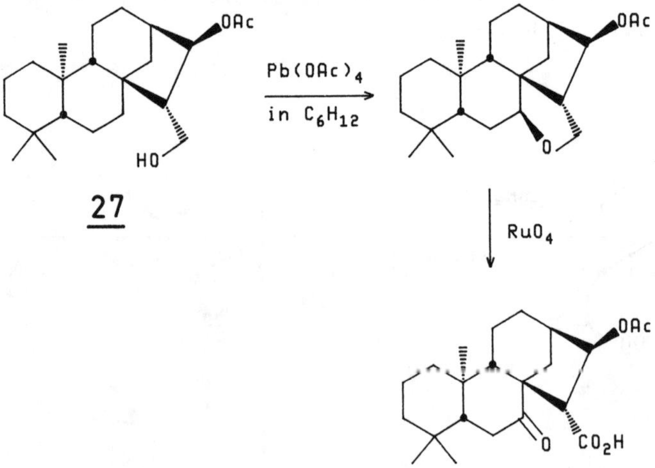

AUFGABE 15

Schlagen Sie eine Synthese für (±)-Malyngolid (**28**) vor!

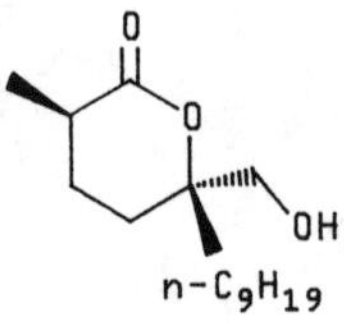

AUFGABE 16

Was sind die Reaktionsbedingungen dieser eleganten Synthese von trans-Bergamoten (**29**)?

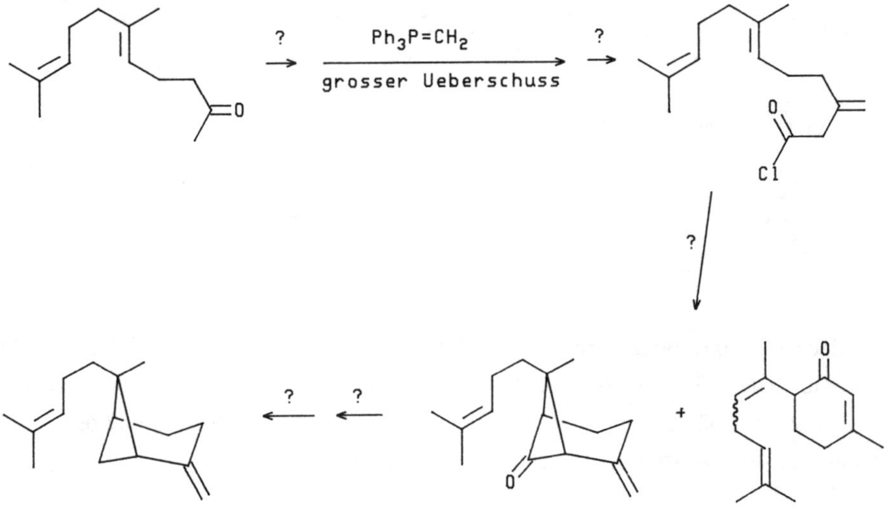

Ph₃P=CH₂ → $Ph_3P=CH_2$

grosser Ueberschuss

29

(43%)
30

(15-20%)
31

Der Autor wertet die Tatsache, daß **30** entstand, als Beweis für einen nicht-konzertierten Cycloadditionsmechanismus (er folgert dies *nicht* aus dem anteiligen Auftreten von **31** ... welches Sie aber ebenfalls erklären sollen). Wieso wird der bisher akzeptierte konzertierte Weg ausgeschlossen?

AUFGABE 17

In Aufgabe 16 hörten Sie von einer mutmaßlich *mehrstufigen* (2+2)-Cycloaddition eines Ketens. Für den Sonderfall eines donorsubstituierten Cycloadditions-Partners gibt es allerdings schon beträchtlich ältere Untersuchungen mit der *gleichen* Quintessenz. Die hier in diesem Zusammenhang vorgestellte Arbeit ist vielleicht die ausgeklügeltste, die dem Verfasser auf mechanistischem Gebiet *überhaupt* bekannt ist.

a) **32** und **33** bilden *zwei* Cycloaddukte, nämlich das erwartete **34** sowie das 2:1-Addukt **35**. **35** kann wohl nur über den Dipol **36** entstehen (wie?).

32 + ⟶ 34 + 35 ; 33 ; 36

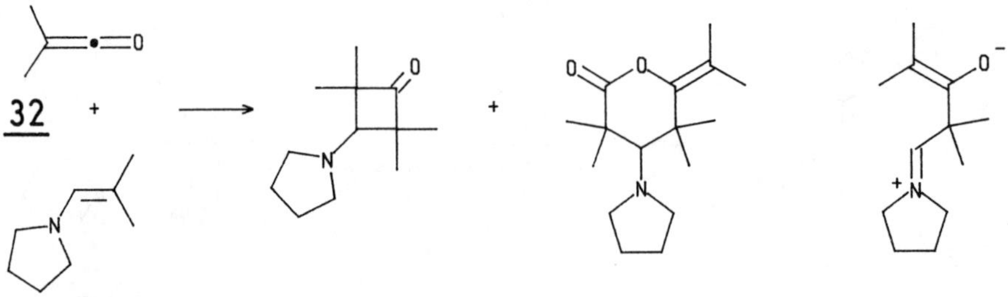

Mechanismus 1 oder Mechanismus 2 könnten das Auftreten von **35** neben **34** erklären. Die Geschwindigkeits-Konstanten - auch in eventuellen *weiteren* Mechanismen - müssen dem experimentellen Befund Rechnung tragen, daß der Dipol **36** während der Reaktion spektroskopisch nicht nachweisbar ist.

Mechanismus 1

$$\mathbf{32} + \mathbf{33} \xrightarrow{k_{Dipol}} \mathbf{36} \xrightarrow[k_{2+4}]{+\mathbf{32}} \mathbf{35}$$

$$\mathbf{32} + \mathbf{33} \xrightarrow{k_{konzertiert}} \mathbf{34}$$

Mechanismus 2

$$\mathbf{32} + \mathbf{33} \xrightarrow{k_{Dipol}} \mathbf{36} \xrightarrow[k_{2+4}]{+\mathbf{32}} \mathbf{35}$$

$$\mathbf{36} \xrightarrow{k_{cycl}} \mathbf{34}$$

b) Aufgrund folgender Resultate wurde Mechanismus 1 zugunsten von Mechanismus 2 ausgeschlossen:

1.) Als man **32** innerhalb von 30 min zu 3.5 Moläquivalenten **33** tropfte, fand man **34** und **35** im Verhältnis 17 : 1.

2.) Fügte man **33** auf einmal zu 4.5 Moläquivalenten **32**, entstanden **34** und **35** im Verhältnis 1.4 : 1.

Wie könnte argumentiert worden sein?

c) Später führte man 4 Umsetzungen von jeweils 3.594 mmol **33** mit 25.23 mmol **32** in Aceton durch. Diese Ansätze unterschieden sich voneinander *lediglich* in der *Konzentration* (d.h. nicht im Molverhältnis) der Reaktionspartner. Man isolierte bei diesen Versuchen **34** und **35** in den angegebenen, jeweils quantitativen Ausbeuten:

[Keten] [mol/L]	Ausb. 34 [mmol]	Ausb. 35 [mmol]
2.659	2.01	1.62
0.796	2.21	1.44
0.496	2.36	1.32
0.259	2.56	1.02

Das Verhältnis **34/35** *widerlegt* Mechanismus 2. Wieso?

d) Eine Interpretationsmöglichkeit bietet hingegen Mechanismus 3: Berechnen Sie die Quotienten $k_{konzertiert}/k_{Dipol}$ bzw. k_{2+4}/k_{cycl} ; das geht allein aufgrund der 4 Experimente von Aufgabenteil c)!

Mechanismus 3

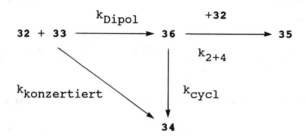

Bei unendlicher Verdünnung würde man nach Mechanismus 3 die Bildung von **35** vollständig unterdrücken; **34** wäre in diesem Fall das einzige Reaktionsprodukt. Wie groß wäre unter diesen Bedingungen der *konzertiert* entstehende Anteil **34**?

e) Welchen Mechanismus würden Sie aufgrund des letzten Resultats für die (2+2)-Cycloaddition von Ketenen und *Enolethern* erwarten?

f) Haben die Autoren eventuell die Alternative eines Mechanismus 4 übersehen, um ihre Resultate zu erklären?

Mechanismus 4

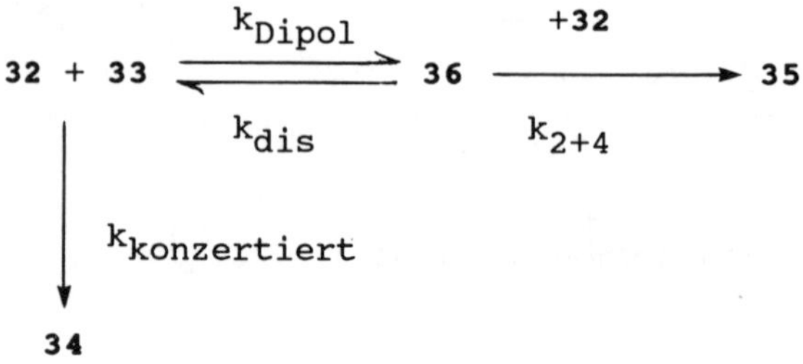

$$32 + 33 \; \underset{k_{dis}}{\overset{k_{Dipol}}{\rightleftharpoons}} \; 36 \; \xrightarrow{\;+32\; , \; k_{2+4}\;} \; 35$$

$$k_{konzertiert} \Big\downarrow$$

$$34$$

AUFGABE 18

Jetzt geht es um eine phantasievolle Synthese von Sativen (**40**)! Sie müssen nicht mehr viele Reaktionsbedingungen ergänzen, aber:

a) Wie kommt es zur stereoselektiven Bildung von **37**?

b) Die Bildung von **38** umfaßt 3 Einzelreaktionen im gleichen Topf, deren letzte eine Cycloaddition ist. Was geschieht? Wozu könnte der Zusatz von Ti^{4+} dienen?

c) Weshalb kann man die endocyclische C=C-Doppelbindung von **38** in Gegenwart der exo-Methylengruppe hydrieren?

d) Schlagen Sie einen Bildungs-Mechanismus für **39** vor!

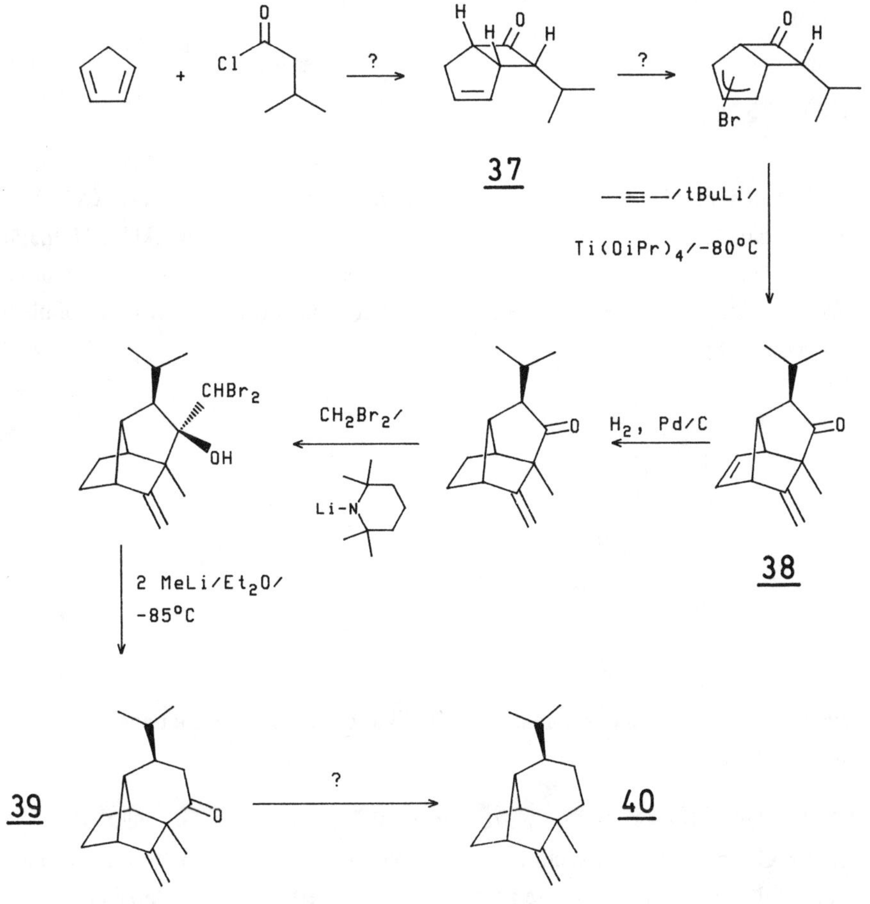

41% (9% Regioisomer)

AUFGABE 19

Wie könnte man Furodysinin (**41**), einen Metaboliten aus einem Schwamm aus Bermuda, synthetisieren?

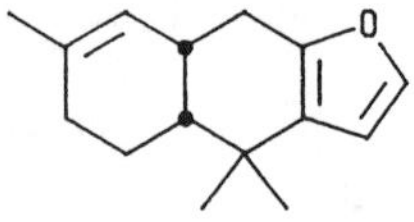

AUFGABE 20

In Stereochemie-Vorlesungen werden zentrale, axiale und planare Chiralität vorgestellt; daneben residieren als Sonderklasse helikal-chirale Moleküle. Helizität tritt in den Sekundärstrukturen der DNA und vieler Proteine auf, die keine typisch organischen Moleküle mehr sind; als organisches helikales Molekül wird gewöhnlich Hexahelicen (**42**) präsentiert.

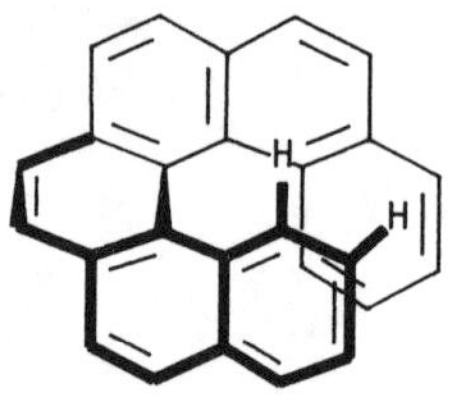

Welche weiteren niedermolekularen helikal-chiralen Verbindungen mag es geben? Eventuell Verbindung **43**?

Die Synthese von **43** erfolgte getreu dem Motto "und folgst Du nicht willig, so brauch' ich Gewalt": In Anbetracht einer Reaktionstemperatur von 340°C seien Ihnen auch ausgefallene Reaktionsschritte zugestanden, um die Bildung von **43** zu erklären.

Die 250 MHz-^{1}H-NMR-Spektren von **43** (Abbildung 2) wurden als Beweis für Helizität von **43** bei tiefer Temperatur gewertet; bei höheren Temperaturen soll es zu einer raschen Äquilibrierung der Helix M-**43** mit Ihrem Spiegelbild P-**43** kommen. Wie entnimmt man diesen Sachverhalt aus den Spektren?

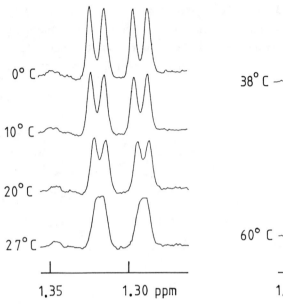
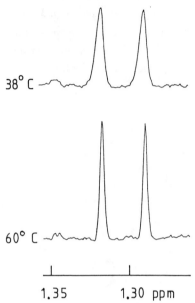

Abbildung 2 Isopropyl-Resonanzen der 250 MHZ-^{1}H-NMR-Spektren von Verbindung **43**

R = iPr   **43**
R = CF$_3$ **44**

Weshalb führten die Autoren eigentlich Isopropylreste in die beiden Phenylringe ein? Sie wurden für diese Wahl mit einer Ausbeute von nur 0.9 % bei der thermolytischen Darstellung bestraft! Demgegenüber wurde das analog gebaute **44** mit CF_3-statt Isopropyl-Gruppen in 31 % Ausbeute gewonnen. **44** dürfte genau wie **43** helikalchiral sein, besäße also weder eine Spiegelebene noch ein Inversionszentrum. Hätte sich diese Helizität dann nicht im ^{19}F-NMR-Spektrum von **44** bei Temperaturen unterhalb der Racemisierungs-Schwelle im Auftreten von zwei Singuletts manifestiert?

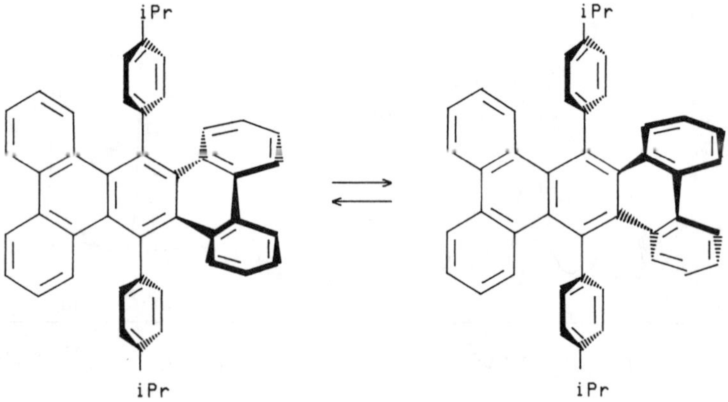

M - **43**   P - **43**

AUFGABE 21

Wie würden Sie das Antibiotikum Isomycin (**45**) synthetisieren?

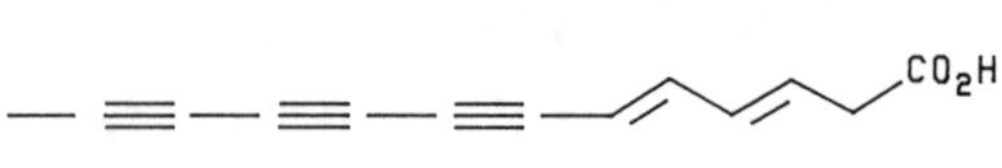

45

AUFGABE 22

Erklären Sie folgende Ergebnisse, denen zufolge LiAlH$_4$ *nicht* immer als Hydrid-Donor fungiert.

	in HMPT:	93%	1.5%
	in THF:	30%	67%
in Anwesenheit von 1,4-Cyclohexadien	in THF:	66%	4%
in Anwesenheit von P(cyclo-C$_6$H$_{11}$)	in THF:	95%	<1%

AUFGABE 23

Grignard-Reagenzien "auf Abwegen": Was geschieht?

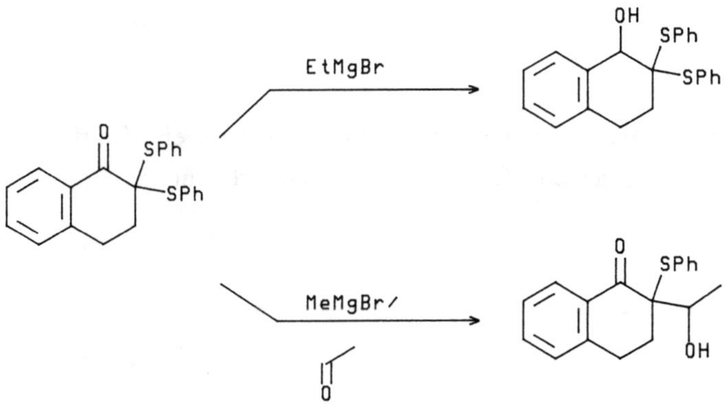

AUFGABE 24

Synthese und Cycloadditionen von Allenen:

a) Weshalb entsteht **46** und nicht **47**?

b) Wie würden Sie **47** im Bedarfsfall herstellen?

c) Wie bildet sich **48**?

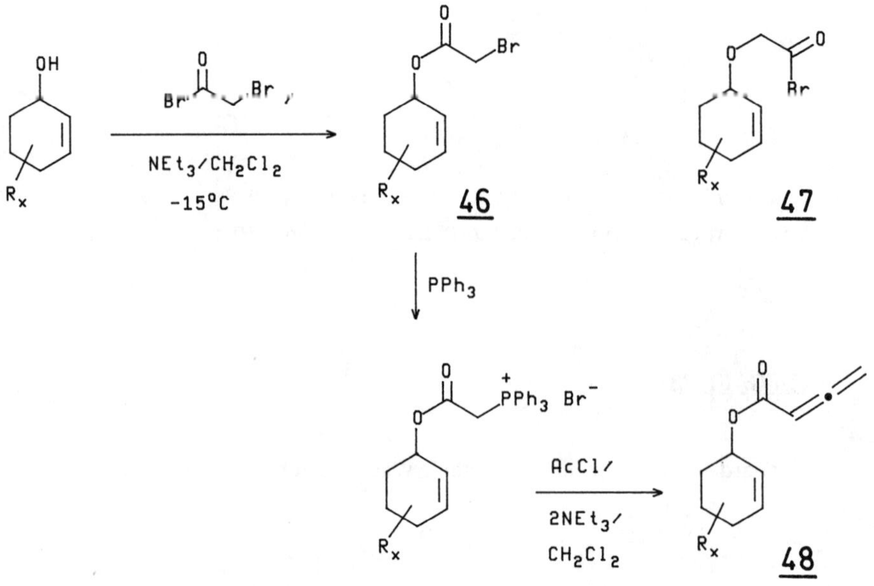

d) Das auf diesem Weg erhaltene Allen **48a** unternahm beim Erwärmen eine (2+4)-, das Allen **48b** dagegen eine (2+2)-Cycloaddition; Erklärung?

48 a

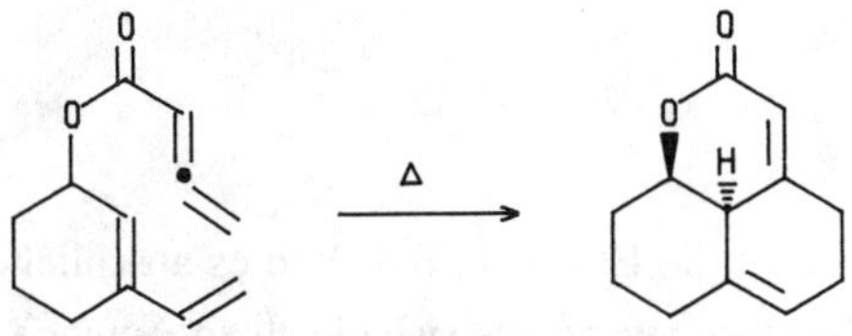

48 b

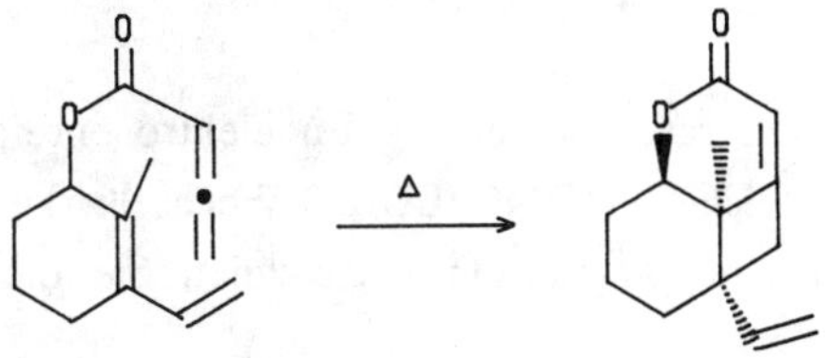

e) Die Reaktion des α-Bromesters **46** mit Triphenylphosphin kommt Ihnen vertraut vor, doch kann es das Reagenz-Paar α-Bromester/Triphenylphopsphin auch anders: Aus **49** z. B. entsteht **50**; Mechanismus? Warum entsteht aus **49** kein Phosphonium-Salz?

49   PPh₃/   H⁺   **50**

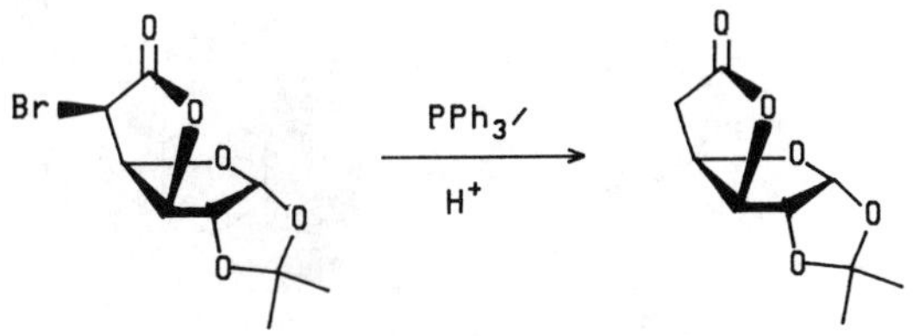

AUFGABE 25

Wie würden Sie das Acoran (±)-**51** synthetisieren?

51

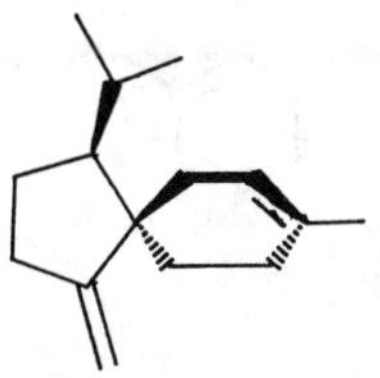

AUFGABE 26

Dieser Aufgabenblock betrifft die En-Reaktion! Wen es anschließend nach "noch mehr" zur gleichen Thematik gelüstet, versuche sich gleich an Aufgabe 38; dort gibt es den letzten Schliff.

a) En-Reaktionen verlaufen rasch, wenn das En elektronenreich ist und das Enophil elektronenarm. Welche HOMO/LUMO-Wechselwirkung beschreibt demzufolge am besten den Übergangszustand? Zeichnen Sie die Orbitale, die miteinander wechselwirken!

Das *einzige* Ethylen-Derivat, das bei Raumtemperatur ohne Katalysator intermolekulare En-Reaktionen eingeht, ist **53**. Tetracyanethylen (TCNE) z.B. ist dazu nicht imstande. Können Sie ableiten, ob **53** oder TCNE die höhere Elektronen-Affinität hat?

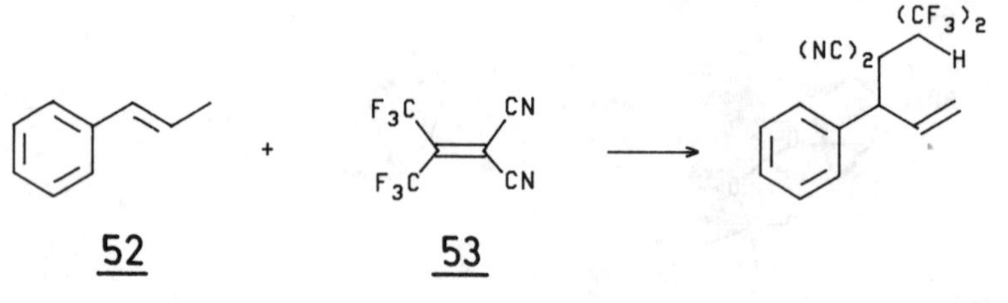

$$\underline{52} \qquad\qquad \underline{53}$$

b) Mit welchem En reagiert **53** rascher: mit **52** oder mit **54**? (Die Reaktionsgeschwindigkeit wird bestimmt durch den Energie-Unterschied zwischen *Übergangszustand* und Ausgangsmaterial).

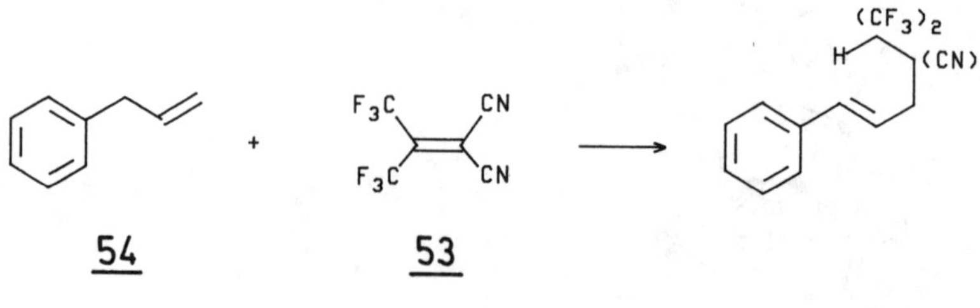

$$\underline{54} \qquad\qquad \underline{53}$$

c) Präparativ nützliche *inter*molekulare En-Reaktionen werden gewöhnlich durch Lewissäuren katalysiert; andernfalls fände keine Reaktion statt. Wie beeinflußt die Lewissäure die Orbital-Wechselwirkung im Übergangszustand (vergleiche Aufgabe 26a)?

d) Die En-Reaktion hat auch stereochemische Aspekte! Begründen Sie die Konfiguration des jeweiligen Haupt-Diastereomeren in dem folgenden Umsetzungs-Paar!

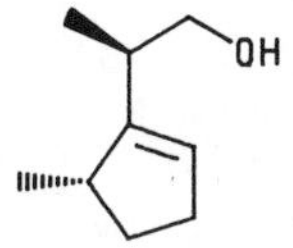

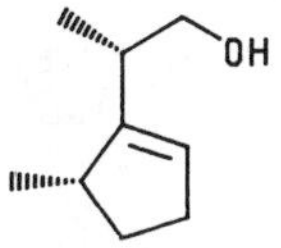

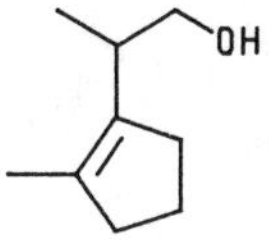

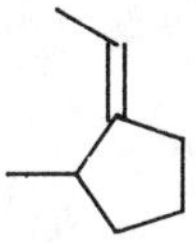 + HCHO/ BF$_3$·OEt$_2$ $\longrightarrow$	86 %	10 %	4 %
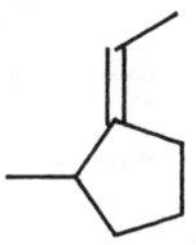 + desgl. $\longrightarrow$	5 %	7 %	88 %

e) Elektronenarme Alkine bilden unter Lewis-saurer Katalyse gleichfalls En-Produkte. Nutzen Sie Ihre Ergebnisse aus den Aufgabe 26a und 26d, um vorherzusagen, welche Verbindungen bei den folgenden Reaktionen in der Steroid-Reihe erhalten werden; übersehen Sie dabei nicht die Frage nach cis- oder trans-Konfiguration an der Doppelbindung des resultierenden α,β–ungesättigten Esters!

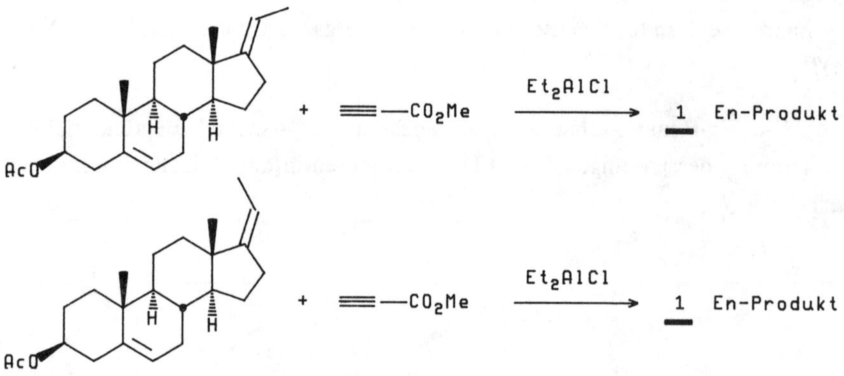

f) Die En-Reaktion gelingt auch enantioselektiv! Erklären Sie die Richtung der asymmetrischen Induktion bei der Umsetzung des (Phenylmenthyl)esters **55**!

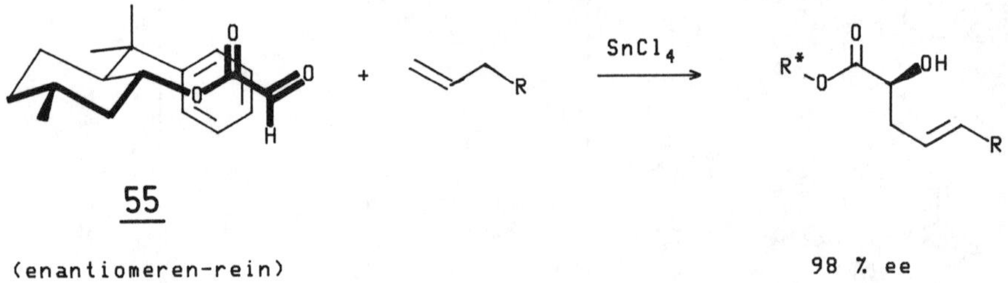

55

(enantiomeren-rein)   98 % ee

Ob **55** in der stabilsten Konformation gezeichnet ist? Nein? Stimmt denn in diesem Fall Ihre Argumentation betreffs der asymmetrischen Induktion noch? Wie verhält es sich eigentlich ganz generell: *Beeinflußt* die Vorzugskonformation einer Verbindung den sterischen Ablauf ihrer Reaktionen?

g) Abschließend eine enantioselektive und stereoselektive En-Reaktion mit stereochemischem Tiefgang!

Die absolute Konfiguration der Chiralitätszentren mit den OH-Gruppen ist in **57** *und* **58** erwartungsgemäß gleich derjenigen von Aufgabe 26f. Die *relative* Konfiguration der 3 Stereozentren *innerhalb* der Bicyclo(3.3.0)octadien-Untereinheiten von **57** bzw. **58** ist leicht zu erklären; nämlich wie?

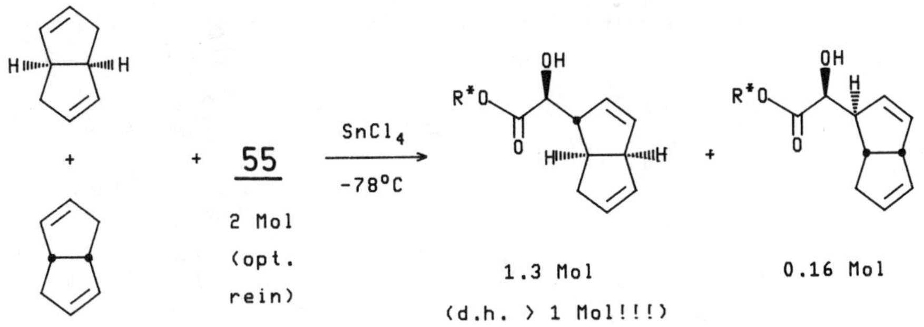

Daß mehr **57** als **58** isoliert wird, bedeutet, daß das *eine* Enantiomer des Diens **56** rascher mit dem optisch aktiven **55** reagiert als sein Antipode. Untersuchen Sie anhand von Molekülmodellen, wie es zu diesem Geschwindigkeitsunterschied kommt!

h) Das letzte Problem noch als "brain-buster" für Tüftler: Man isoliert 1.3 Mol **57**, obwohl nur 1.0 Mol des entsprechend konfigurierten Ens (**56**) eingesetzt wurden!! Der Autor dieser Arbeit hilft nicht mit einer Erklärung. Fällt *Ihnen* ein mechanistischer Ausweg ein?

AUFGABE 27

Ergänzen Sie die fehlenden Reaktionen in einer Totalsynthese von Cytochalasin H (**63**); die letzten 9 Stufen sollten Sie allerdings *nicht* miterledigen.

a) Weshalb wird **59** diastereoselektiv erhalten?

b) Warum entfernt der Autor die C=C-Doppelbindung aus der Zwischenstufe **60**, obwohl er sie im Zielmolekül **63** an eben dieser Stelle benötigt?

c) Bei der Bildung von **62** entstehen *vier* neue Stereozentren. Erklären Sie deren Konfiguration!

59

60

61

61

62

63

AUFGABE 28

Motto: "Nur Mut bei polycyclischen Molekülen !!!"

Heathcocks Synthese von Methyldehydrohomodaphniphyllat (**68**) ist elegant. Die *entscheidenden* C-C-Verknüpfungen werden jedoch letztlich mit Grundpraktikums-Reaktionen bewerkstelligt ... man muß sie eben "nur" erkennen! Ergänzen Sie die fehlenden Reaktionen!

a) Wie entsteht **64a**?

b) Welches "weitere Reagenz" ist zur Darstellung von **65** erforderlich?

c) In dem vinylogen Amid **65** muß zunächst die Doppelbindung reduziert werden. $NaBH_4$ alleine schafft das nicht; weshalb nicht? Gibt man aber *erst* $Me_3O^+BF_4^-$ zu und *dann* $NaBH_4$, so gelingt die Reduktion; wie funktioniert's? Warum eigentlich dieser Aufwand: Hätte man nicht einfach katalytisch hydrieren können?

d) Zur regioselektiven Deprotonierung im 4. Reaktionsschritt nach **65** vergleiche Aufgabe 53b; 2-Cyclohexenone reagieren stets derart mit LDA.

e) Bei der Umwandlung des tetracyclischen **66** in den Pentacyclus **67** gelingen mehrere Schritte in einem Topf; was geschieht im Detail? Zeichnen Sie **66** in einer Projektion, die der Anordnung in **67** entspricht!

f) Mechanismus der Reduktion des Bis(enolphosphats)? Die Weiterreduktion einer C=C-Doppelbindung zum gesättigten Kohlenwasserstoff unter diesen Bedingungen ist ungewöhnlich; warum wird dabei (im Widerspruch zu Murphy's Law ...) selektiv die Doppelbindung, die man im Zielmolekül **67** *nicht* mehr braucht, überreduziert?

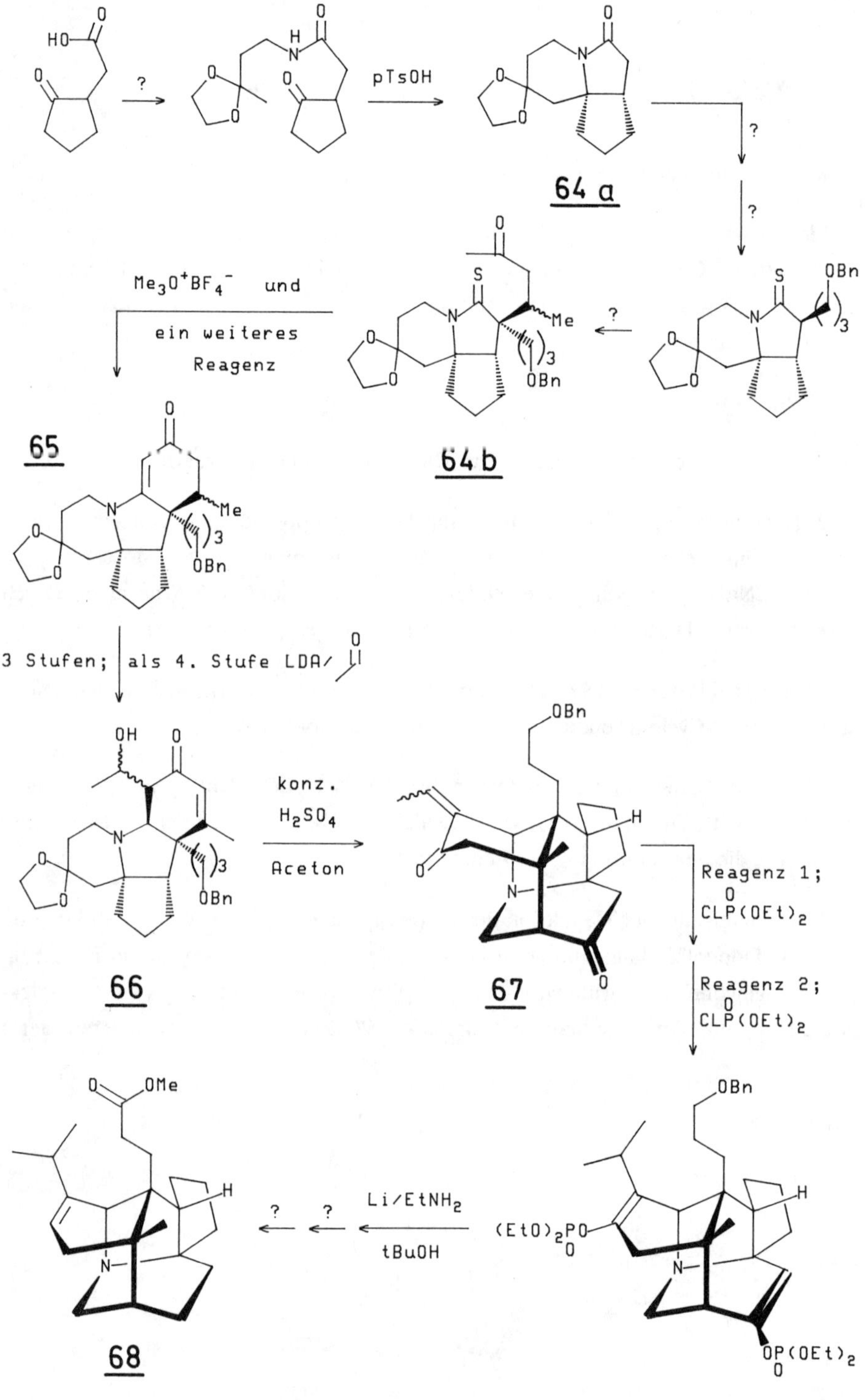

64 a

64 b

65

66

67

68

AUFGABE 29

Motto: Wie bei Aufgabe 28!!!

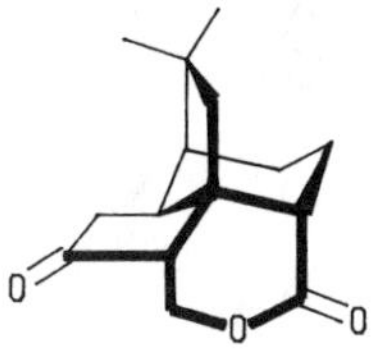

69

Trauen Sie sich an eine Papiersynthese von Quadron (**69**). Entwerfen Sie diese Synthese, indem Sie aus Aufgabe 28 zwei Lehren mitnehmen: Erstens knüpft man C-C-Bindungen von polycyclischen Molekülen dort, wo Ringe einander *berühren*, d.h. nicht an der nur zu einem *einzigen* Ring gehörenden Peripherie. Zweitens sind die Aldolkondensation und die Michaeladdition alte Reaktionen, doch enorm nützliche Werkzeuge zum Aufbau von Kohlenstoffgerüsten.

AUFGABE 30

Das überlegene Reagenz zur Umwandlung von C=O- in C=S-Doppelbindungen ist das Lawesson-Reagenz (**70**).

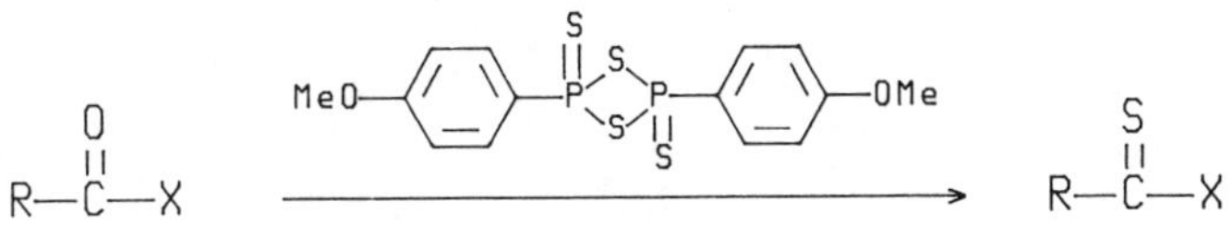

70

Schlagen Sie aufgrund der folgenden kinetischen Befunde einen Reaktionsmechanismus für Umsetzungen mit **70** vor!

a) Geschwindigkeitskonstante für X = NMe_2 > OMe > Ph

b) Für die Bildung von Thiobenzophenon aus Benzophenon + **70** wurde in Toluol folgendes Geschwindigkeitsgesetz gefunden:

$$\frac{d[Ph_2C=S]}{dt} = 1.63 \times 10^{-4} \times [Ph_2C=O] \times \sqrt{[70]} \times \sqrt{M^{-1}} \times s^{-1}$$

AUFGABE 31

^{13}C-NMR-Spektren 2,6-disubstituierter Cyclohexanone: wie kommt es zu den unterschiedlich zahlreichen Peaks? Hier lohnt es sich, die Molekülmodelle auszupacken!

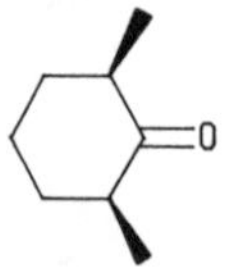

cis-**71** 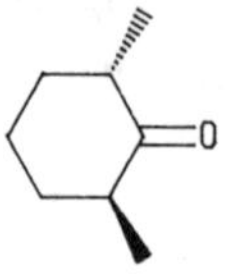   trans-**71** 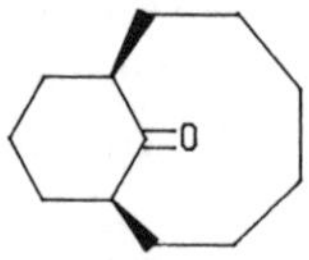   cis-**72** 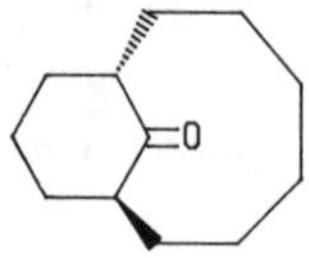   trans-**72**

Cis- *und* trans-**71** zeigen je fünf ^{13}C-NMR-Signale; cis-**72** hat sieben, doch hier hat das trans-Isomere (trans-**72**) elf ^{13}C-NMR-Resonanzen!

AUFGABE 32

Erklären Sie den Trick, mit dem man die Hydrolyse des "impertinenten" Phosphorsäureesters **73** zuwege brachte!

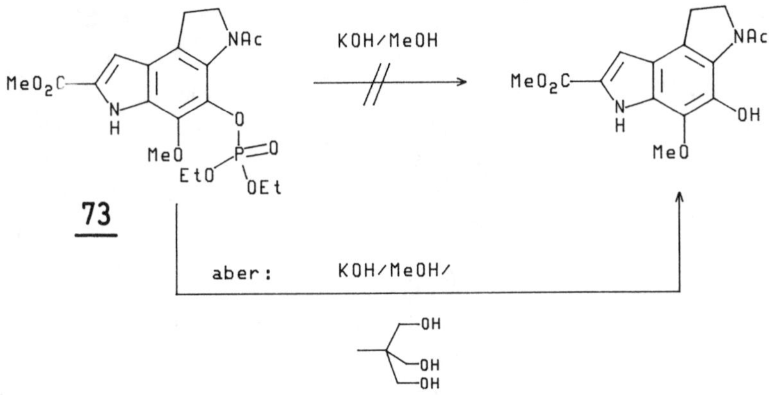

AUFGABE 33

Ergänzen Sie in der nachfolgenden Synthese-Sequenz eines Geometrie-Enthusiasten die fehlenden Reaktionspartner und -bedingungen auf dem Weg zu dem Fenestran **77**.

Erörtern Sie ferner folgende Zusatzfragen:

a) Wie erhält man das α,α'-Dibrom-keton **75** anstelle des α,α-Dibrom-isomeren?

b) Welche Namensreaktion wird durch die Umwandlung von **75** illustriert?

c) Nach welchem Mechanismus reagiert **76**?

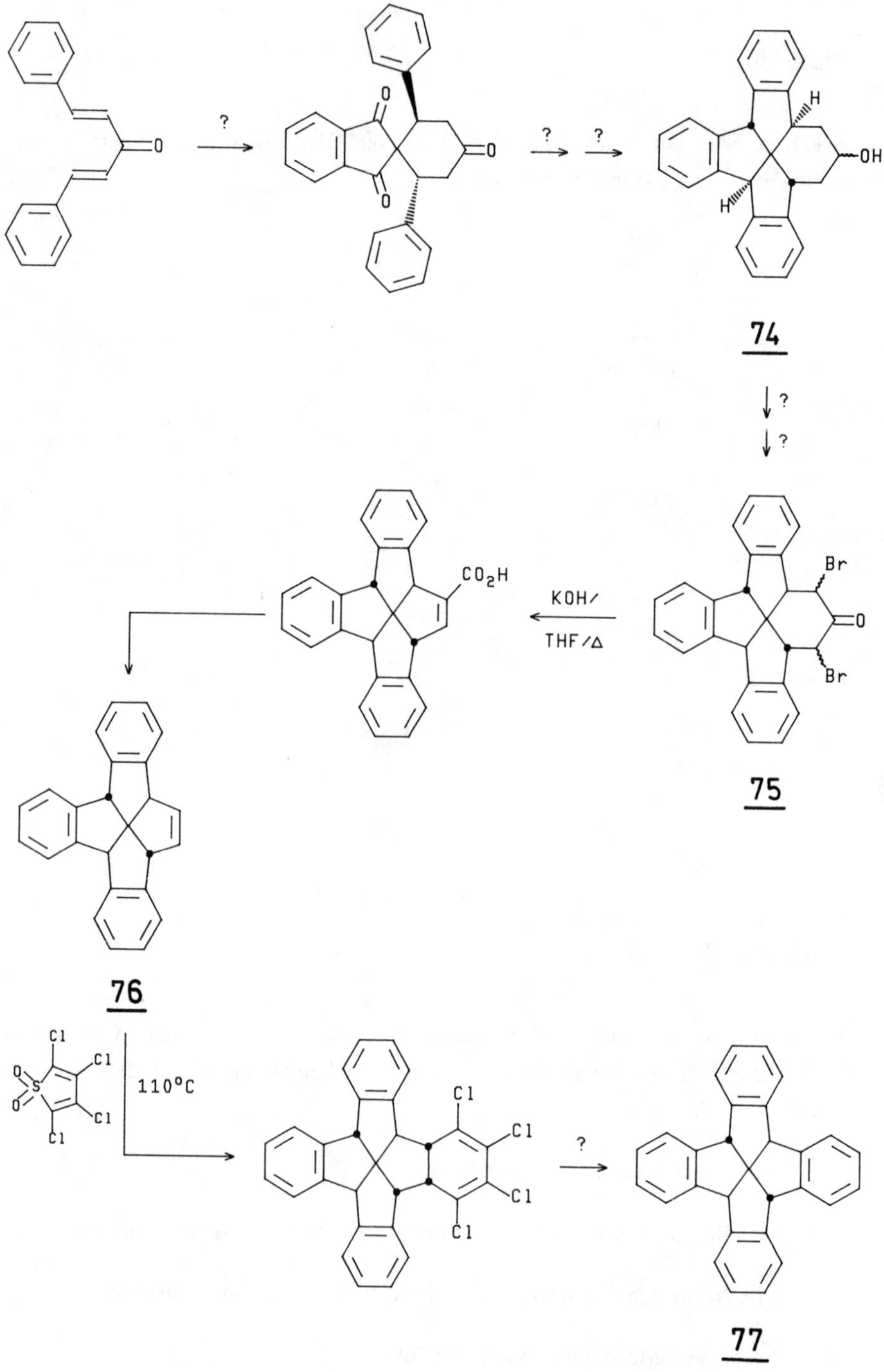

74

75

KOH/
THF/Δ

76

110°C

77

AUFGABE 34

Kommentieren Sie die Hydrierwärmen in den Versuchsreihen A und B!

Versuchsreihe A:

verglichen mit

-76.88±0.5   -23.62±0.07 kcal/mol

Versuchsreihe B:

verglichen mit    und

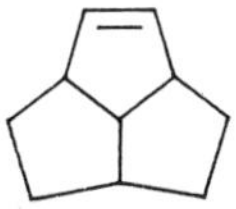

-78.0±0.5   -55.0±0.4   -27.5±0.3 kcal/mol

oder

-26.94±0.13 kcal/mol

AUFGABE 35

Vervollständigen Sie die Synthese des Tricyclus **84** aus dem ε-Truxillat **78**!

a) Wie funktioniert der Abbau der Phenylringe von **79** zu der Dicarbonsäure **80**?

b) Die vier Schritte, die zum Olefin **81** führen, erkennen Sie am leichtesten, wenn Sie sich die Funktion des Phosphans im letzten Teilschritt dieser Sequenz überlegen.

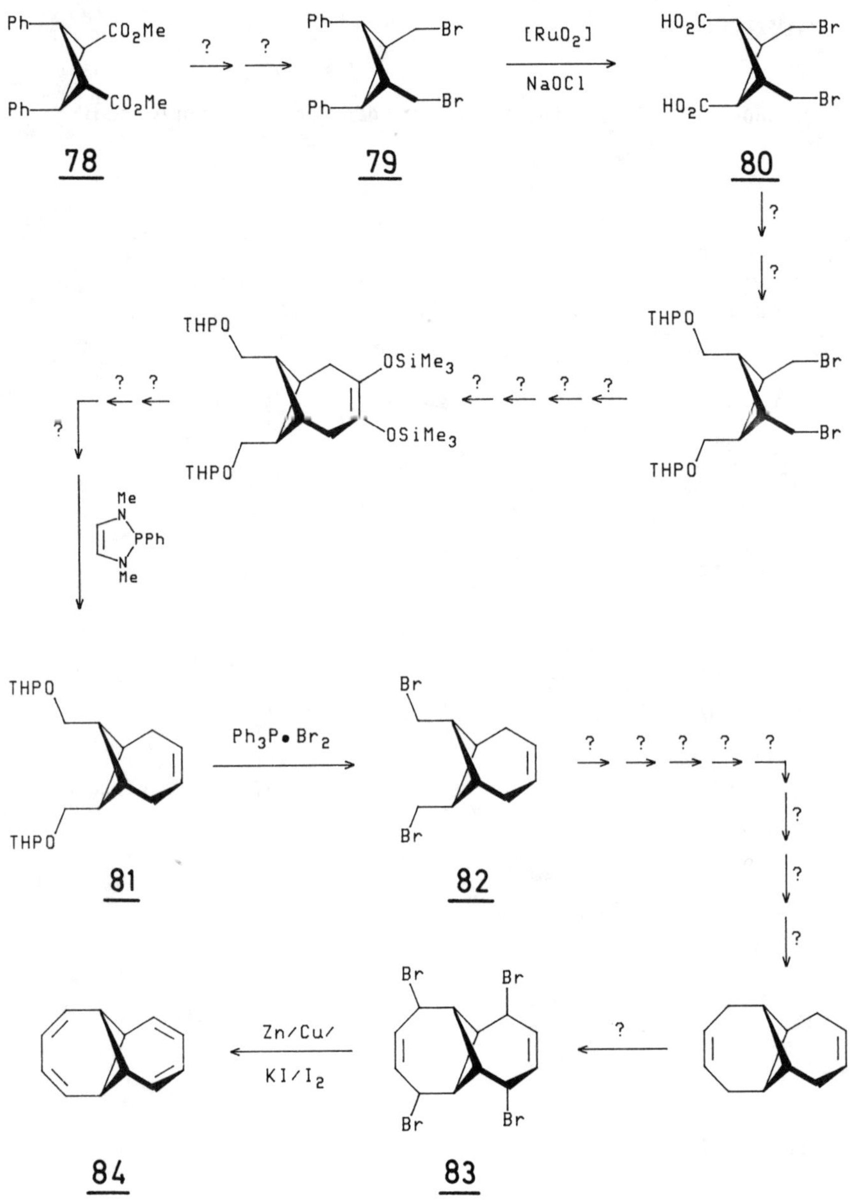

Ph
CO2Me
Ph
CO2Me
78
? ?
Ph
Br
Ph
Br
79
[RuO2]
NaOCl
HO2C
Br
HO2C
Br
80
?
?
THPO
Br
THPO
Br
? ? ? ?
THPO
OSiMe3
OSiMe3
THPO
? ?
?
Me
N
PPh
N
Me
THPO
THPO
81
Ph3P• Br2
Br
Br
82
? ? ? ? ?
?
?
?
?
Br
Br
Br
Br
83
Zn/Cu/
KI/I2
84

c) Zur Bildung von **82** bedarf es offenbar keines separaten Schritts zur Entfernung des THP-Ethers; woran könnte das liegen?

d) Wie wirkt der eigenartige Reagenzien-Mix bei **83** → **84** ?

AUFGABE 36

Entwerfen Sie eine Synthese für Ponfolin (**85**)!

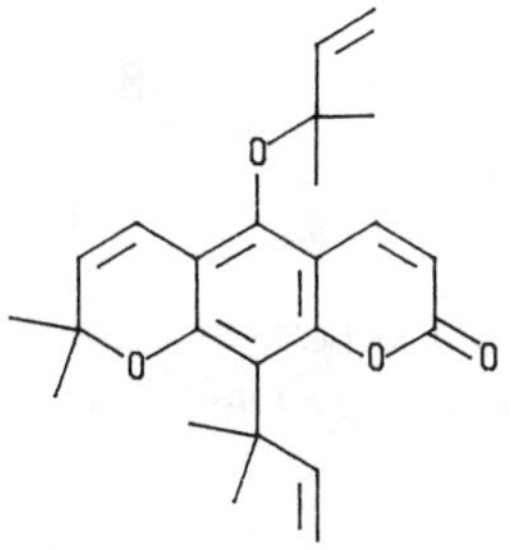

85

AUFGABE 37

Vinyl-substituierte Aromaten können als 1,3-Diene Diels-Alder-Reaktionen eingehen und sogenannte Wagner-Jauregg-Cycloaddukte liefern. Diese Addukte können durch (4+2)-Cycloreversion in die Reaktanten zerfallen. Deshalb liegen diese Addukte im vorliegenden Beispiel nur im Gleichgewicht vor:

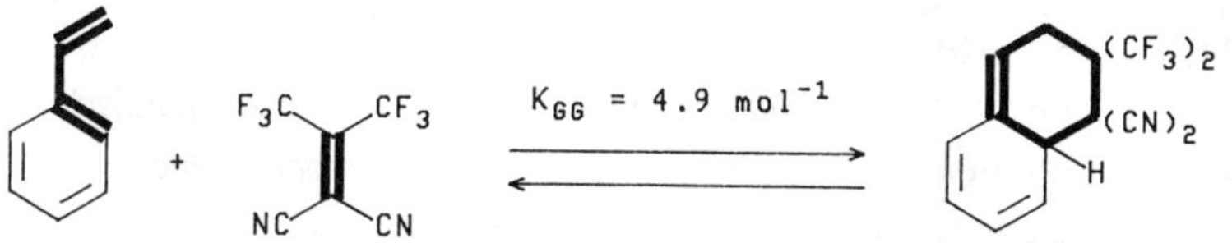

86

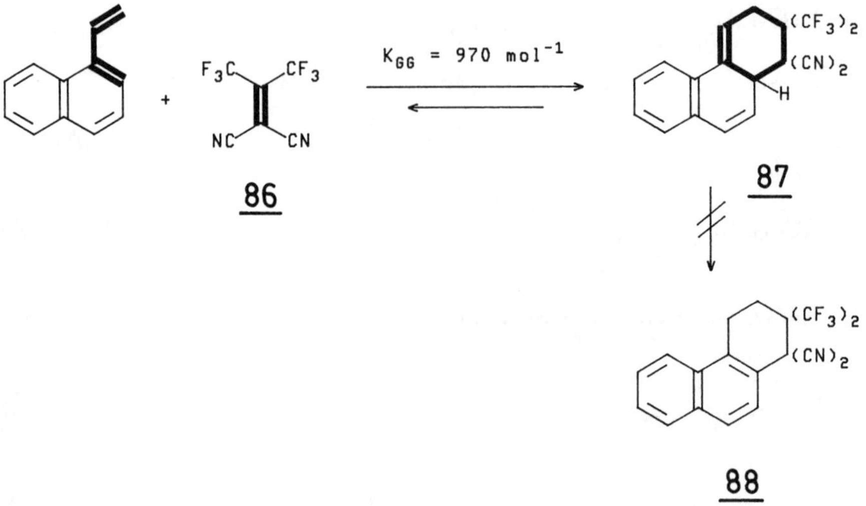

$$K_{GG} = 970 \text{ mol}^{-1}$$

86   **87**

88

Erläutern Sie die Größenordnung *und* die Abstufung der Gleichgewichtskonstan-ten K_{GG} (25°C, Benzol), die für die Addition des elektronenarmen Olefins **86** an Sty-rol bzw. Vinylnaphthalin gemessen wurden!

Warum ist eine Lösung von **87** in Chloroform monatelang stabil, obwohl in der Aromatisierung **87** → **88** eine Stabilisierungsmöglichkeit nahezuliegen scheint?

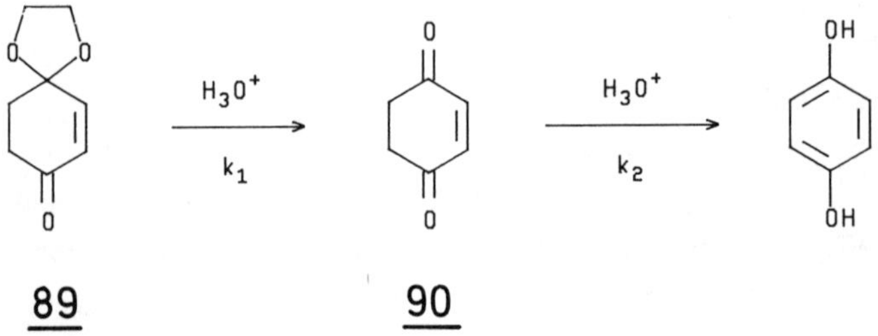

89   **90**

Wenn Sie dieses Problem erforscht haben, sollten Sie sich fragen, weshalb man das Diketon **90** (das Ihnen als **13** in Aufgabe 8 begegnet ist) durch Hydrolyse des Ketals **89** *in verdünnter Schwefelsäure* gewinnen kann. Weshalb katalysiert die Schwefelsäure die Tautomerisierung dieses Diketons zum entsprechenden Bis-enol, dem Hydrochinon, so uneffektiv, daß $k_1/k_2 = 21$ gefunden wurde?

AUFGABE 38

In Aufgabe 26 wurde Ihnen der "normale" = konzertierte Mechanismus der En-
Reaktion vorgestellt. Dieser beschreibt jedoch nicht alle En-Reaktionen zutreffend.

Konzertierter Mechanismus:

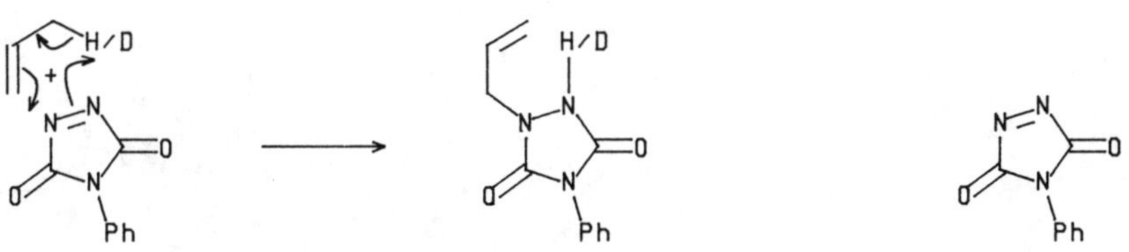

91   **92**

Zwitterionischer Mechanismus:

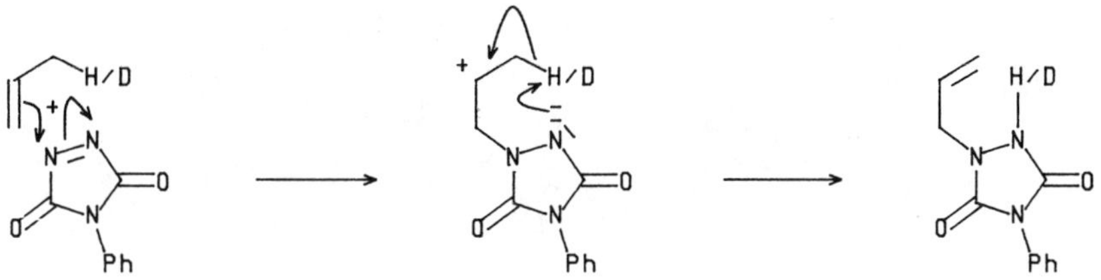

91

Aziridinium-Mechanismus:

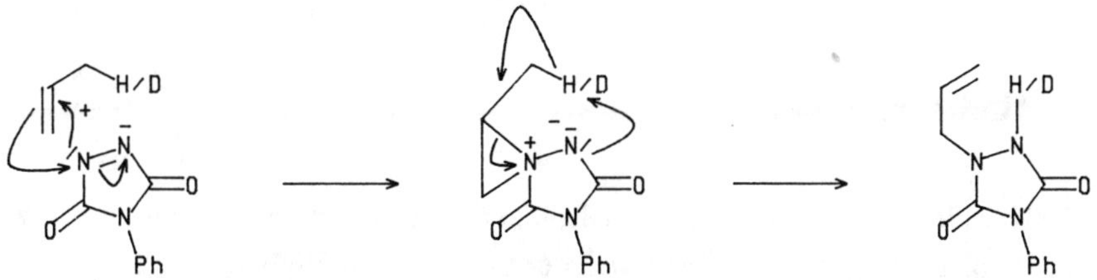

91

Im Fall des Triazolindions **92**, einem der reaktivsten bekannten Enophile, werden außer dem konzertierten auch mehrstufige Wege zum En-Produkt **91** diskutiert: Z. B. über ein Zwitterion oder eine Aziridinium-Ion-Zwischenstufe.

Eine Unterscheidungsmöglichkeit zwischen diesen Wegen versprach man sich bei der Umsetzung von **92** mit deuterierten Enen; man isolierte die gezeigten isotopomeren Produkte in den angegebenen Verhältnissen:

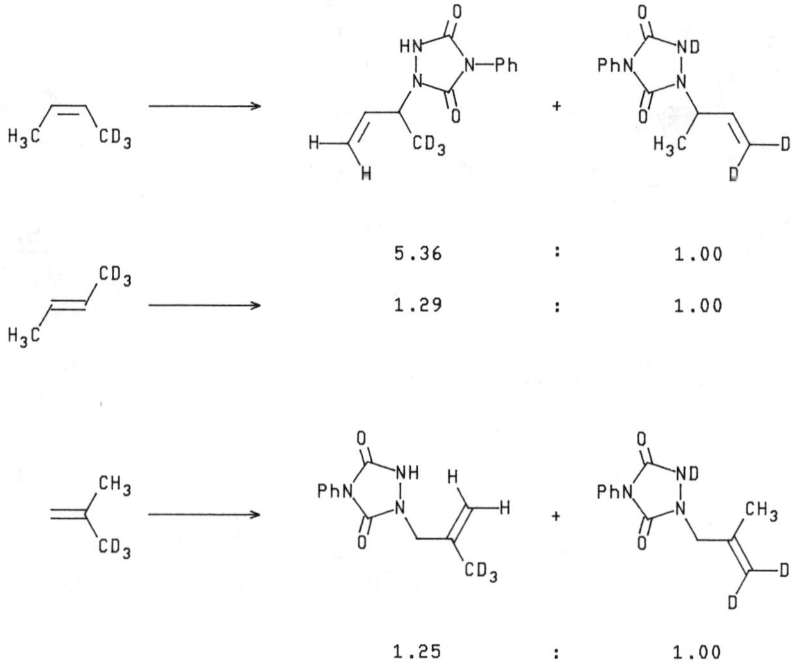

5.36	:	1.00
1.29	:	1.00

1.25	:	1.00

Welcher Mechanismus ist's? Oder muß man gar einen weiteren - oder modifizierten - Reaktionsweg vorschlagen, um die Resultate zu erklären?

AUFGABE 39

Nachdem Sie in Aufgabe 38 in Isotopen-Effekte hineingerochen haben, werden Sie Beobachtungen von Musso bei der Iodierung partiell deuterierter Biphenyle interessieren:

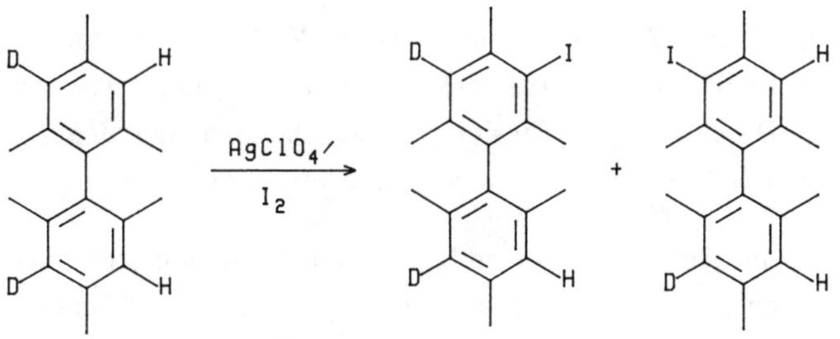

$$3.2 \quad : \quad 1$$

Vergleichen Sie mit folgenden Resultaten:

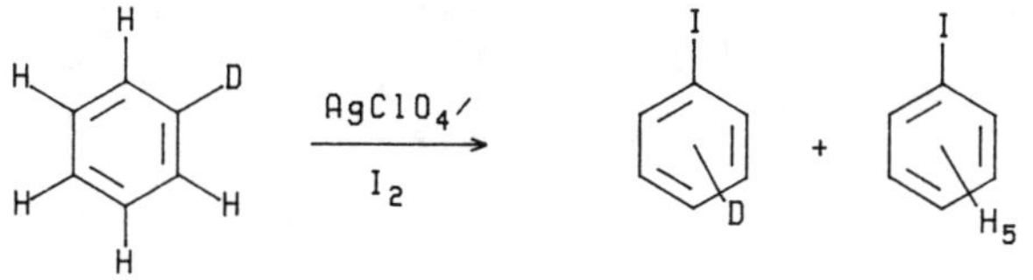

$$ca. \quad 5 \quad : \quad 1$$

AUFGABE 40

Ich bin nicht sicher, ob Sie die Ausarbeitung eines Synthesevorschlags für Athanagrandion (**93**) als Erholung auffassen? Ein Kontrastprogramm zum Thema "kinetische Isotopeneffekte" ist diese Aufgabe aber allemal!

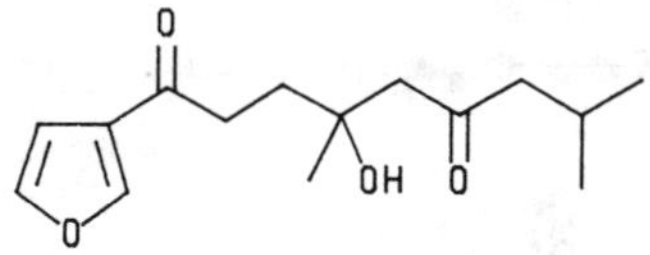

93

AUFGABE 41

...and here we go again: Zurück zu deuterierten Verbindungen und ihren
Anwendungen bei der Aufklärung von Reaktionsmechanismen! Erinnern Sie sich an
Aufgabe 26, derzufolge **94** als einziges Ethylen-Derivat schon bei Raumtemperatur
En-Reaktionen unternimmt?! (Niemand merkt, wenn Sie kurz zurückblättern...)

Das En-Produkt **95** unterliegt *nach* seiner Bildung einer Äquilibrierung mit **96**.
Letzteres könnte durch eine sigmatrope (3.3)-Umlagerung einstufig aus **95** entstehen;
eine *mehrstufige* Alternative wäre die Dissoziation von **95** zum Ionenpaar **97/98**
gefolgt von Assoziation.

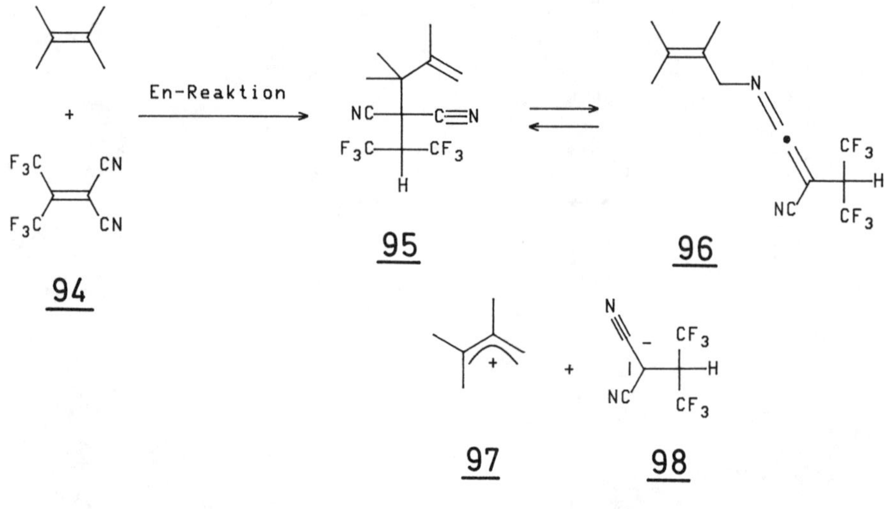

Zwecks Unterscheidung dieser Mechanismen wurde **94** mit dem deuterierten
Olefin **99** umgesetzt. **99** war aus d_6-Aceton (3 mol-% d_5-Aceton enthaltend)
gewonnen worden; wie wohl?

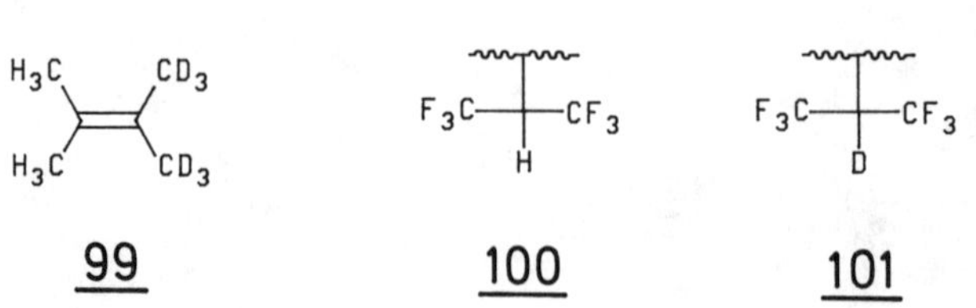

Nach Umsatz von **94** mit **99** und Abwarten der Einstellung des Umlagerungs-Gleichgewichts resultierten folglich Deuterium-haltige Isotopomere von **95** und **96**. Aus deren 60 MHz-^{1}H-NMR-Spektrum wurde geschlossen, daß das Strukturelement **100** 4.5 mal häufiger als **101** auftrat. Dann wurde ein Massenspektrum unter Bedingungen aufgenommen, unter denen nicht-deuteriertes **95/96** *keinen* (M-1)-Peak aufgewiesen hatte. Im Falle der deuterierten Reaktionsprodukte betrugen die relativen Signal-Intensitäten bei m/e = 305 15.1 %, bei m/e = 304 100.0 % und bei m/e = 303 3.4 %.

Welcher Umwandlungs-Mechanismus von **95** in **96** wird aufgrund dieser Resultate ausgeschlossen?

AUFGABE 42

Scharfsinn anderer Art ist gefragt bei einer "Papier-Synthese" von Isoparfumin (**102**): Wie würden Sie vorgehen?

102

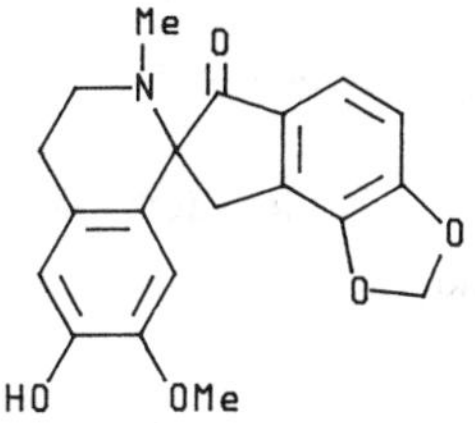

AUFGABE 43

Hexaprisman (**103**) ist das nächste unbekannte Glied in der Reihe der Prismane [(CH-CH)$_2$]$_n$; das Ladenburg-Benzol (**104**), Cuban (**105**) und Pentaprisman (**106**) wurden bereits synthetisiert.

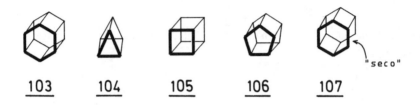

103   104   105   106   107

Wie bringt man die ca. 160 kcal/mol Ringspannung in **103**? Die Antwort darauf ist noch unbekannt. Gegenwärtig enden diesbezügliche Anstrengungen beim Seco-hexaprisman **107**. Ergänzen Sie alle fehlenden Angaben in dessen Synthese!

Zusatzfragen:

a) Wieso entsteht **108** stereoselektiv (*zweimal* überlegen!)?

b) Warum braucht die Synthese bei drei Schritten Licht? Was ist dabei die Funktion von Methylenblau bzw. von Acetophenon? Hätte man die Photoreaktion von **110** auch in Hexan durchführen können?

c) Nach welchem Mechanismus reagiert **109**?

d) Wie stellen Sie sich die Fragmentierung zu **110** vor?

e) Aus **111** entsteht unter den angegebenen Reaktionsbedingungen neben **112** überwiegend **113**. Weshalb und nach welchem Mechanismus? Die Konfiguration eines stereogenen Zentrums von **113** ist hier nicht angegeben, obwohl nur *ein* Stereoisomer entsteht; welches wohl?

f) Der Autor dieser Arbeit hatte mit seiner Unternehmung eigentlich auf **103** selbst gezielt. Können Sie sich vorstellen, von welchem Zwischenprodukt der gezeigten Synthese er zu **103** gelangen wollte?

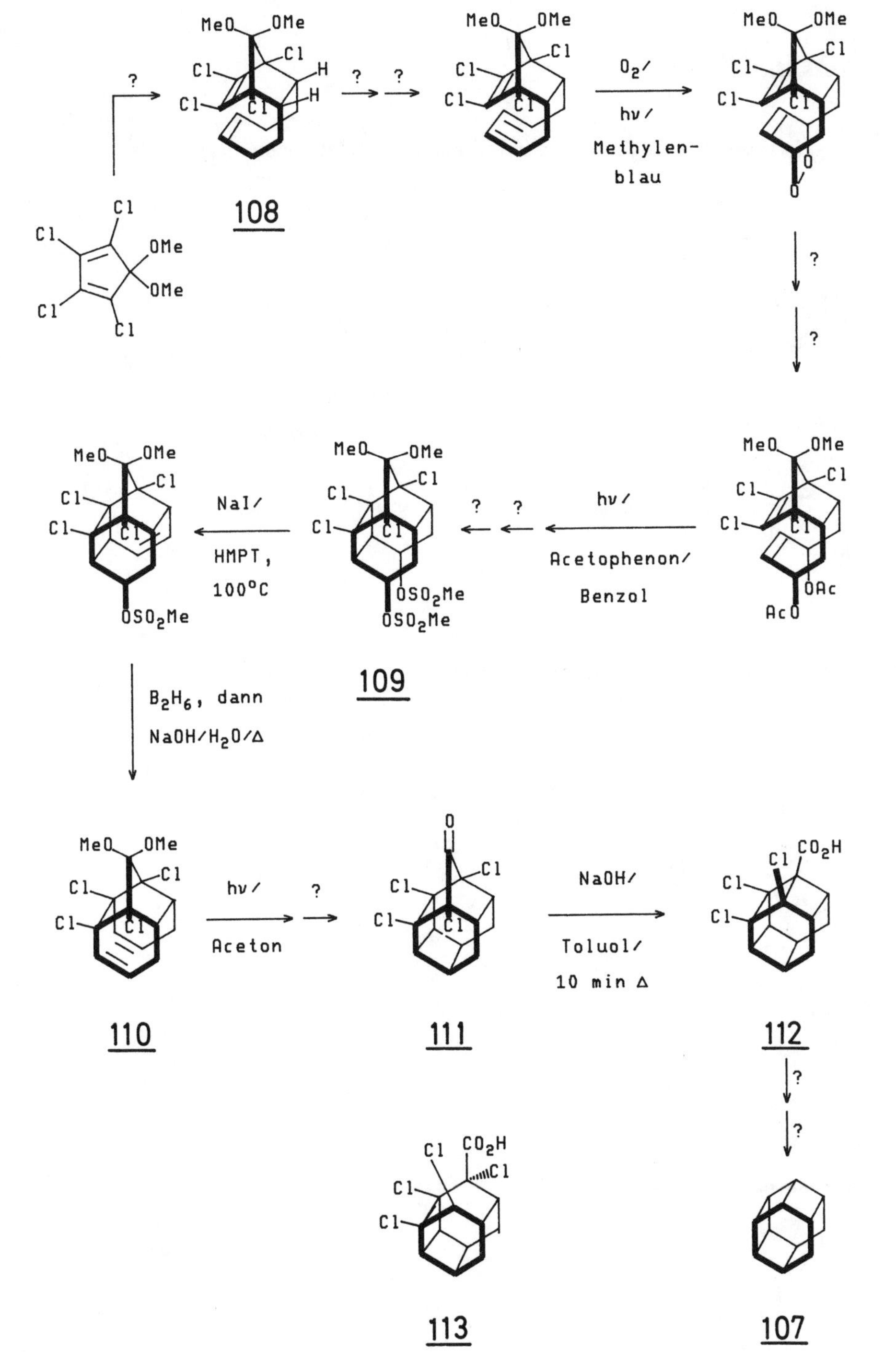

108

109

110   111   112

113   107

AUFGABE 44

a) Erklären Sie die folgenden stereoselektiven Reaktionen mechanistisch!

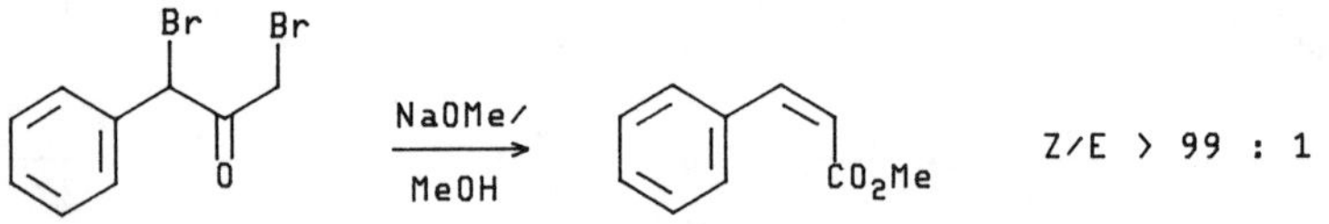

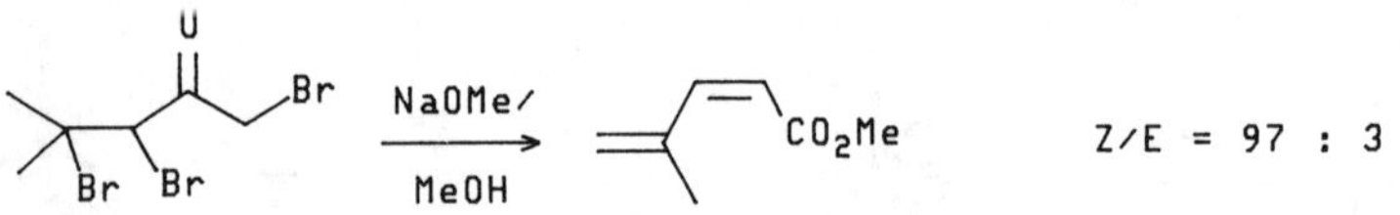

$Z/E > 99 : 1$

$Z/E = 97 : 3$

b) Wie wird nach dem gleichen Verfahren **114** gewonnen?

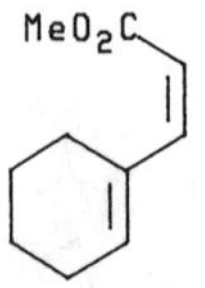

114

AUFGABE 45

a) Wie verläuft die Umwandlung von **115** in **116**?

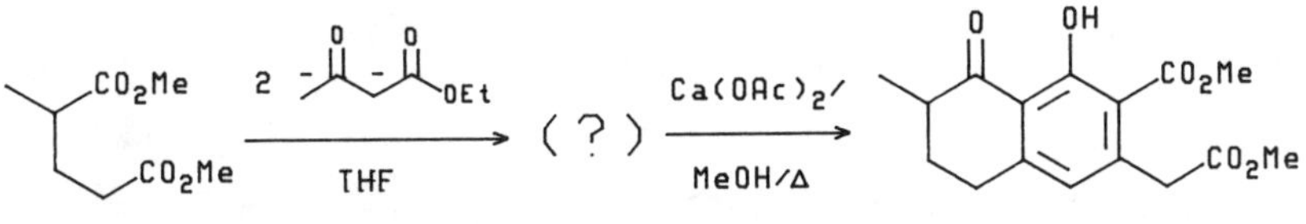

b) ... und die von **117** in **118**?

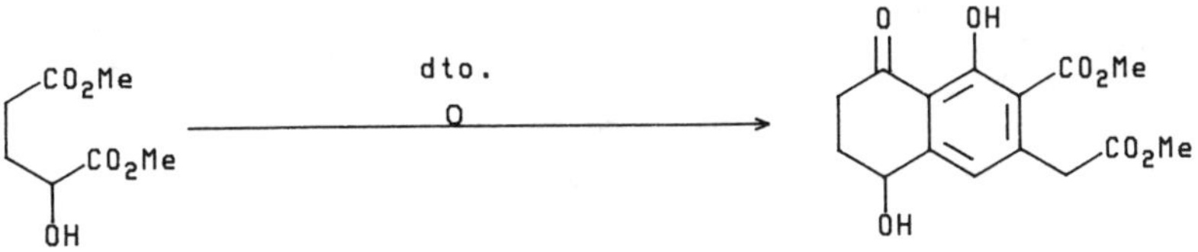

c) Haben Sie bemerkt, daß **117** die Hydroxylgruppe an der *gleichen* Stelle trägt wie **115** die Methylgruppe? Weshalb stehen dann Methyl bzw. Hydroxyl in den Reaktions*produkten* erstens an *unterschiedlichen* und zweitens selektiv an den *gezeigten* Positionen?

d) Wie würden Sie **119** mittels der gleichen Strategie synthetisieren?

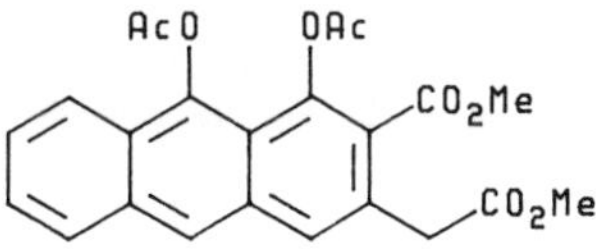

AUFGABE 46

Der Alkohol **120** ist Bestandteil von Moenomycin A; entwerfen Sie eine stereoselektive Synthese!

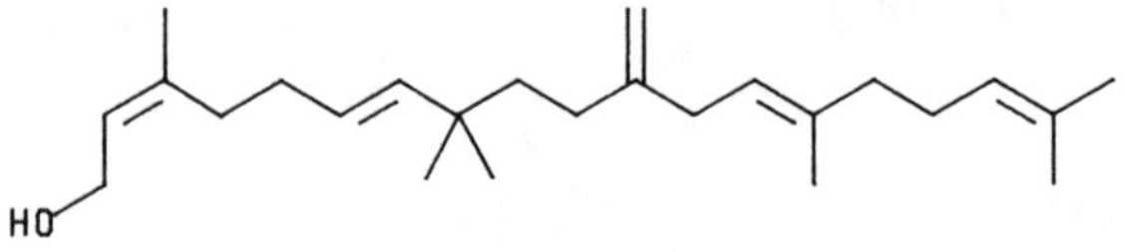

120

AUFGABE 47

Man isoliert nicht immer, was man sucht ...

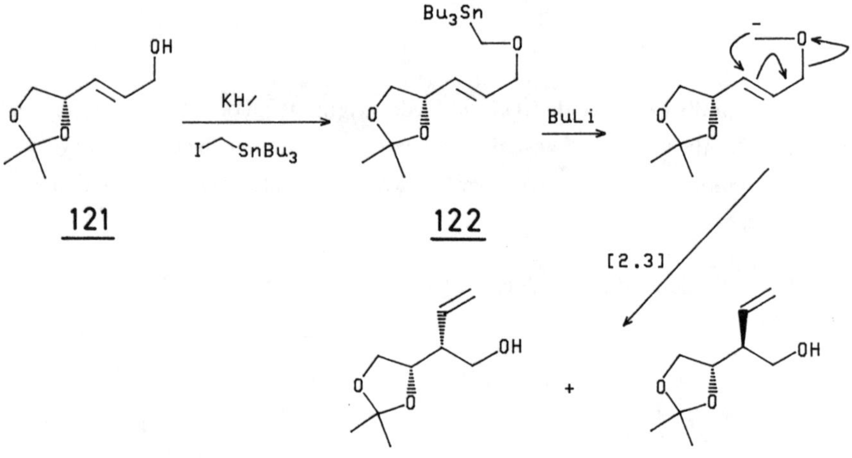

121   **122**

[2.3]

123   +   **124**

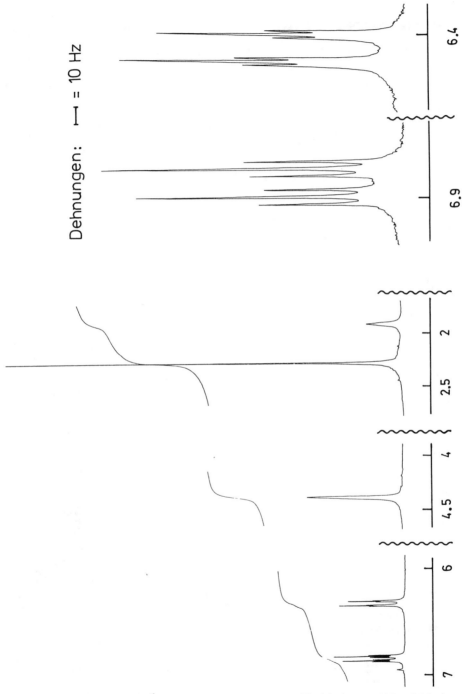

Abbildung 3 400 MHz-^{1}H-NMR-Spektrum von Verbindung **125** inklusive Spreizungen

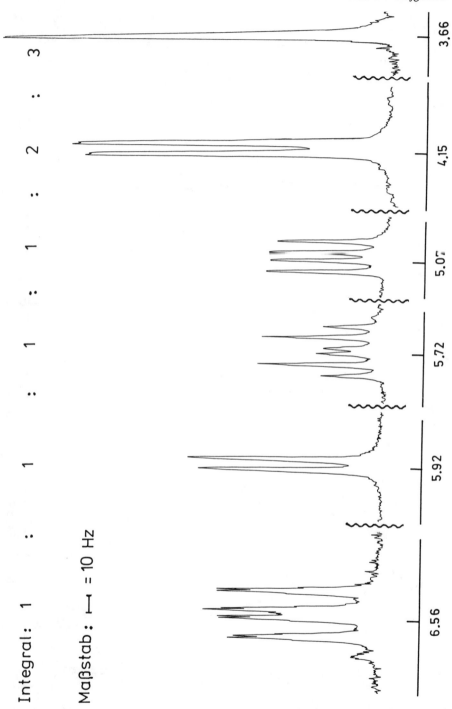

Integral: 1   :   1   :   1   :   1   :   1   :   2   :   3

Maßstab: ⊢——⊣ = 10 Hz

Abbildung 4a 400 MHz-^{1}H-NMR-Spektrum von Verbindung **126**

a) ... nicht, wenn man in Eile ist: **121** sollte mit überschüssigen KH/Bu$_3$Sn-CH$_2$-I alkyliert und ohne Aufarbeitung durch Zugabe von BuLi nach Wittig umgelagert werden. Die chromatographische Aufarbeitung ergab **121**, **123** sowie ein polareres Produkt **125**. Erschließen Sie die Struktur von **125** aus seinem 400 MHz-^{1}H-NMR-Spektrum in CDCl$_3$ (Abbildung 3); schlagen Sie eine Erklärung für die Entstehung von **125** vor!

b) ... aber auch nicht immer, wenn man behutsam vorgeht: Chromatographisch reines **122** wurde bei -78°C mit 3 Äquivalenten BuLi umgesetzt. Nach Zugabe von gesättigtem wäßrigem NH$_4$Cl wurde **123** als Hauptprodukt gewonnen. Daneben fiel in geringen Mengen ein Gemisch aus **124** und einer weiteren Verbindung **126** an. Das 400 MHz-^{1}H-NMR-Spektrum (Abbildungen 4a und b) gibt Ihnen die Struktur von **126**; seine OH-Resonanz konnte im Spektrum nicht entdeckt werden. Wie mag **126** entstanden sein ?

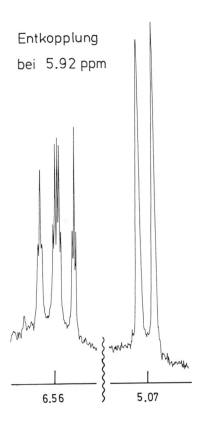

Entkopplung
bei 5.92 ppm

6.56   5.07

Abbildung 4b Ausschnitt aus dem 400 MHz-^{1}H-NMR-Spektrum von Verbindung **126**

AUFGABE 48

In der Natur gibt es fast nichts, was es nicht gibt: Hier ein natürliches Isonitril, nämlich das Stylotellin (**127**). Konzipieren Sie eine stereoselektive Synthese; es kommt dabei nur auf die *relative*, nicht die *absolute* Konfiguration an.

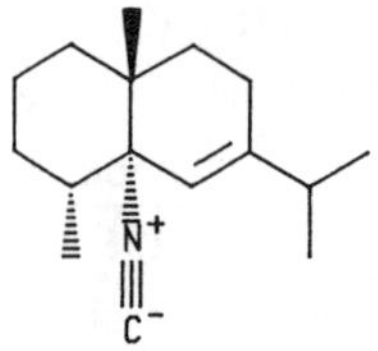

127

AUFGABE 49

Was die Altvordern schon so alles konnten ... Keine der folgenden Umwandlungen datiert später als 1900! Wenn man nach den Mechanismen fragt, würde man in der Original-Literatur vergeblich suchen. Sie sollten aber auch ohne die Hilfestellung dieser Autoren plausible Vorschläge erarbeiten können!

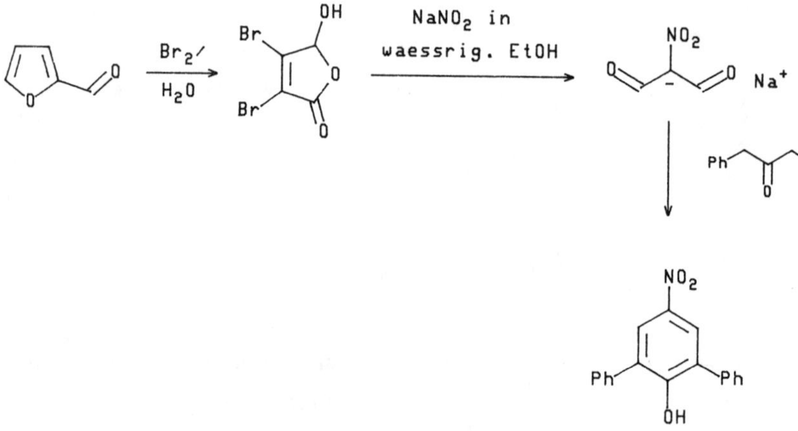

AUFGABE 50

Suchen Sie eine Erklärung für den folgenden Lösungsmittel-Effekt; es handelt sich ja vielleicht auch gar nicht um einen Lösungsmittel-Effekt im engeren Sinne...?!

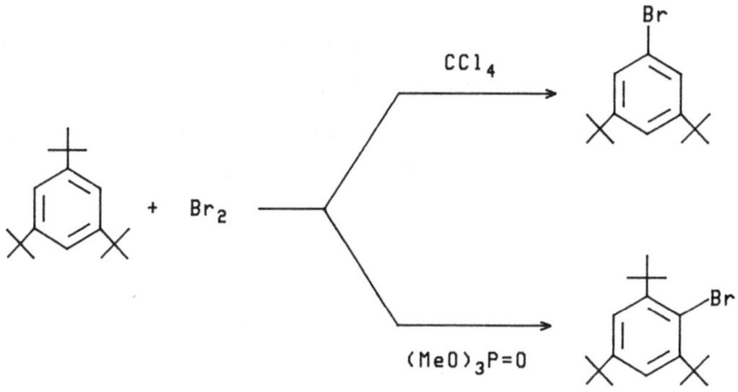

AUFGABE 51

Trans,trans-Cyclooctadien (**128**) war bis vor kurzem ein nur in Kleinstmengen erhältlicher Exot. Inzwischen ist **128** aus **129** im Gramm-Maßstab zugänglich. *Rechnungen* sagten voraus, daß das stabilste Konformer dieses gespannten Olefins Twist-**128** sei und sich dieses bei Raumtemperatur nicht in das weniger stabile Sessel-**128** umwandeln könne.

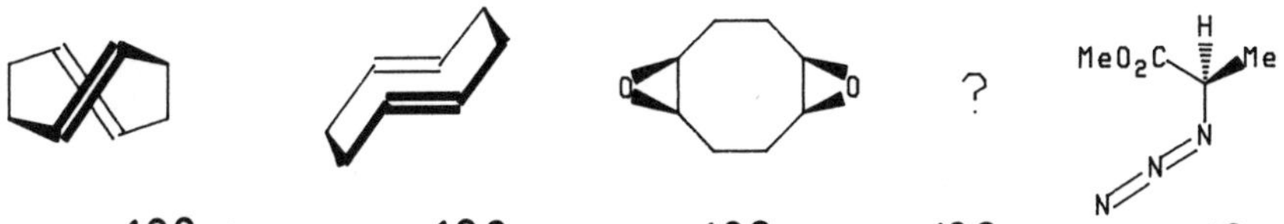

Twist-**128**   Sessel-**128**   **129**   **130**   **131**

Einen *experimentellen* Hinweis auf die Vorzugskonformation erhielt man folgendermaßen: Behandlung von **129** mit 2.1 Äquivalenten Lithiumdiphenylphosphid und anschließende H_2O_2-Oxidation ergab zwei Isomere **130a** und **130b** der Summenformel $C_{32}H_{34}O_4P_2$. **130a** und **130b** unterschieden sich bei der Veresterung mit 2 Äquivalenten (-)-Menthoxyessigsäure: **130a** ergab zwei entsprechende Derivate, **130b** dagegen nur eines. Strukturformeln von **130a** und **130b**?

Nur **130a** ergab mit NaH in DMF bis 41% trans-trans-Cyclooctadien; **130b** lieferte unter gleichen Bedingungen kein flüchtiges Produkt. O.k.?! Für welche Vorzugskonformation von **128** spricht dies?

Dies war noch kein kristallklarer Beweis (warum eigentlich nicht?); den stellte man sich so vor: **128** sollte mit überschüssigem *optisch aktivem* Azid **131** zur Reaktion gebracht werden (1,3-dipolare Cycloaddition); danach wollte man die resultierenden Isomeren abzählen. Was war der Gedanke? Weshalb verwendete man nicht *racemisches* **131**?

AUFGABE 52

Bei der elektrophilen aromatischen Substitution mangelt es häufig an ortho- versus para-Selektivität, so auch bei der Chlorierung von Phenol. Chemikern der Société Rhône Poulenc gelang es, die o/p-Selektivität der letztgenannten Reaktion erheblich zu verbessern. Ihr Trick: Man fügte geringfügige Mengen eines Sulfids bzw. eines tertiären Amins zum Reaktionsgemisch.

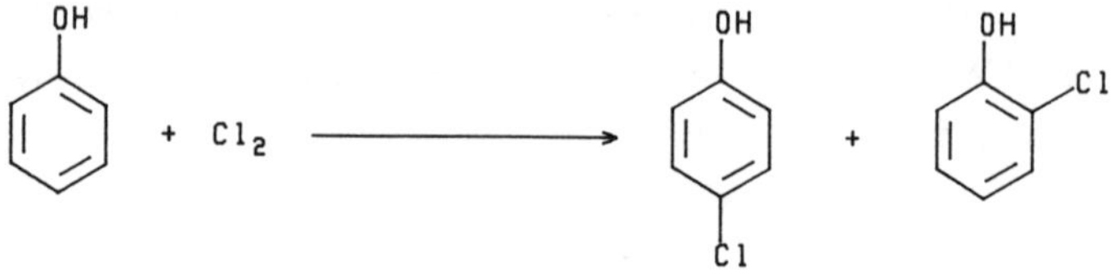

ohne Zusätze	60	:	40
mit 1 % R_2S	82	:	18
mit 0.1 % R_3N	5	:	95

Haben Sie eine Erklärung?

AUFGABE 53

Aus Vorlesungen ist Ihnen vermutlich der Unterschied zwischen kinetischer und thermodynamischer Acidität bekannt. Damit Sie nicht verwirrt werden, klären Sie diese Begriffe am besten, bevor Sie sich an *diese* Aufgabe machen: Hier wird nämlich eine thermodynamische Acidität durch kinetische Messungen bestimmt!

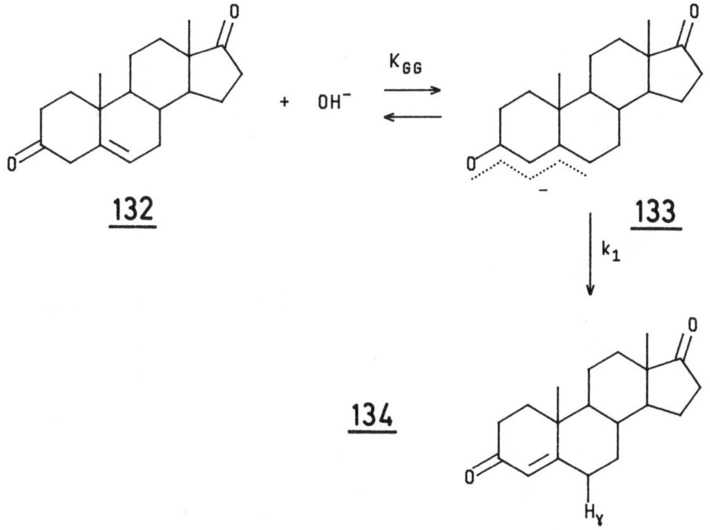

Man löste das Steroid **132** 10^{-4} mol/L in Natronlauge, deren Konzentration in 14 Experimenten dieses Typs zwischen 0.62 und 0.0016 mol/L variiert wurde. Über die Dienolat-Zwischenstufe **133** entstand das stabilere Isomer **134**. Die **134**-Konzentration wurde UV-spektrometrisch als Funktion der Zeit gemessen. Die Auswertung ergab *für jede gegebene NaOH-Konzentration* ein Geschwindigkeitsgesetz 1. Ordnung:

$$\frac{d([132]_0 - [134])}{dt} = -k_{obs} \times ([132]_0 - [134])$$

Das mit dieser Gleichung bestimmte k_{obs} war eine Funktion der Natronlauge-Konzentration:

[OH$^-$] [mol/L]	k_{obs} [s^{-1}]
0.62	0.10
0.39	0.093
0.25	0.086
0.15	0.074
0.10	0.066
0.064	0.056
0.039	0.037

[OH$^-$] [mol/L]	k_{obs} [s^{-1}]
0.025	0.027
0.016	0.021
0.0099	0.013
0.0063	0.0083
0.0040	0.0052
0.0025	0.0033
0.0016	0.0017

a) *Wie* k_{obs} von NaOH abhängt, bekommen Sie heraus, wenn Sie den Isomerisierungs-Mechanismus formalkinetisch analysieren. Sie dürfen dabei voraussetzen, daß sich die Konzentration der Zwischenstufe **133** im Laufe der Reaktion *immer* aus der Gleichgewichtsbedingung bezüglich des noch vorhandenen **132**-Anteils errechnen läßt. Ferner sollen Sie nutzen, daß sich die Natronlauge-Konzentration während der Reaktionen nicht ändert. Die OH$^-$-Ionen wirken lediglich als Katalysator, und die Zwischenstufe **133** - deren Bildung ja OH$^-$-Ionen verbraucht - tritt unter den *geschilderten* Reaktionsbedingungen in keinen nennenswerten Mengen auf.

(Nebenbemerkung: Die letzte Feststellung implizert natürlich die Frage, unter welchen *veränderten* Reaktionsbedingungen man **133** anreichern und spektroskopisch nachweisen könnte? Warten Sie zur Beantwortung dieser Teilfrage, bis Sie die Gleichgewichtskonstante K_{GG} bestimmt haben!)

Wenn Sie den Zusammenhang zwischen OH$^-$ und den Parametern des mechanistischen Schemas gefunden haben, können Sie aus den tabellierten k_{obs}-Werten die gesuchten Größen K_{GG} und k_1 extrahieren. Berechnen Sie aus K_{GG} den pK_a-Wert von **132**.

b) Berechnen Sie näherungsweise den pK_a-Wert des konjugierten Ketons **134** *bezogen auf die Abspaltung von* H_γ. Gehen Sie vom pK_a(**132**) aus, und veranschlagen Sie die Konjugations-Energie im Enon zu 3 kcal mol^{-1}!

c) Mit **134** und Aceton (pK_a = 19.2) als Vergleichssubstanzen können Sie abschätzen, um wieviel H_γ im Enon **135** acider als H_α ist?!

135

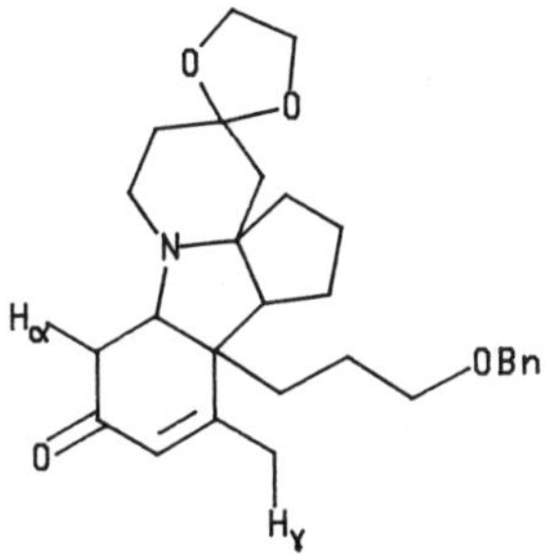

d) Das Enon **135** begegnete Ihnen als Vorstufe der Verbindung **66** in Aufgabe 28. LDA spaltete daraus selektiv das *weniger* acide Proton, nämlich H_α, ab. Für diese *kontra-thermodynamische* Selektivität muß also eine *mechanistische* Erklärung herhalten. Bedenken Sie in diesem Zusammenhang, daß ein Li^+-Kation (ähnlich wie das Proton mit seiner noch höheren Ladungskonzentration) nicht "nackt" vorkommt, sondern an freie Elektronenpaare von O- oder N-Atomen gebunden ist.

e) Jetzt müßten Sie plausibel machen können, weshalb das Ketenacetal **137** aus **136**, nicht aber aus **138** erhalten worden ist?!

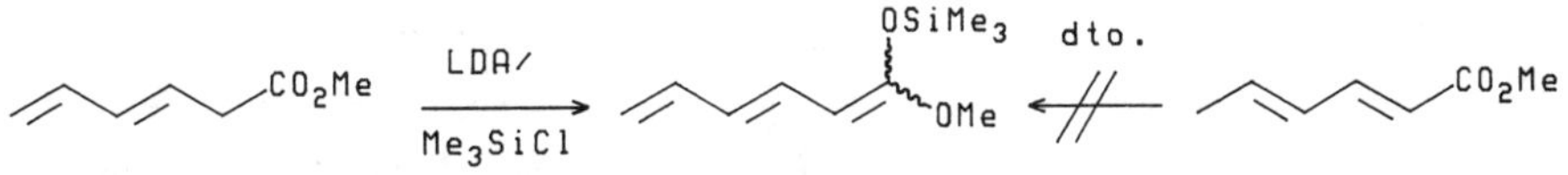

136   **137**   **138**

f) Abschließend zur Stereochemie der Enolat-Gewinnung mit LDA: Das vom **139**-Enolat abgeleitete konfigurativ stabile Silylketenacetal **140** isomerisiert beim Erwärmen auf Raumtemperatur; die hydrolytische Aufarbeitung liefert **141** ohne

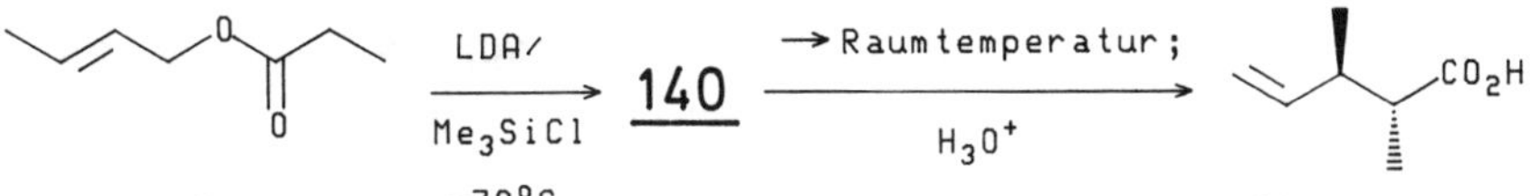

139   **140**   **141**

Verunreinigung durch das Stereoisomer mit *beiden* Methylgruppen oberhalb der Zeichenebene. Was passiert? (Aufgabe 3 ist schon lange passé; lassen Sie sich eventuell dort inspirieren!)

AUFGABE 54

Daechualkaloid A (**142**) ist ein Naturstoff, der die Wirkung von Schlafmitteln verstärkt. Entwerfen Sie eine Synthese !

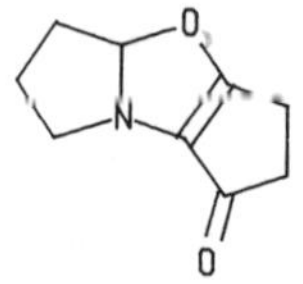

AUFGABE 55

Im Grenzorbital-Bild wird die Geschwindigkeit der Diels-Alder-Reaktion durch die Größe der Wechselwirkung zwischen dem HOMO des (elektronenreichen) Diens und dem LUMO des (elektronenarmen) Dienophils bestimmt. Falls Ihnen der mathematische Term dafür entfallen ist, gleich nachsehen! Denn jetzt soll diese manchmal nur im Abstrakten belassene Beschreibung mit chemischer Realität erfüllt werden.

Ein leichter Auftakt dürfte sein, aus Ihrer Gleichung abzuleiten, ob Tetracyanethylen (TCNE) oder Maleinsäureanhydrid (MSA) das reaktivere Dienophil ist; TCNE ist eines der elektronenärmsten Olefine überhaupt. Einfach, nicht wahr?

Verfeinern Sie den Gebrauch des Grenzorbital-Modells: Weshalb addiert TCNE 100 mal schneller an Perylen als an Butadien, während die Reaktion von MSA mit Perylen nur 3.3 mal schneller abläuft als die Reaktion von MSA mit Butadien?

AUFGABE 56

Frage: Wie synthetisiert man ein Alkin? Antwort: Man synthetisiert ein *anderes* Alkin und schiebt anschließend die Doppelbindung an die gewünschte Stelle:

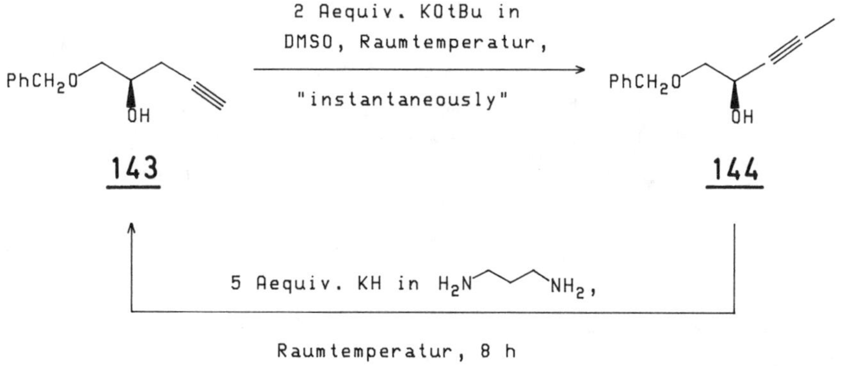

Warum klappen diese Reaktionen mit einer derartigen Selektivität? Was ist der Mechanismus? Daß die optische Aktivität erhalten bleibt, kann man einfach erklären; wie?

AUFGABE 57

Der Respekt vor der Bewältigung der Synthese von Pagodan (**154**) wird fast (aber nur fast) von der Bewunderung dafür übertroffen, daß auch der IUPAC-Name dieses Stoffes Undecacyclo(9.9.0.0^{1,5}0^{2,12}.0^{2,18}.0^{3,7}.0^{6,10}.0^{8,12}.0^{11,15}.0^{13,17}.0^{16,20})eicosan aufgespürt wurde!

An Ihnen ist es, die Synthese nachzuvollziehen und zu vervollständigen!

a) Wie gewinnt man das Ausgangsmaterial Isodrin (**145**)?

b) Weshalb entsteht **146** stereoselektiv?

c) Beim Erhitzen von **146** erfolgen zwei pericyclische Reaktionen nacheinander; welche? In welcher Reihenfolge? Fertigen Sie für die zweite Reaktion ein Orbital-Korrelationsdiagramm im Stil von Woodward-Hoffmann an!

d) Nach welchem Mechanismus entsteht **147**? Haben Sie auch berücksichtigt, daß in **147** wieder eine C=C-Doppelbindung auftritt?

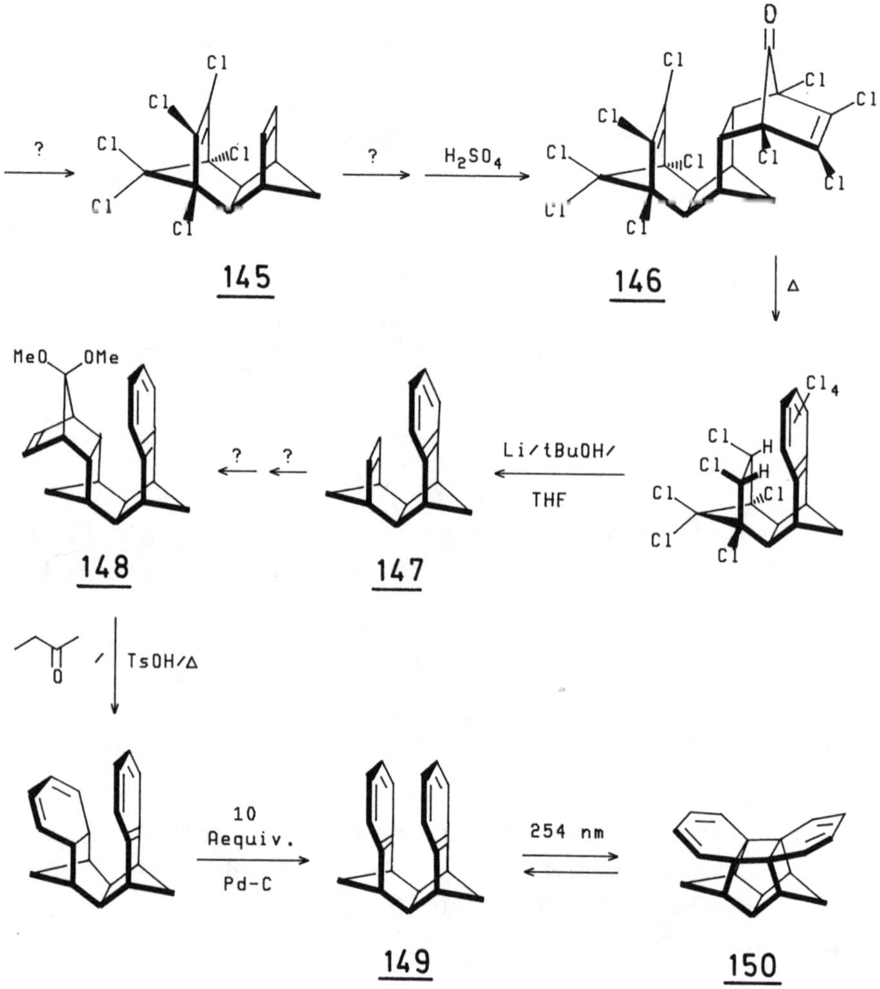

Fortsetzung nächste Seite!

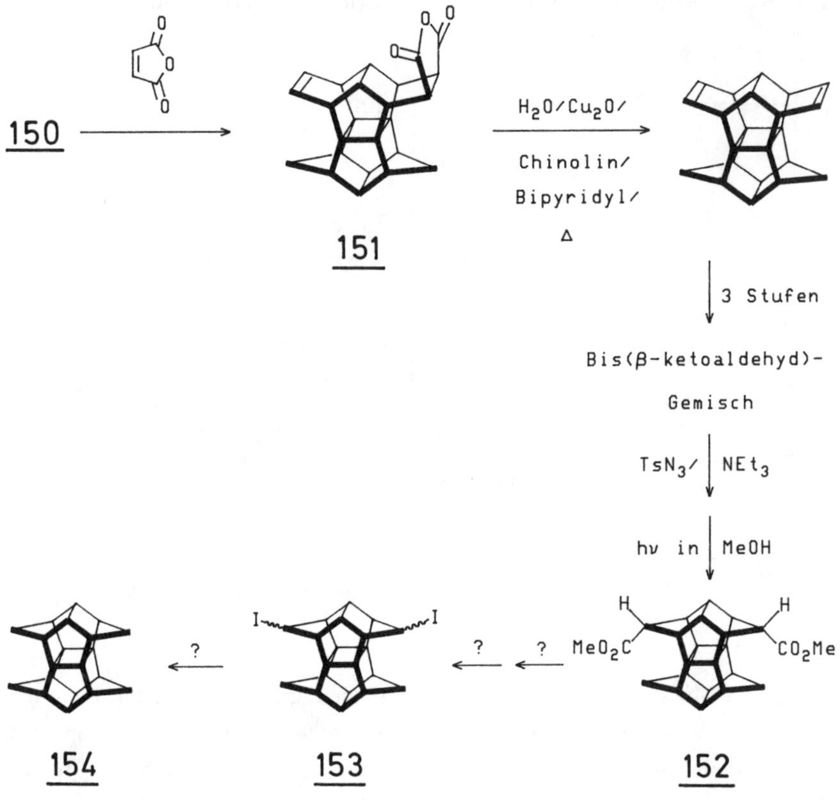

e) Bei der Weiterverarbeitung von **148** gelangen wieder mehrere Transformationen in einem Topf; welche?

f) Wie wird **149** gebildet? (... und was kostet ein Mol-Ansatz davon?)

g) Bei der Bestrahlung von **149** mit monochromatischem Licht entstand durch eine (2+2)- bzw. (6+6)-Cycloaddition die Verbindung **150**. Berechnen Sie die Obergrenze der *Aktivierungs*-Energie dieses Prozesses! Schätzen Sie die Reaktions*wärme* für **149** → **150** ab!

h) Tatsächlich verlief diese Cycloaddition weniger glatt als erhofft: Bestrahlte man mit λ = 254 nm, so stellte sich nämlich nur ein *Gleichgewicht* von 3 Teilen **150** und 7 Teilen **149** ein. Nachdem die Autoren aber das UV-Spektrum von **150** (Abbildung 5) mit demjenigen von **149** (Abbildung 5) verglichen hatten, fiel es Ihnen angesichts des unvollständigen Umsatzes **149** → **150** wie Schuppen von den Augen; auch wurde plötzlich klar, warum vorherige Bestrahlungsversuche bei λ = 300 nm überhaupt kein **150** ergeben hatten. Können Sie diese Aha-Erlebnisse nachvollziehen?!

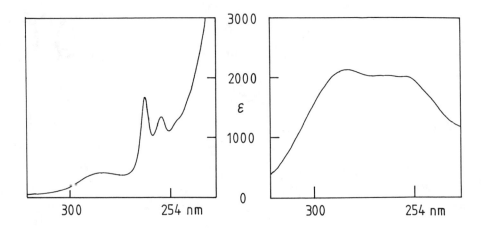

Abbildung 5 UV-Spektren der Verbindungen **149** (links) und **150** (rechts)

i) Das Malheur bei der erwähnten Bestrahlung mit λ = 300 nm hatte man nicht unbedingt voraussehen können. Der Ärger war, daß das UV-Spektrum des Cyclohexadien-Abkömmlings **150** (Abbildung 5) eine erhebliche bathochrome Verschiebung verglichen mit 1,3-Cyclohexadien zeigte. Erklären Sie diesen Effekt mit einem Orbitalenergie-Diagramm! Ihr Leitmotiv sei, daß *Konjugation* einen Tieffeld-Shift der langwelligsten UV-Absorption bewirkt. In **150** wird eine über den *einzelnen* sechsgliedrigen Ring *hinübergreifende* Konjugation der π-Elektronen durch geeignet orientierte σ_{C-C}-Orbitale des 4-gliedrigen Rings ermöglicht.

j) Die Umsetzung von **150** mit Maleinsäureanhydrid ist eine "Tandem-Cycloaddition" oder "Domino-Diels-Alder-Reaktion". Wie kommt es zu **151** und seiner Konfiguration?

k) Die Weiterverarbeitung von **151** beginnt mit einer Hydrolyse, aber wie geht es weiter?

l) Weshalb entsteht **152** stereoselektiv?

m) Und weshalb **153** als Diastereomeren-Gemisch?

AUFGABE 58

Vor kurzem wurde die Struktur von Aplysiapyranoid B durch Röntgenstruktur-analyse als **155** bestimmt (nur *relative* Konfiguration gezeigt). Diese Verbindung entstammt einem Seehasen, ohne jedoch von diesem synthetisiert worden zu sein: Der Seehase akkumuliert nämlich übelschmeckende Stoffwechselprodukte einer *Alge* und sekretiert diese, um Feinde abzuschrecken.

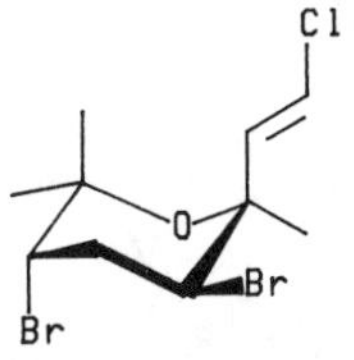

155 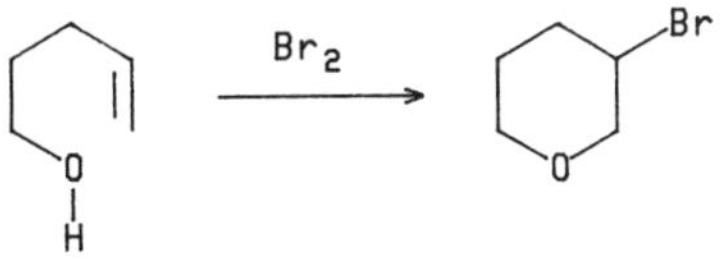   **156**   **157**

In Deuterobenzol beobachtete man für die Ringprotonen von **155** folgende Signale: δ = 2.14 (t, J = 6 Hz; 2 H), 3.89 (t, J = 6 Hz; 1 H), 3.92 (t, J = 6 Hz; 1 H). Bevorzugt demzufolge **155** *in Lösung* die gleiche Konformation wie im Kristall?

Entwerfen Sie eine Synthese für Aplysiapyranoid B! Nutzen Sie z.B. eine Reaktion des Typs **156** → **157** als Zugang zu dem Pyran-System; fast immer wurden halogen-haltige heterocyclische Naturstoffe unter Verwendung einer derartigen biomimetischen Ringschluß-Reaktion gewonnen.

AUFGABE 59

Wie geschieht's? Nachstehend eine Eintopf-Variante zur Überführung eines Alkohols in ein primäres Amin.

$$\text{ROH} \xrightarrow[\substack{+ \ 2PPh_3 \ (\longrightarrow exotherme \ Rktn.), \\ dann \ 3 \ h \ 50°C; \ danach \ Zugabe \\ von \ H_2O \ und \ wiederum \ 3 \ h \ 50°C}]{\substack{HN_3, \ iPrO_2C-N=N-CO_2iPr,}} \text{R-NH}_2$$

AUFGABE 60

Wie "rettet" man C=C-Doppelbindungen?

a) Bei der Überführung des sterisch gehinderten Ketons **158** mit 2 Äquivalenten Trisylhydrazid (**159**) in trifluoressigsaurem Methylenchlorid in das Trisylhydrazon **160** störte der konkurrierende Zerfall von **159** in Arylsulfinsäure und Diimid; dieses Diimid reduzierte nämlich (Mechanismus?) einen Teil des erwünschten **160** zum gesättigten **161**.

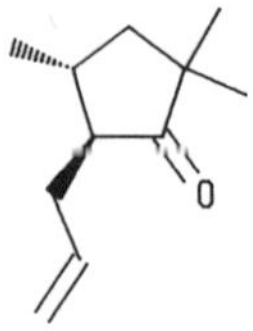

158 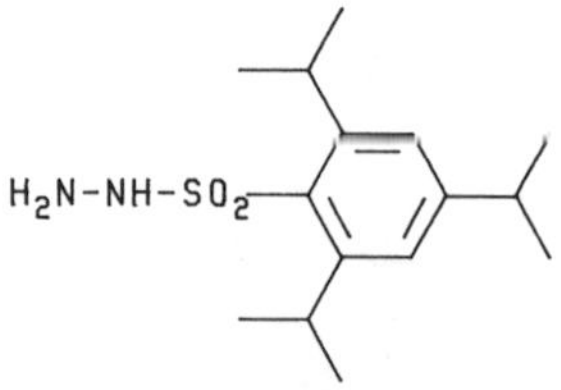   **159** 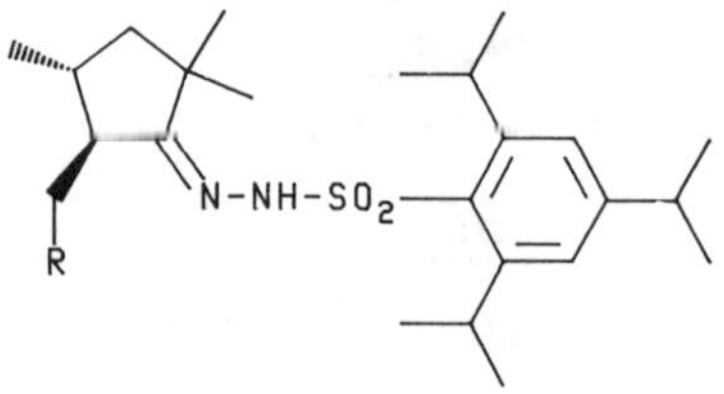   **160**   R = C_2H_3
                                                                      161   R = C_2H_5

Die störende Reduktion konnte quantitativ verhindert werden, wenn man die Bildung des Trisylhydrazons in Anwesenheit von 3 Äquivalenten Norbornen vornahm. Erklärung?

b) Bei der cis-Hydrierung von Alkinen nach Lindlar überlebt die Doppelbindung des resultierenden Olefins nicht immer: Mit einem besonders unselektiven Katalysator ergab die Teilhydrierung von Verbindung **162** in n-Octan ein 2:1-Gemisch von **163** und **164**. In 1-Octen als Lösungsmittel ergab **162** mit dem *gleichen* Katalysator ein 95:5-Gemisch von **163** und **164** (nachdem ca. 2 Äquivalente H_2 verbraucht worden waren)!

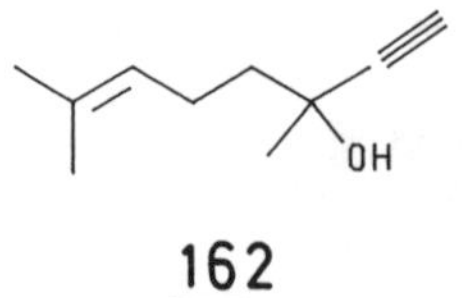

162 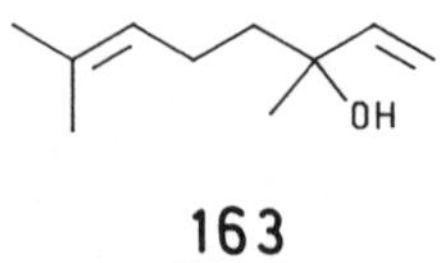   **163** 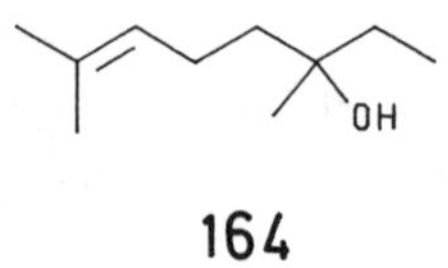   **164**

Erklären Sie dieses Resultat! (ACHTUNG: Aufgabe 60b hat eine andere Lösung als Aufgabe 60a!) Stellen Sie dazu die kinetischen Gleichungen für Ihr System auf (wie war das mit der Kinetik katalysierter Reaktionen?...) und werten Sie diese aus. Was folgern Sie für den Mechanismus von gewünschter verglichen mit unerwünschter Hydrierung?

Nebenbei: Ein Organiker wird kaum von Ihnen verlangen, daß Sie die entsprechenden Differentialgleichungen *lösen* können; eine *mathematische* = *exakte* Auswertung ist aber glücklicherweise auch dann möglich, wenn Sie das Integrieren vergessen haben.

AUFGABE 61

Das Arbeiten mit Phosgen traumatisiert Sicherheitsreferenten (und Studenten der Richtung "sanfte Chemie" ...). Deshalb wird Phosgen seit einigen Jahren gerne durch "Diphosgen" = $Cl(CO)OCCl_3$ ersetzt, das flüssig und daher einfacher zu handhaben ist. Vor kurzem wurde "Triphosgen" = $Cl_3CO(CO)OCCl_3$ (**165**) als noch bequemerer Ersatz für Phosgen vorgeschlagen; **165** ist fest und damit auch im mg-Bereich bequem dosierbar.

Wie bewirkt **165** die folgenden Transformationen?

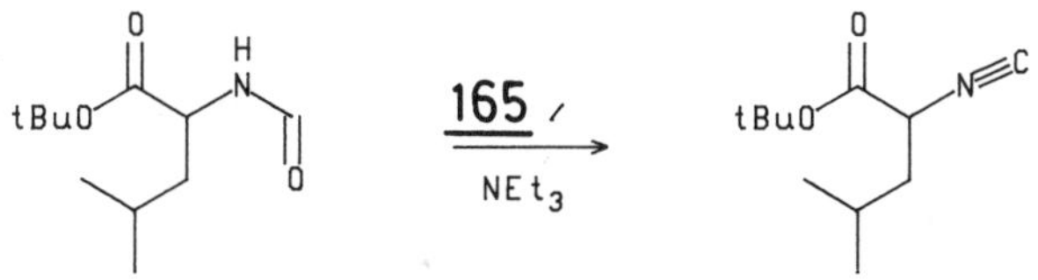

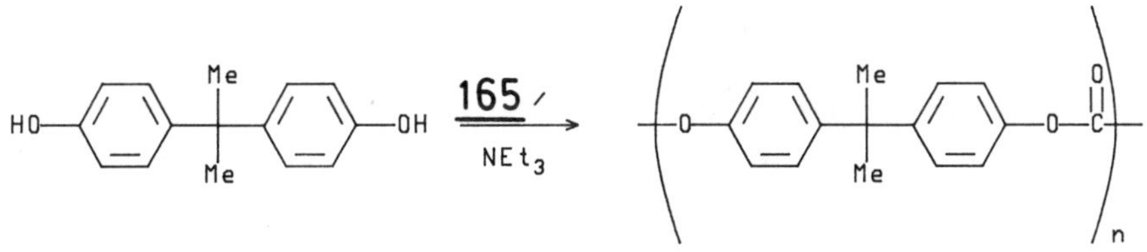

AUFGABE 62

"Exoten"-Synthesen stammen häufig aus Deutschland, so auch diese Synthese von (6.5)-Coronan (**171**):

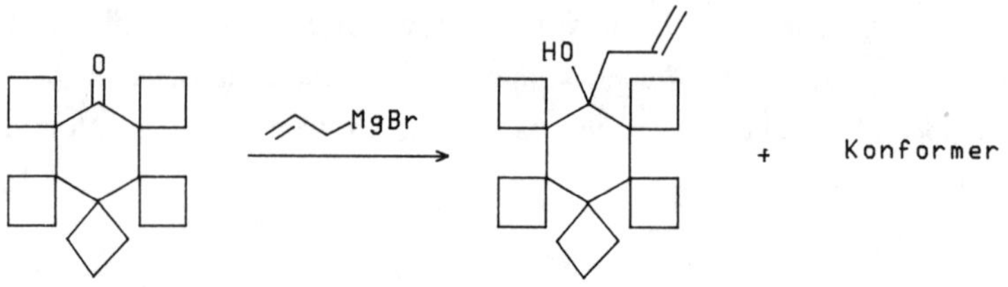

166   167   168

Schmp. 145°C   Schmp. 154–156°C

a) Im ersten Syntheseschritt ergab die Addition von Allylmagnesiumbromid an **166** zwei Cyclohexanole **167** (60 %) und **168** (17 %); es handelte sich um Sessel-Konformere, die mittels Säulenchromatographie trennbar waren. Ordnen Sie diesen Konformeren aufgrund ihrer 200 MHz-^{1}H-NMR-Spektren (d_5-Nitrobenzol; Abbildung 6) Strukturformeln zu!

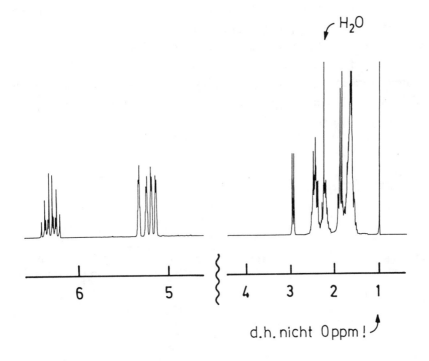

d.h. nicht 0ppm!

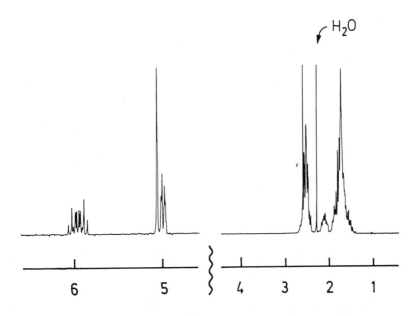

Abbildung 6 200 MHz-^{1}H-NMR-Spektren der Cyclohexane **167** (oben) und **168** (unten)

b) **167** und **168** waren bei Raumtemperatur unbeschränkt stabil. Das deutete auf die höchste bisher für Cyclohexane bekannte Inversionsbarriere! Diese wurde gemessen, indem **167** bei 140°C in d_5-Nitrobenzol gelöst und bei der gleichen Temperatur mit **168** äquilibriert wurde. Berechnen Sie aus der Abnahme der **167**-Konzentration im entstehenden **167/168**-Gemisch mit der Zeit (vergleiche Tabelle) die Gleichgewichtskonstante K_{GG} sowie die Geschwindigkeitskonstanten k_1 und k_2 des kinetischen Schemas

$$167 \underset{k_2}{\overset{k_1}{\rightleftharpoons}} 168 \qquad\qquad K_{GG} = k_1/k_2.$$

t [s]	% 167	% 168	t [s]	% 167	% 168
0	93.7	6.3	5905	64.8	35.2
775	89.0	11.0	7260	60.0	40.0
1530	84.2	15.8	8615	56.9	43.1
2285	78.8	21.2	10570	53.1	46.9
3040	77.1	22.9	12525	49.3	50.7
3795	72.3	27.7	16880	43.4	56.6
4550	69.6	30.4			

Stellen Sie dazu zunächst die Geschwindigkeitsgleichung auf. Vereinfachen Sie diese zu einer Gleichung der Form (62.1). Bedenken Sie dabei, daß einige Größen voneinander abhängen: K_{GG} und k_1 sind unabhängige Variable, aus denen sich k_2 als abhängige Variable berechnet; [**167**] und [**168**] sind miteinander über die Stöchiometrie verknüpft.

```
d f(Konzentrationen und Konstanten) = const × dt        (62.1)
```

Wenn Sie die Funktion f gemäß Gl. (62.1) gegen die Zeit t auftragen, muß (!) also eine Gerade resultieren, aus deren Steigung Sie die gesuchten Größen entnehmen können.

Gl. (62.1) ist *eine* Gleichung mit *zwei* Unbekannten, nämlich K_{GG} und k_1, und damit scheinbar unterbestimmt. Mit der Zusatzinformation, daß die Auftragung nach Gl. (62.1) eine Gerade liefern *muß*, ist diese Gleichung jedoch *vollständig* bestimmt! Starten Sie demzufolge mit einem "intelligent guess" für den Wert von K_{GG}; tragen Sie nach Gl. (62.1) auf; prüfen Sie, ob eine Gerade herauskommt; wenn dies nicht der Fall ist: Korrigieren Sie Ihren Schätzwert für K_{GG}, werten Sie erneut nach Gl. (62.1) aus, usw. Zwei derartige verbessernde Iterations-Schritte sollten zum Ziel führen.

c) Berechnen Sie anschließend durch Einsetzen Ihres k_1 in die Eyring-Gleichung (140°C) die Inversionsbarriere $\Delta G^{\neq}$ für **167** → **168**! Vergleichen Sie mit dem $\Delta G^{\neq}$ von Cyclohexan, das Sie für 140°C aus $\Delta H^{\neq}$ = 10.9 kcal mol^{-1} und $\Delta S^{\neq}$ = +2.9 cal mol^{-1} K^{-1}) gewinnen. Woher kommt der Unterschied?

d) Zurück zur Synthese von **171**: *Eines* der Isomeren **167/168** wurde mit $SOCl_2$ in Pyridin behandelt, wodurch man **169** in 92 % Ausbeute erhielt. Mechanismus?

169   **170**   **171**

Das *andere* Isomer von **167/168** wurde dieser Reaktion *nicht* unterworfen, weil man dort allenfalls eine *unsaubere* Reaktion zu **169** erwartete. Welches Isomer setzte man um?

169 wurde in einem Schritt in **170** umgewandelt; wie könnte das gehen? **170** wurde wie angegeben zu **171** cyclisiert. Nur 8 % isolierte Ausbeute der Verbindung **171** zeigen an, daß dem *Hauptprodukt* der letzteren Reaktion eine andere Struktur zukommen muß; welche könnte es sein?

e) Das Coronan **171** zeigte nur *drei* Signale im 50.3 MHz-^{13}C-NMR-Spektrum. Leiten Sie daraus einen Maximalwert für die Sessel-Sessel-Inversionsbarriere dieser Verbindung ab! Warum ist dieser Wert so viel kleiner als bei **167**, wo es sich doch in *beiden* Fällen um zwölffach substituierte Cyclohexane handelt?

AUFGABE 63

Diese ungewöhnliche Synthese des Methylesters **173** des Alkaloids Clavicipitinsäure bedient sich in *vier* Schritten Palladium-katalysierter Reaktionen.

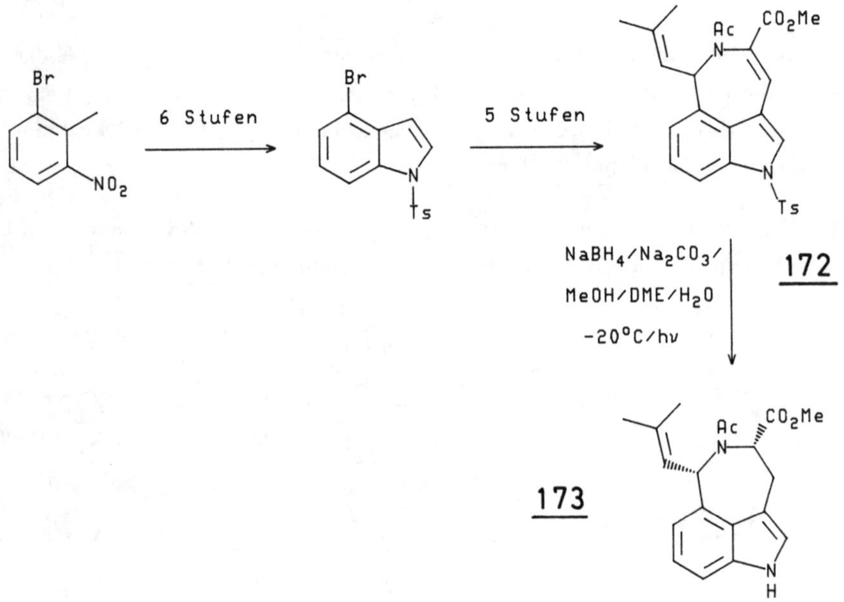

Wie funktioniert's? Erklären Sie die vier Palladium-Reaktionen mechanistisch! Überlegen Sie sich, ob die Reaktionen über Pd^{2+} oder über Pd^0 ablaufen! (In diesem Zusammenhang: Woher kommt "im Bedarfsfall" eigentlich das Pd^0, da doch stets zweiwertiges Palladium *eingesetzt* wird? Noch ein Problem: Die in dem Schema fehlenden elf Reaktionen müssen Sie erst einmal in die richtige Reihenfolge bringen:

a) HCHO (gasf.)/ NEt_3

b) α-(N-Acetylamino)acrylsäuremethylester/ 5   mol-% $Pd(OAc)_2/NEt_3/$ Acetonitril

c) I_2

d) $Hg(OAc)_2/$ kat. $HClO_4$

e) 5 mol-% $PdCl_2(N\equiv C\text{-}Me)_2/$ p-Benzochinon

f) $Br_2/ h\nu /CCl_4$

g) 8 mol-% $Pd(OAc)_2/ NEt_3/$ 20 mol-% $P(ortho\text{-}Me\text{-}C_6H_4)_3/ CH_3CN$

  / 2-Methylbut-3-en-2-ol

h) 15 mol-% $PdCl_2(N\equiv C\text{-}Me)_2$ in CH_3CN

i) PPh_3

j) Fe/HOAc

k) TsCl in Pyridin

Eine Abschlußfrage: Warum muß bei der Reduktion **172** → **173** eigentlich belichtet werden?

AUFGABE 64

Heathcock geht hier mit großen Schritten auf Bruceantin (**174**) zu: In *einer* Umsetzung konstruiert er gleich drei der fünf Ringe: Was geschieht dabei im einzeln?

174

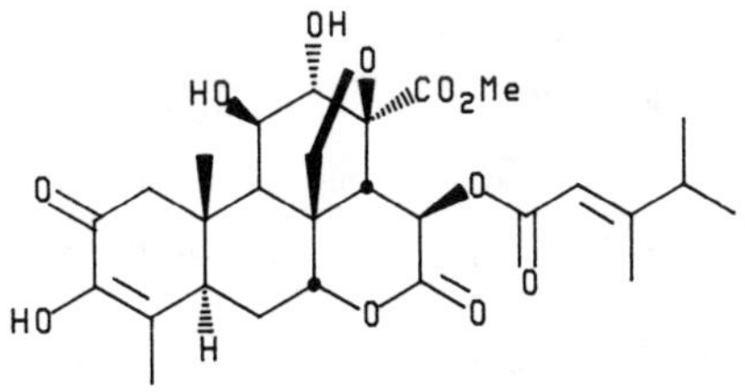

AUFGABE 65

Nun müssen auch *Sie* einmal wieder etwas herstellen. Wie wär's mit Veraplichinon D (**175**)?

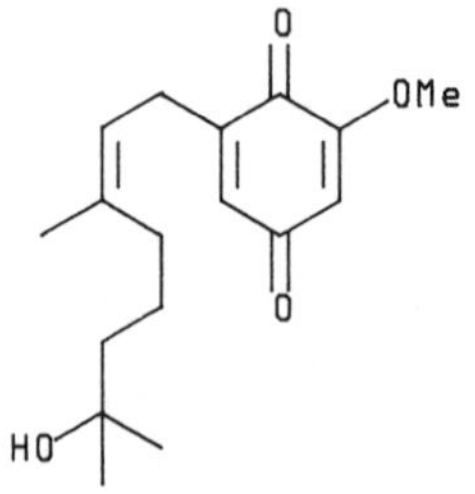

175

AUFGABE 66

Ergänzen Sie in der umseitigen interessanten Synthese von optisch aktivem Aspilicin (**181**) das, was fehlt!

a) Wie könnte die Bildung des Chinolacetats **178** erfolgen?

b) Die Belichtung von **178** leitet den Schlüsselschritt der Synthese ein, wobei eine elektrocyclische Ringöffnung einen ganzen Reigen von Reaktionen eröffnet. Warum muß man belichten: Damit eine kinetische Barriere überschritten werden kann oder damit die Reaktion überhaupt Triebkraft bekommt? Argumentieren Sie mit den Bindungsenthalpien im Anhang dieses Buches!

c) Das Lacton **179** enthält eine E- und eine Z-konfigurierte Doppelbindung; läßt sich das verstehen?

d) Es wurde gefunden, daß dem Reaktionsgemisch zur erfolgreichen Umwandlung von **178** in **179** 1.3 Moläquivalente N-Methylimidazol zugesetzt werden mußten. Wie wirkt dieses? Suchen Sie eventuell unter den Stichworten "Steglich-Base" = (N,N-Dimethylamino)pyridin bzw. "Einhorn-Veresterung" nach Anregungen!

e) Zur Weiterverarbeitung von **179** mußte das Acetat *in Anwesenheit des Lactons* "verseift" werden. Erläutern Sie, wie der verwendete Reagenzien-Mix dies bewirkt!

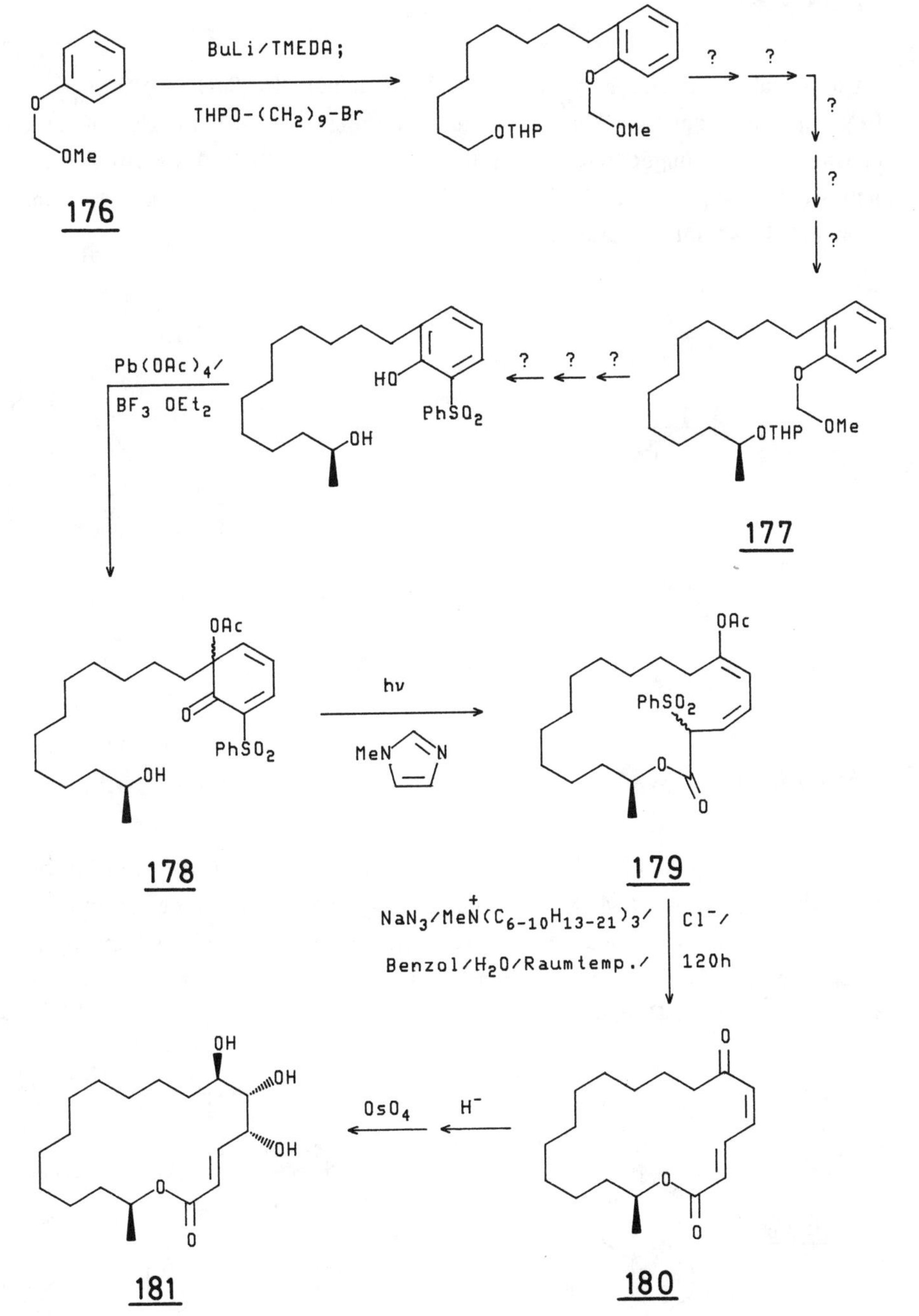
BuLi/TMEDA;
THPO-(CH2)9-Br
OMe
176
OTHP
OMe
? ? ? ? ?
177
? ? ?
HO
PhSO2
OH
Pb(OAc)4/
BF3 OEt2
OAc
O
PhSO2
OH
178
hν
MeN N
OAc
PhSO2
O
O
179
NaN3/MeN+(C6-10H13-21)3/ Cl-/
Benzol/H2O/Raumtemp./ 120h
O
O
O
180
OsO4 H-
OH
OH
OH
O
O
181

AUFGABE 67

Die Zugabe während 12 h von 1.5 Moläquivalenten Bu_3SnH und 0.03 Äquiv. ABIN zu einer am Rückfluß kochenden Lösung von **182** in Benzol ergab hauptsächlich das fünfgliedrige Lacton **183** (73 %) neben 10 % des sechsgliedrigen Lactons **184**. Setzte man das Bu_3SnH/ABIN-Gemisch aber *auf einmal* zu, erhielt man ausschließlich **184**. Interpretation?

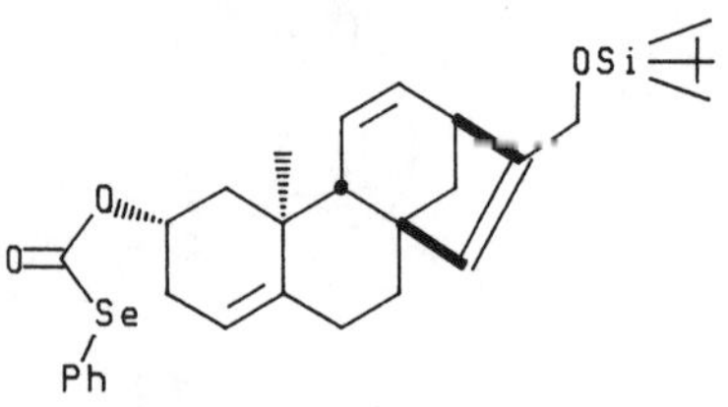

182 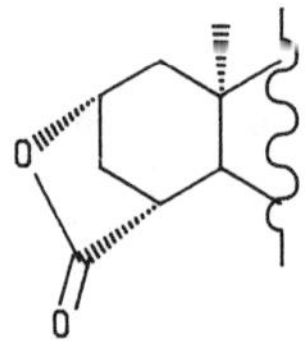   **183** 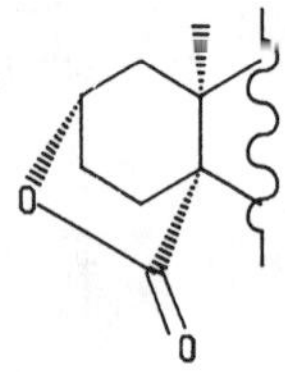   **184**

AUFGABE 68

Martin Hohlweg vom Fachbereich Physikalische Chemie der Universität Marburg synthetisierte das Binaphthyl **185**. Abbildung 7 zeigt die Aromaten-Signale in dessen 300-MHz-^{1}H-NMR-Spektrum. Analysieren Sie die Kopplungsbeziehungen und ordnen Sie die Peaks den einzelnen Protonen zu; vernachlässigen Sie nicht unterschiedliche Peak-Höhen!

185 a   **185 b**

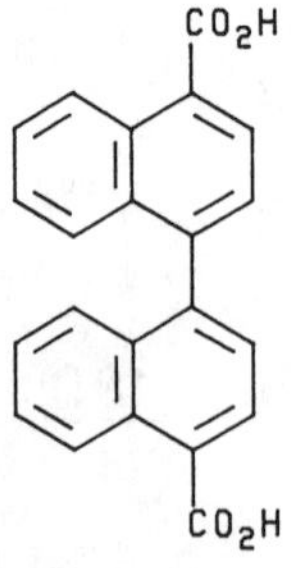

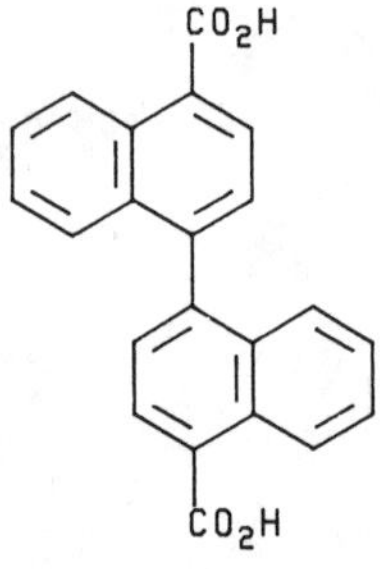

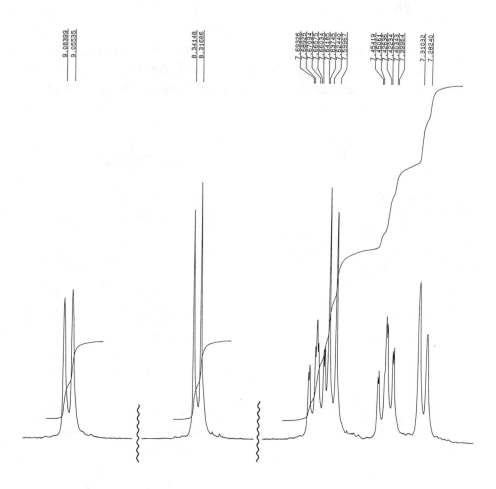

Abbildung 7 Ausschnitt aus dem 300 MHz-^{1}H-NMR-Spektrum von Verbindung
185

Was sagt Ihnen das Spektrum über die Vorzugskonformation von **185**? Liegt eine
planare Anordnung (**185a** bzw. **185b**) vor (vergleiche Biphenyl) oder eine *verdrillte*
Konformation (wie bei ortho-substituierten Biphenylen)?

AUFGABE 69

Optisch aktive Verbindungen kann man mittels "kinetischer Resolution" erhalten: Ein optisch aktives Hilfsreagenz konsumiert dabei nur *einen* Antipoden des angebotenen *racemischen* Reaktionspartners; dessen *Enantiomer* bleibt zurück.

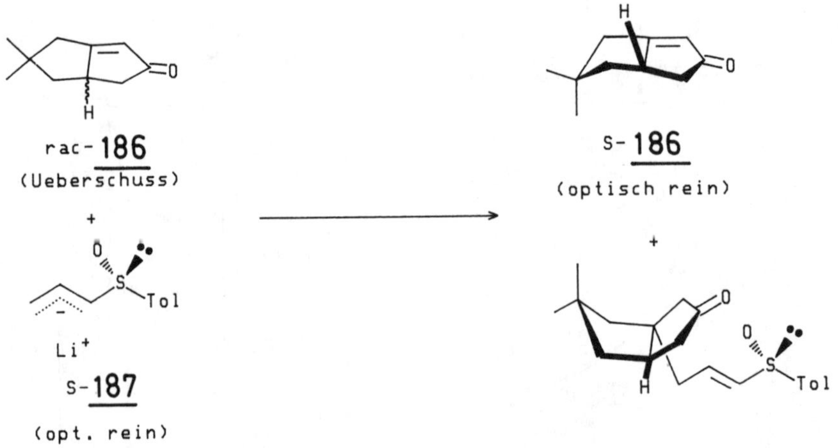

a) Hier sehen Sie zwei kinetische Resolutionen. Machen Sie plausibel, weshalb jeweils nur der *angegebene* Antipode mit dem optisch aktiven Hilfsstoff reagiert!

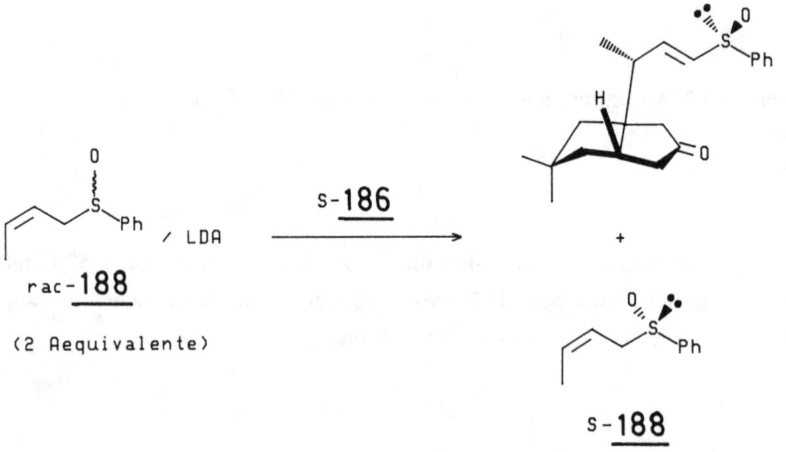

b) Als Anschlußfrage: Können Sie die Verbindung(en) vorhersagen, die man bei der Reaktion von *racemischem* **186** mit *racemischem* **188** und LDA (Molverhältnis 1:1:1) erhält?

AUFGABE 70

Entwerfen Sie eine stereoselektive Synthese (nur *relative* Konfiguration interessiert) von Sesbanin (**189**)!

189

Teil 2

ANTWORTEN

ANTWORT 1

Fragestellung aus: Chem. Eng. News, 24. 2. 1986.

a) Die einfachste Synthesemöglichkeit ist eine gekreuzte Aldol-Kondensation, auch Claisen-Schmidt-Reaktion genannt (L. F. Fieser, M. Fieser, *Organische Chemie*, 2. Aufl., S. 563, Verlag Chemie, Weinheim 1968). Dabei wird der wohlfeile p-Nitrobenzaldehyd in *einem* Schritt in "spy dust" (1) überführt.

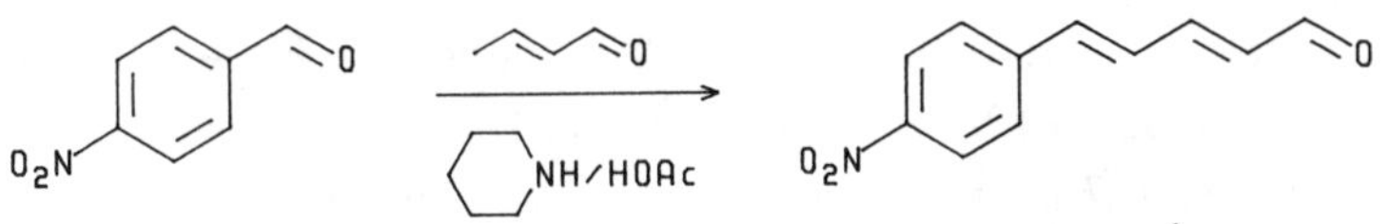

Dieses von Ihnen erworbene (dankeschön!!) Buch regt in etlichen Aufgaben zu "Trockenübungen in organischer Synthese" an. Die Synthese von "spy dust" ist das erste und einfachste Beispiel. Ihre Aufgabe ist dabei, die beste Näherung an das letztendliche Ziel einer "idealen Synthese" zu suchen. Eine "ideale Synthese" liefert das Zielmolekül

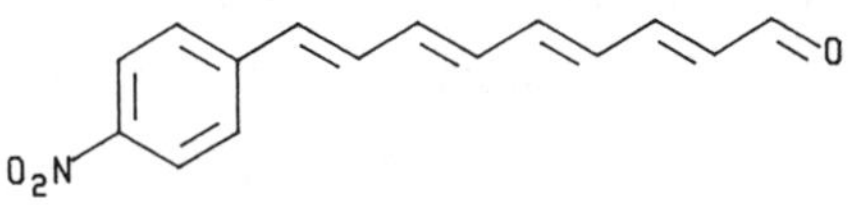

(1) frei von Nebenprodukten,

(2) in *einem* Arbeitsschritt und

(3) ausgehend von kommerziell erhältlichen Chemikalien.

Als Spielregel soll gelten, daß das Kriterium "kommerziell erhältlich" erfüllt ist, wenn die fragliche Verbindung in einem Chemikalien-Katalog auffindbar ist. Den Blick in die Preisspalte des Katalogs dürfen Sie sich dabei schenken: Als Synthesen *nur auf dem Papier* brauchen Sie Ihre Synthese hier (!) ja nicht zu bezahlen.

Starten Sie die Suche nach einer Synthese-Möglichkeit immer mit einer "Retrosynthese": Sie zerschneiden dabei zunächst eine (oder mehrere) Bindungen des Zielmoleküls. Dann vereinfachen Sie es, indem Sie an der Schnittstelle - durch den
Retrosynthese-Doppelpfeil symbolisiert - zu einem oder mehreren Vorläufermolekülen trennen; die Umsetzung dieser Vorläufermoleküle miteinander soll die ein-
gangs zerschnittene Bindung knüpfen. Sie fahren in dieser Weise fort, bis sie *kommerziell erhältliche* Vorläufermoleküle, d. h. geeignete Ausgangsmaterialien für Ihre Synthese, gefunden haben. Anschließend müssen Sie Ihren Synthesevorschlag in der *Vor-
wärtsrichtung* formulieren.

Fast immer gibt es mehrere, bei Zielmolekülen mittlerer Komplexität (wie bei
den Beispielen *dieses* Buches) häufig etliche und bei komplexen Zielmolekülen im
Prinzip unzählig viele *verschiedene* Möglichkeiten der retrosynthetischen Zerlegung.

Manche davon sind geschickter als andere. Oft wird es aber eine ganze Reihe von
gleichwertigen Retrosynthesen und dazugehörigen Synthesen geben. In anderen Worten: Es gibt mehr "richtige Lösungen" für die Syntheseübungen, als aus Platzgründen
in diesem Buch aufgeführt werden können. Sie können die Qualität *Ihrer* Lösungen
mit den Lösungsvorschlägen dieses Buches vergleichen. Und natürlich haben Sie die
Chance, besser als die Vorlage zu sein ... Schau'n wir mal ...

Bei Ihren künftigen Synthesezielen müssen Sie also *im Prinzip* alle (!) retrosynthetischen Schnittstellen [siehe zum Beispiel die Markierungen (a) - (d) in "spy dust"] zu
geeigneten Vorläufermolekülen zurückverfolgen, mit *entsprechenden* retrosynthetischen Zerlegungen all (!) dieser Vorläufermoleküle, von *deren* Vorläufern, usw. usw.

Sie sehen, wie Sie auf diese Weise eine exponentiell wachsende Flut von Retro-
syntheseschritten untersuchen müßten. Frage: Wie orientiert man sich in dieser bald
unübersehbaren Vielfalt? Die wichtigsten drei Antworten: (1) durch Übung; (2) durch
Übung; (3) durch Übung!!

O.k., besagten Punkte (1) - (3) werden Sie nach Durcharbeitung dieses Bandes
nähergekommen sein. Warum ich Ihnen stattdessen nicht verrate, wie man Retrosynthese macht? Nun, das Problem von Organischer Synthese ist justament, daß es keinen stur abspulbaren Satz von Regeln gibt, wie man die beste Synthese findet!9

Es gibt aber einige Faustregeln zur Retrosynthese, die Ihnen mit auf den Weg gegeben seien; sie wurden - wie Sie bemerken werden - bei allen Synthesevorschlägen
dieses Buches beherzigt.

Beurteilen Sie dazu die retrosynthetischen Vereinfachungen, die durch die Zerlegungen (a) - (d) von "spy dust" erzielt werden:

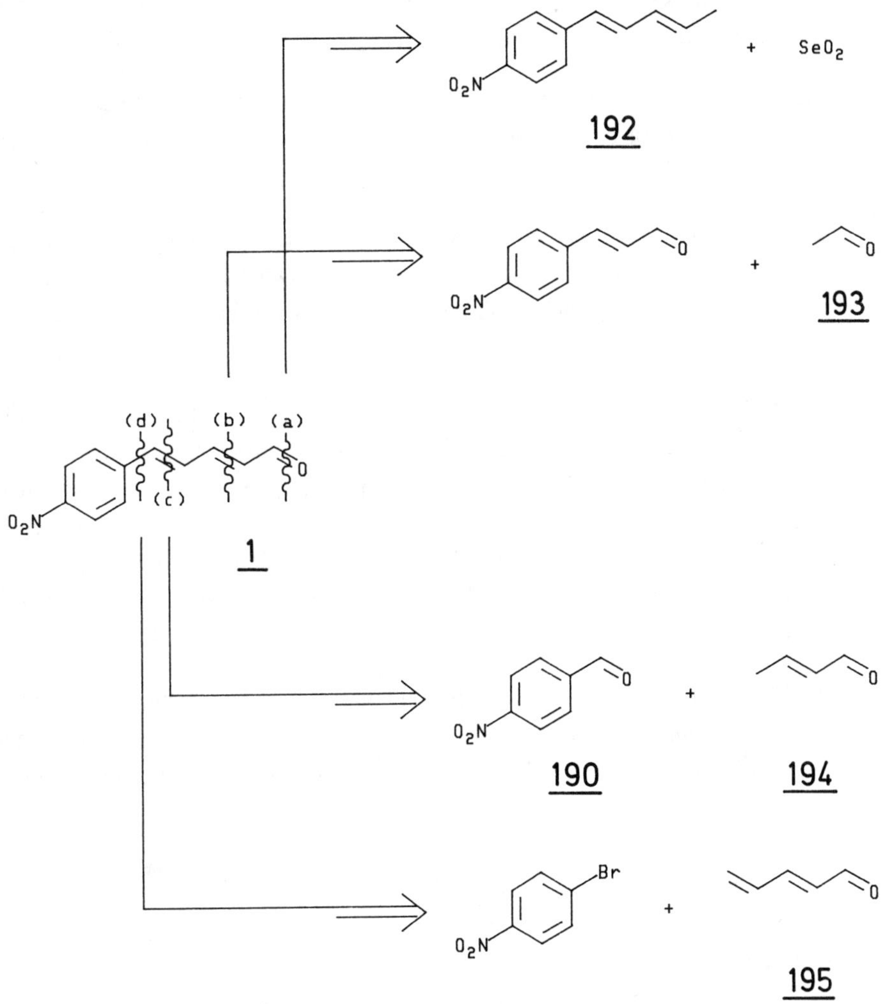

Die Trennung bei (a) zum Beispiel bringt überhaupt nichts: Die Synthese des
Diens **192** ist ebenso schwierig wie die von **1** selbst! Durch eine derartige "Umwand-
lung funktioneller Gruppen ineinander" - hier Me → CHO - haben Sie das Kohlenstoff-
Skelett Ihres Syntheseziels nämlich nicht vereinfacht. Merke: *Eine retrosynthetische
Vereinfachung gelingt am besten durch Trennen von C-C-Bindungen.*

Dies ist bei (b) - (d) illustriert. Dabei markieren (c) und (d) vorteilhaftere Schnittstellen als (b), denn *Zurückführen auf gleichgroße Vorläufer-Moleküle vereinfacht stärker als das Abtrennen kleiner C$_1$- oder C$_2$-Bausteine*. Dementsprechend führt Schnitt
(b) nur zu *einem* käuflichen Vorläufermolekül (**193**), während (c) auf *zwei* käufliche
Ausgangsmaterialien (**190** und **194**) weist.

Keine Regel ohne Ausnahme: Das zur Synthese nach (d) benötigte Dienal **195** ist
nicht käuflich; dies tut der prinzipiellen Eleganz dieses Synthesewegs (mittels Heck-
Reaktion) aber keinen Abbruch.

Hinweise zum zweckmäßigen retrosynthetischen Zerschneiden von polycyclischen
Zielmolekülen finden Sie in Aufgabe 29 sowie in Antwort 19. Ansonsten kann man
zum Erlernen von Organischer Synthese nur nochmals auf das oben genannte "Üben"
verweisen ...

Überlegen Sie bei Ihren Synthevorschlägen stets, ob Nebenreaktionen stören
könnten. Im vorliegenden Fall wäre die anteilige Bildung von **191** zu diskutieren.
Letzteres könnte durch Weiterreaktion des primär gebildeten **1** mit restlichem
Crotonaldehyd entstehen. Da jedoch **1** als *konjugierter* Aldehyd weniger elektrophil als
190 ist, vermag **1** kaum mit **190** um die Reaktion mit dem Crotonaldehyd-Enol zu
konkurrieren. **191** sollte also allenfalls ein mengenmäßig unbedeutendes Nebenprodukt sein.

b) Der Nachweis von "spy dust" beginnt mit einer elektrophilen aromatischen
Substitution; *genau* diesen Reaktionstyp kennen Sie als Startreaktion der Bildung von
Bakelit aus Phenol und Formaldehyd. Die elektrophile Substitution erfolgt an der re-

aktivsten, nämlich der 4-Position, vom Naphthoresorcin. Das Primärprodukt **196** verliert Wasser und liefert auf diese Weise die Verbindung **197**.

197 müßte die Nachweisform von "spy dust" sein, denn es ist mit Sicherheit farbig. Dafür sorgt nicht nur einfach das *ausgedehnte* System konjugierter π-Elektronen. *Hinzu* kommt, daß **198** als Chinonmethid das *kreuzkonjugierte chinoide Chromophor* enthält.

ANTWORT 2

a) Das *obere* Spektrum von Seite 4 zeigt den *erwarteten* Allylalkohol **198**. Das Spektrum *unten* auf Seite 4 gehört zu der *unerwarteten* Verbindung. Sie konnten das leicht am Fehlen der olefinischen Protonen (δ = 5 ppm) erkennen; auch sollte Ihnen aufgefallen sein, daß die allylständige Methylgruppe nicht mehr vorhanden ist, denn man vermißt ihr Singulett bei δ = 1.7 ppm.

Den Schlüssel zur Struktur-Zuordnung liefert das Dublett bei δ = 1.2 ppm: Im Verein mit der Signalintensität von 6 Protonen dokumentiert sich hier das Vorliegen einer Isopropylgruppe. Der daraufhin konstruierte Strukturvorschlag **199** wurde im IR-Spektrum durch das Auftreten einer intensitätsstarken Carbonyl-Streckschwingung bestätigt.

198   **199**

b) Das unerwartete Reaktionsprodukt **199** ist ein Isomer des erwarteten Alkohols **198**. Meine Vermutung ist, daß durch Grignard-Reaktion zunächst *nur* **198** entstand, und daß dieses nachfolgend und *unvollständig* **199** ergab.

Man könnte diese Isomerisierung mit einer Aufeinanderfolge von zwei Redoxreaktionen erklären. Im ersten Schritt bewirkt das von **198** abgeleitete Magnesium-Alkoholat **200** eine Meerwein-Ponndorf-Reduktion des im Überschuß verwendeten Methacroleins; das Alkoholat geht dabei in das Keton **201** über.

Das Keton **201** wirkt im zweiten Teilschritt der Isomerisierung als Oxidationsmittel: Es entreißt dem gleichzeitig entstandenen Anion des Methallylalkohols im
Sinn einer Oppenauer-Oxidation ein Hydrid-Ion. Dieses Hydrid-Ion kann dabei auf
zwei verschiedene Positionen des α,β-ungesättigten Ketons **201** übertragen werden:
Eine 1,2-Addition an **201** würde das ursprünglich vorhandene **200** zurückbilden. Eine
1,4-Reduktion ergäbe hingegen **202** als *neues* Produkt, d.h. das Enolat des später isolierten Ketons **199**. **202** ist als *delokalisiertes* Alkoholat *stabiler* als das Alkoholat **200**
mit seiner *lokalisierten* negativen Ladung; darauf beruht die Triebkraft der unerwarteten Nebenreaktion. Das Enolat **202** befindet sich unter den Reaktionsbedingungen in
einer sicheren Nische, weil es keinen weiteren Redoxreaktionen ausgesetzt ist: Ein
Enolat ist ja weder das Substrat einer Meerwein-Ponndorf-Reduktion noch das einer
Oppenauer-Oxidation.

Im vorgeschlagenen Schema katalysiert Methacrolein die Bildung von **199** aus
198. Daraus ergeben sich zum Beispiel die folgenden mechanistischen Überprüfungs-
möglichkeiten:

(1) Erzeugt man aus **198** und Ethylmagnesiumchlorid in einem *ersten* Schritt gezielt das Alkoholat **200**, sollte *anschließend* zugesetztes Methacrolein ebenfalls zur
Bildung von **202** führen. Nach der wäßrigen Aufarbeitung müßte folglich **199** erhalten werden.

(2) Wenn das Auftreten von **199** auf einer *Folgereaktion* der *zuvor* erfolgreichen
Bildung von **198** beruht, müßte eine verkürzte Reaktionszeit die Selektivität
zugunsten von **198** verbessern.

c) In dem beschriebenen "ersten mechanistischen Stützexperiment" entspricht die
"unerwartete Reaktion" der *regioselektiven* Bildung eines Enolats aus einem Allylalkohol; die Gewinnung von *regioselektiven* Enolaten unsymmetrischer Ketone ist präpa-

rativ bedeutsam. Auch könnte man auf diese Weise Ketone aus Allylalkoholen herstellen.

B. Byrne und M. Karras berichteten kurz nach dem Marburger Praktikums-Versuch (Tetrahedron Lett. *28*, 769 [1987]), daß man Magnesium-Allylalkoholate mit Benzaldehyd zu α,β-ungesättigen Carbonylverbindungen oxidieren kann. Dieser Prozeß entspricht *genau* der oben postulierten Umwandlung von **200** in **201**!

ANTWORT 3

Das Thema ist die Claisen-Umlagerung!

a) Fragestellung aus: W. S. Johnson, G. W. Daub, T. A. Lyle, M. Niwa, J. Am. Chem. Soc. *102*, 7800 [1980].

Hier liegt eine Ketal-Claisen-Umlagerung vor. Ihr Ablauf entspricht genau dem der bekannteren Johnsonschen Orthoester-Claisen-Umlagerung, wo ein Allylalkohol unter saurer Katalyse mit einem Orthoester umgesetzt wird. Im *vorliegenden* Beispiel übernimmt 2,4-Dinitrophenol (vergleiche Pikrinsäure!) die Rolle des Katalysators. Dieser ermöglicht zunächst - in einer Gleichgewichtsreaktion - die Umacetalisierung von **203** zu **204**. Das Acetal **204** kann unter dem Einfluß der Säure ein Molekül des Alkohols ROH abspalten; dadurch bildet sich - in einer weiteren Gleichgewichtsreaktion - der Enolether **205**. Diese Verbindung **205** lagert nun als Allylvinylether nach Claisen zu **3** um. Die Irreversibilität dieses letzten, d.h. des eigentlichen Umlagerungs-Schritts, bedingt die Vollständigkeit der *Gesamtreaktion*.

203   **204**   **205**

Die selektive Bildung des E-konfigurierten Umlagerungsproduktes **3** (vergleiche Aufgabe 3d) ist eine Konsequenz davon, daß der Reaktionspfad mit dem energetisch *günstigsten* Übergangszustand beschritten wird. Die in Formel **205** angedeutete Elektronenverschiebung bedingt einen sechsgliedrigen Übergangszustand. Dieser ist nun, anders als die Formelzeichnung es suggeriert, *nicht* planar: Claisen-Umlagerungen verlaufen im allgemeinen über einen Übergangszustand, der sich von der Sesselform des Cyclohexans ableitet. Bei der vorliegenden Reaktion kann man *zwei* derartige Sessel-Übergangszustände **205a** bzw. **205b** diskutieren. Dabei ist der Übergangszustand **205a** mit dem *äquatorial* orientierten Substituenten R energieärmer als **205b** mit dessen axialem Rest R. Da nun die Umlagerung bevorzugt über den *stabileren* Übergangszustand erfolgt, d.h. über den Sessel **205a**, entsteht **E-3** statt **Z-3**.

Die Claisen-Umlagerung wird aufgrund dieses Sachverhalts gerne zur stereoselektiven Synthese von trisubstituierten Olefinen verwendet.

b) Fragestellung aus: H. Rappoport, J. A. Panetta, J. Org. Chem. *47*, 946 [1982].

Zunächst reagiert Methoxyallen (**206**) genau wie ein Enolether mit dem Phenol zu einem Acetal (**208**); Sie kennen diesen Reaktionstyp vom Schützen eines Alkohols durch die sauer katalysierte Addition an Dihydropyran.

Nebenbetrachtung: Zwischenstufe ist das nicht-planare Carboxoniumion **207a**; wahrscheinlich nimmt *dieses* das Phenol auf und *nicht* das stabilere **207b**, das durch eine Rotation aus **207a** hervorgeht. Alternativ könnte man die umlagerungsfähige Spezies **208** auch aus dem Kation **207b** herleiten. In diesem Fall müßte letzteres ambidoselektiv an der α- statt an der γ-Position reagieren; bei der Ferrier-Umlagerung in der Kohlenhydrat-Reihe kennt man von analogen Kationen α-Selektivität.

206 **207 a** **208** **209**

H_3O^+-Auf-
arbeitung

207 b

1)$KMnO_4$
2)$Pd-C/\Delta$

210

Das Acetal **208** ist ein substituierter Phenylallylether, das "klassische" Substrat der Claisen-Umlagerung. Es lagert also zu dem ortho-allylierten Phenol **209** um. Bei der sauren Aufarbeitung entsteht durch Acetalisierung und Hydrolyse das Halbacetal **210**. Zum Endprodukt Cumarin gelangt man schließlich durch Oxidation (→ Lacton) und katalytische Dehydrierung.

c) Fragestellung aus: R. M. Coates, S. K. Shah, R. W. Mason, J. Am. Chem. Soc. *104*, 2198 [1982].

Das bicyclische β-Ketonitril ist CH-acid und kann deshalb mit Kaliumhydrid deprotoniert werden. Das resultierende Anion wird durch die Grenzformeln **211 - 213** beschrieben. Ein derartiges Anion reagiert normalerweise *am Kohlenstoff* mit Elektrophilen; man würde diese Ambidoselektivität insbesondere bei der Alkylierung mit Allybromid erwarten, einem weichem Alkylierungsmittel. Diese *sonst* zu verzeichnende Reaktion "am Kohlenstoff" müßte in **212** jedoch in einer Neopentylstellung erfolgen, wo die sterische Hinderung zu groß ist. Daher reagiert das Anion an seiner leichter zugänglichen Peripherie, nämlich am Sauerstoff: Die O-Allylierung ergibt den Enolether **214**. **214** liefert beim Erwärmen infolge einer Claisen-Umlagerung also genau diejenige Verbindung **4**, die durch *direkte* Alkylierung nicht zugänglich ist.

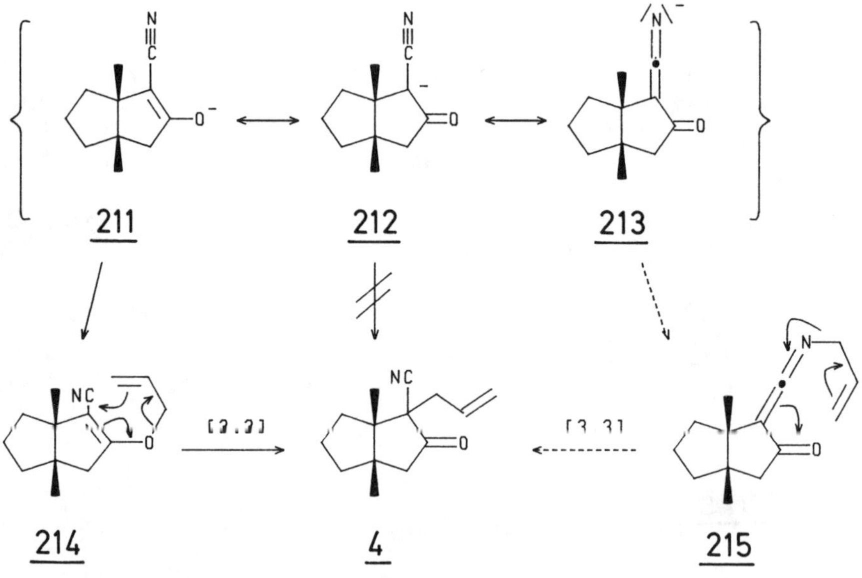

An der sterisch ungehinderten Peripherie des Anions **211** ↔ **212** ↔ **213** ist auch eine mechanistische Alternative vorstellbar: Die Allylierung am Stickstoff könnte über das Ketenimin **215** und eine Aza-Cope-Umlagerung zu **4** führen. Das Experiment zeigt aber, daß O- statt N-Alkylierung stattfindet.

Bei Antwort 3a) wurde bereits darauf hingewiesen, daß eine Claisen-Umlagerung nicht in *einer* Ebene erfolgt. Nein, der Allyl- und der Vinylether-Teil von **214** liegen im Übergangszustand in *zwei* Ebenen! Da nun der Enolether **214** über zwei *nicht-äquivalente* = diastereotope Seiten verfügt, könnte im Prinzip *jede* davon im Zuge der Umlagerung die Allygruppe aufnehmen. Aus der *Konfiguration des Umlagerungsprodukts* muß man aber schließen, daß die Reaktion ausschließlich über den Übergangszustand **214a** erfolgt; es wird also effektiv nur die *eine* Seite des Enolethers zur Reaktion gebracht. Der Angriff aus der *anderen* Richtung entspricht dem Übergangszustand **214b**; dieser würde zu einem *Isomeren* von **4** führen. Da **4** aber isomerenrein anfällt, wird **214b** offensichtlich nicht realisiert.

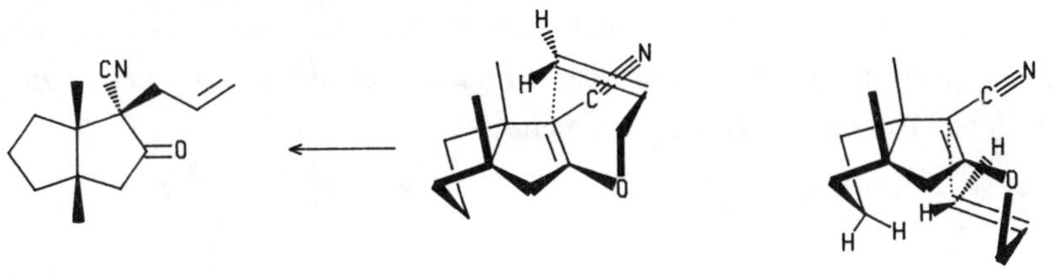

4   **214a**   **214b**

Weshalb nicht? Der Bicyclus **214** ist halbkugelförmig gebaut. Infolgedessen schirmt der linke fünfgliedrige Ring die *konkave* Seite (also die Unterseite) dieses Moleküls ab. Der Übergangszustand **214b** leidet demzufolge unter beträchtlicher sterischer Hinderung. Im Übergangszustand **214a** dagegen legt sich der angreifenden Allylgruppe kein Hindernis in den Weg: Dort spielt das Reaktionsgeschehen auf der leicht zugänglichen *konvexen* Molekülseite.

Merke: Gekrümmte Moleküle reagieren (fast) immer auf der konvexen und nie auf der konkaven Seite!

d) Fragestellung aus: J. W. S. Stevenson, T. A. Bryson, Tetrahedron Lett. *23*, 3143 [1982].

Das Vorliegen einer Claisen-Umlagerung wird *hier* durch das zweimalige Eingreifen des Tebbe-Reagenz (**216**) "vernebelt"! Das Tebbe-Reagenz (Übersicht: H.-U. Reißig, Nachr. Chem. Techn. Lab. *34*, 562 [1986]) kann etwas, das das Wittig-Reagenz

216 $cp_2 Ti \underset{CH_2}{\overset{Cl}{<}} AlMe_2$

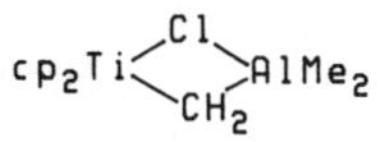

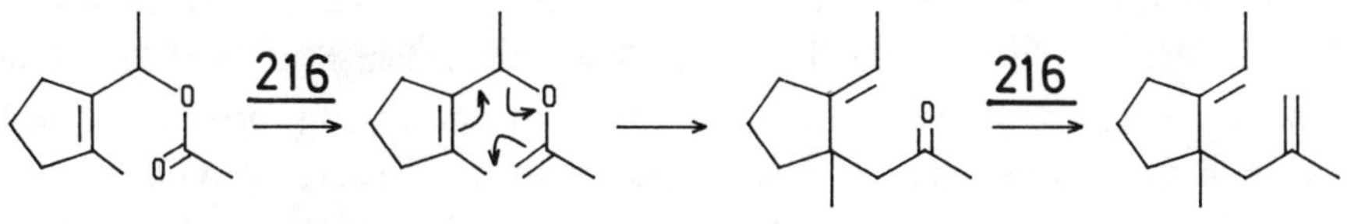

217   **218**   **5**

normalerweise nicht kann: Es methyleniert Ester! Dies liefert mit **217** unseren alten Bekannten bei der Claisen-Umlagerung, einen Allylvinylether. Dessen Claisen-Umlagerung ergibt **218**. Damit ist noch nicht Schluß, denn was *nun* auch Wittigs Methylentriphenylphosphoran könnte, das kann **216** ebenfalls, nämlich das Keton **218** methylenieren. Auf diese Weise gelangt man zu **5**.

Daß das Olefin **5** stereoselektiv entsteht, wird auf der Stufe der Claisen-Umlagerung festgelegt. Die Ursache dafür beruht - wie bei Antwort 3a) ausführlicher erörtert - auf dem energetischen Vorzug des Übergangszustands **217a** verglichen mit **217b**: Die äquatoriale Methylgruppe ist günstiger als die axiale! **217a** führt stereoselektiv zum E-Olefin **218**, während **Z-218** nur über den energetisch kostspieligen Übergangszustand **217b** hätte entstehen können.

e) Fragestellung aus: R. W. Carling, A. B. Holmes, J. Chem. Soc. Chem. Commun. *1986*, 325.

Das Ausgangsmaterial **219** ist aus dem im Fragenteil angegebenen Aldehyd mittels Standard-Reaktionen zugänglich. **219** liegt als Diastereomeren-Gemisch vor. Dieses Diol wird in ein cyclisches Acetal überführt, indem man unter dem Einfluß eines Kationenaustauschers (H^+-Form) eine Umacetalisierung vornimmt. Eine Oxidation liefert das Selenoxid **220**. Selenoxide sind noch bessere Olefin-Vorstufen als Sulfoxide, wenn man sie erhitzt: Die cis-Eliminierung erfolgt nämlich im Falle des

Selenoxids bei tieferen Temperaturen als bei der analogen Schwefelverbindung. Der DBU-Zusatz hat übrigens nichts mit dem eigentlichen Eliminierungs-Schritt zu tun, der cyclisch über einen fünfgliedrigen Übergangszustand erfolgt; das DBU neutralisiert lediglich die freiwerdende Phenylseleninsäure. **221** wird sodann einer Claisen-Umlagerung unterworfen.

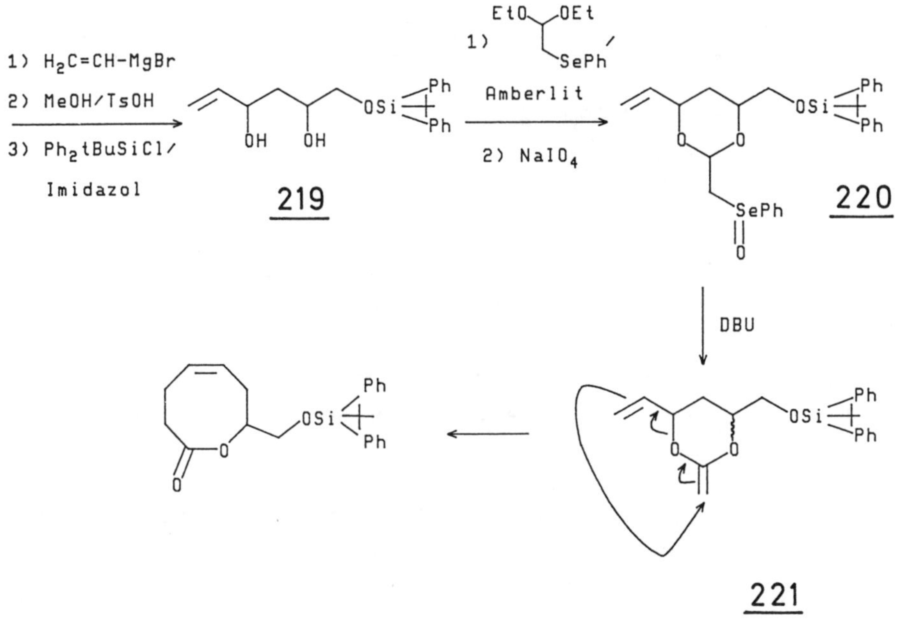

f) Problemstellung aus: K. Shishido, K. Hiroya, H. Komatsu, K. Fukumoto, T. Kametani, J. Chem. Soc. Chem. Commun. *1986*, 904.

Ja, ja, das Präludium! Hoffentlich haben Sie etwas mit dem Fettgedruckten anfangen können! Den Start macht nämlich die elektrocyclische Ringöffnung des hervorgehobenen Cyclobutens: Durch eine konrotatorische Ringöffnung vom Typ Cyclobuten → Butadien entsteht das o-Chinondimethid **223**; dieser Reaktionstyp gehört seit Jahren zum synthetischen Repertoire Kametanis und hat durch ihn elegante Anwendungen in der Steroid-Totalsynthese gefunden (Übersicht: T. Kametani, H. Nemoto, Tetrahedron Lett. *37*, 3 [1981]). Es folgt eine 1,6-Elektrocyclisierung des vorliegenden Hetero-Hexatriens zum Hetero-Cyclohexadien **224**. Noch nicht genug der pericyclischen Reaktionen werden jetzt zum dritten Mal im gleichen Topf (!) die Elektronen cyclisch verschoben. Doch dieses letzte Mal sind wir wieder beim "Thema", denn nun ist die Claisen-Umlagerung am Zuge.

222   z - 223   224

224 ist übrigens ein Allylketenacetal; gleiches gilt für die Verbindung **221** von Antwort 3e). Dies ist das reaktive Teilchen bei der Johnson-Orthoester-Claisen-Umlagerung, nur wird es dort auf andere Weise erzeugt.

Ob eine *einstufige* Ringerweiterung von **222** durch eine 1,3-sigmatrope Verschiebung der Benzylgruppe nicht eine bessere Interpretation von Kametanis Reaktion bietet? Das ist höchst ungewiß, denn die Umwandlung von Vinylcyclobutanen in Cyclohexene verläuft möglicherweise *mehrstufig* (J. March, *Advanced Organic Chemistry*, 3. Aufl., Literatur-Zitate 440 und 441 S. 1021, John Wiley & Sons, New York, Chichester, Brisbane, Toronto, Singapore 1985).

Wer hat's gemerkt?!: Die Realisierbarkeit eines elektrocyclischen Ringschlusses von **223** setzt die Z-Konfiguration der Doppelbindung voraus; im isomeren E-**223** wäre die Carbonylgruppe so weit von der exo-Methylen-Einheit entfernt, daß es in einem unverzerrten Übergangszustand zu keiner bindenden Wechselwirkung kommen könnte.

Am einfachsten gelangt man zu der Zwischenstufe **223** mit Z-Doppelbindung, wenn die Ringöffnung von **222** zwar stereounselektiv, jedoch reversibel erfolgt. Der Anteil am Z-Isomeren würde dann durch die Weiterreaktion verbraucht. Das E-Isomere würde mangels Alternativen irgendwann zu **222** zurück cyclisieren. Bei der erneuten Ringöffnung von **222** würde das wiederum anteilig gebildete Z-Isomere von **223** wiederum zu **224** weiterreagieren, E-**223** dagegen wieder zu **222** cyclisieren, usw.

Die andere Interpretation für das Auftreten von **224** beruht auf der irreversiblen Ringöffnung von **222** *verbunden* mit Z-Stereoselektivität. *Diese* Sicht betont die Analogie zu der Beobachtung, daß 3-Formylcyclobuten beim Erwärmen *ausschließlich* das Z-Isomer von Pentadienal ergibt (K. Rudolf, D. C. Spellmeyer, K. N. Houk, J. Org. Chem. *52*, 3708 [1987]). Umgekehrt stehen die beiden Methylgruppen des Ringöffnungsprodukts von trans-3,4-Dimethylcyclobuten bevorzugt exo (J. March, *Advanced Organic Chemistry*, 3. Aufl., S. 1004, John Wiley & Sons, New York, Chichester, Brisbane, Toronto, Singapore 1985); dies entspricht der Orientierung der (einen) Methylgruppe in Z-**223**.

ANTWORT 4

Fragestellung aus: D. Dhanak, C. B. Reese, S. Romana, G. Zappia, J. Chem. Soc. Chem. Commun. *1986*, 903.

Genaugenommen ist dies das Finale der Variationen von Aufgabe 3: Hier liegt nämlich wiederum eine [3,3]-sigmatrope Umlagerung vor, und zwar - wenn Sie so wollen - eine "Aza"-Claisen-Umlagerung. Die umlagerungsfähige Spezies **225** entsteht unter Basenkatalyse aus dem Oximether **6**. Diese "Tautomerie" erinnert Sie sicherlich an die Umwandlung eines Imins in ein Enamin! Falls Sie letztere Reaktion vergessen haben: Nachschlagen! Übrigens kommt hier die Fertigstellung des Pyrrols **7** *auch* nicht ohne eben diese Imin/Enamin-Tautomerie aus!

Diese Pyrrol-Synthese entspricht mechanistisch der Fischer-Indolsynthese; dort unternimmt die Zwischenstufe **227** eine [3,3]-sigmatrope Umlagerung. Das *für die Umlagerung relevante* Strukturelement im Fischerschen **227** unterscheidet sich von dem Intermediat **225** der neuen Pyrrol-Synthese lediglich durch den Ersatz eines Sauerstoff-Atoms durch die NH-Gruppe. Übrigens entsteht auch bei der Fischer-Indol-Synthese das umlagerungsfähige Teilchen (**227**) erst in situ durch Tautomerie: Hier katalysiert allerdings eine Säure seine Bildung.

Damit ist der "andere Heterocyclus" der Aufgabenstellung als Indol identifiziert. Die letzte Frage war nun, ob wohl auch Indole unter Ausnutzung des neuen Pyrrol-Verfahrens zugänglich sein könnten. Tatsächlich wurden Indole *schon früher* als Pyrrole durch die [3,3]-sigmatrope Umlagerung von Hydroxylamin-Derivaten gewonnen! Die Michael-Addition der konjugierte Base von **228** an das angegebene Allenyl-sulfon lieferte nämlich das O-Vinyl-hydroxylamin **229**. **229** *ist* bereits das Edukt

für die Aza-Claisen-Umlagerung; hier entfällt der in den *obigen* Heterocyclen-Synthesen einleitend erforderliche energieaufwendige Tautomerisierungs-Schritt. Deshalb
genügte bereits eine Reaktionstemperatur von -78°C, um über die Zwischenstufe **229**
zum Indol **230** zu gelangen (S. Blechert, Tetrahedron Lett. *25*, 1547 [1984]).

Nebenbemerkung: Daß die Indolsynthese via **229** unter milderen Reaktionsbedingungen erfolgt als das Fischer-Verfahren, könnte auf zwei weiteren Faktoren beruhen. Erstens sollte die [3,3]-Umlagerung von **229** aufgrund von Standard-Bindungsenthalpien (vergleiche Anhang) um 5 kcal mol^{-1} stärker exotherm sein als die Umlagerung von **225**; wenn sich im Sinne des Hammond-Prinzips ein Teil dieses Effekts bereits im Übergangszustand bemerkbar macht, trüge dies zur höheren Reaktionsgeschwindigkeit von **229** verglichen mit **225** bei. Zweitens dürfte der *carbanionische Substituent* die Umlagerung von **229** beschleunigen; ein benachbartes Sulfonylcarbanion erhöht die Geschwindigkeit der *Claisen-Umlagerung* um mehrere Größenordnungen (S. E. Denmark, M. A. Harmata, J. Am. Chem. Soc. *104*, 4972 [1982]).

ANTWORT 5

Fragestellung aus: D. D. Rowan, M. B. Hunt, D. L. Gaynor, J. Chem. Soc. Chem. Commun. *1986*, 935.

Haben Sie an die Belehrungen über *Retrosynthese* gedacht, die bei Antwort 1 formuliert worden sind?! D.h., haben Sie hier zunächst "rückwärts gedacht" auf der Suche nach Vorläufermolekülen? Dann vergleichen Sie doch Ihre retrosynthetische Analyse von Verbindung **8** mit meiner, die das Diketopiperazin **232** als Vorläufer ergab.

Das war's praktisch schon in Sachen Retrosynthese! Denn für Diketopiperazine gibt es eigentlich gar keine andere Synthesemöglichkeit als diejenige, die Ihnen unter-

gekommen ist, wenn Sie in einem Lehrbuch überhaupt schon einmal auf den Zungen-
brecher "Diketopiperazin" gestoßen sind: Dieser Heterocyclus entsteht nämlich gewöhnlich durch die Kondensation zweier (gleicher!) α-Aminosäuren, und zwar beim
Erhitzen. Das *hier* interessierende Piperazin **232** leitet sich also ebenfalls von α-
Aminosäuren ab, jedoch von zwei *verschiedenen*. Zur gezielten Kondensation von
einem Molekül der *ersten* mit *einem* Molekül der *zweiten* Aminosäure muß man die
eine Aminosäure aktivieren, die andere schützen.

Damit kommen wir von der Retrosynthese zur *Synthese*: Die benötigte *geschützte*
Aminosäure ist **233**. Sie entsteht in zwei Stufen aus der 5-Chlorvaleriansäure. Diese
wird in *einem* Arbeitsgang der Reihe nach in das Säurebromid, das α-Bromsäurebro-
mid und den α-Bromester umgewandelt. Dessen Aminolyse sollte selektiv zur Substitution des Bromatoms, das eine bessere Abgangsgruppe als das Chloratom in 5-Posi-
tion ist, führen. Aus Pyrrol-2-carbonsäure gewinnt man das Säurechlorid **234** als die
gesuchte *aktivierte* Aminosäure (R. J. Boatman, H. W. Whitlock, J. Org. Chem. *41*,
3050 [1976]).

Das Amin **233** und das Säurechlorid **234** knüpfen nun eine Amidbindung von **235**.
Würde darin eine zweite Amidbindung geknüpft, wäre man beim Diketopiperazin **232**
der Retrosynthese. Da das *zweite* Amid in **232** als Säureazolid aber eher ein Acylierungsmittel als ein richtiges Amid ist, würde das einmal entstandene **232** vom gleichzeitig gebildeten Methanol wohl zum Ester **235** zurückgespalten.

In der Verbindung **235** kann man die Estergruppe in Anwesenheit des Chloratoms
zum Aldehyd reduzieren. Vielleicht cyclisiert dieser Aldehyd spontan zum Halbami-
nal **231**. Dann läge das angestrebte Zwischenprodukt des retrosynthetischen Schemas
in Substanz vor. Aber selbst wenn dieser Aldehyd *nicht* spontan cyclisiert, besteht kein
Anlaß zu Sorge. Denn dann dürfte die Cyclisierung im anschließenden sechsten Reaktionsschritt erfolgen. Dort genügt ein kleiner Gleichgewichts-Anteil an **231**, um durch
die Eliminierung von einem Äquivalent Wasser zu dem ungesättigten Heterocyclus
236 zu kommen.

Über das Azid gelangt man von **236** wohl gleich bis zum Amin (vergleiche zu
dieser Methode Aufgabe 59!). Im letzten Schritt müßte man unter Standard-Bedin-
gungen das Guanidin **8** erhalten. Hoffentlich haben Sie **8** nicht durch eine Alkylierung
von Guanidin herzustellen versucht: Wie bei der Alkylierung von Aminen hätte man
dabei keine Chance, *Mehrfach*-Alkylierungen zu vermeiden.

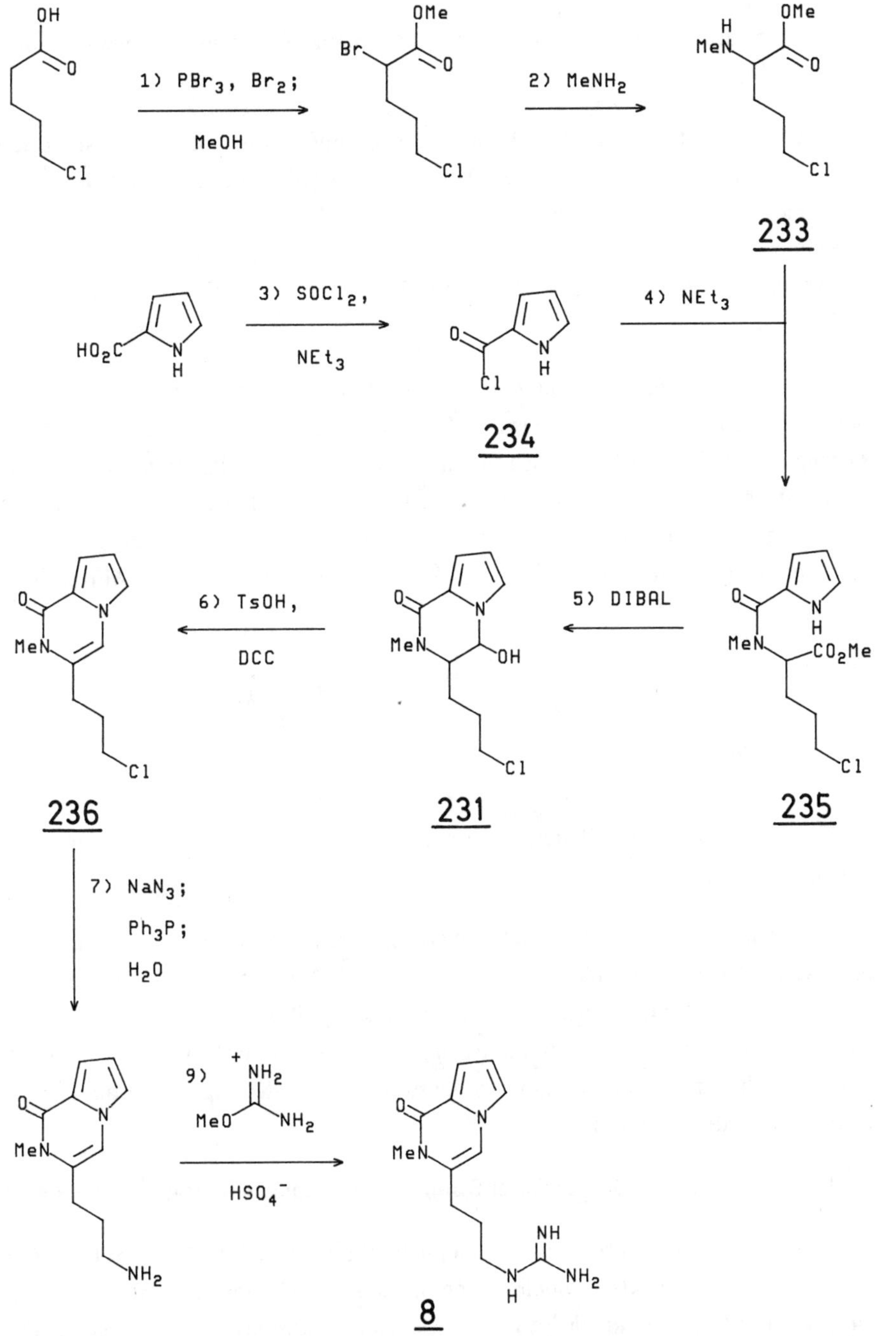
OH
O
1) PBr3, Br2;
MeOH
Cl
OMe
Br
O
Cl
2) MeNH2
H
MeN
OMe
O
Cl
233
HO2C
N
H
3) SOCl2,
NEt3
O
Cl
N
H
234
4) NEt3
O
N
H
MeN
CO2Me
Cl
235
5) DIBAL
O
N
MeN
OH
Cl
231
6) TsOH,
DCC
O
N
MeN
Cl
236
7) NaN3;
Ph3P;
H2O
O
N
MeN
NH2
9)
NH2
MeO
NH2
HSO4
O
N
MeN
NH
N
H
NH2
8

ANTWORT 6

Fragestellung aus: U.-J. Vogelbacher, M. Regitz, R. Mynott, Angew. Chem. *98*, 835 [1986].

Das +100°C-Spektrum des Heterocyclus **9** steht sowohl mit Valenzisomerie als auch mit Mesomerie im Einklang. Das Vorliegen von Valenzisomerie *anstelle* von Tautomerie ergibt sich erst bei -110°C, und zwar einfach durch Abzählen der Resonanzlinien: Daraus folgt, daß alle *drei* quartären C-Atome der tBu-Gruppen nichtäquivalent sind. Auch unterscheiden sich C-2 (δ = 203.7) und C-4 (δ = 203.7) voneinander.

Wie kommt es zu der *verminderten* Signalzahl im Hochtemperatur- verglichen mit dem Tieftemperatur-NMR-Spektrum? Die Aktivierungsbarriere der Valenzisomerisierung wird bei +100°C so rasch überquert, daß dort die Signale der quartären C-Atome der tert-Butyl-Gruppen in 2- bzw. 4-Position (δ = 34.9 und 37.3) bei δ = 35.7 kollabieren; aus dem gleichen Grund fallen bei +100°C die Resonanzen vom C-4 und vom Imin-Kohlenstoff bei δ = 180.9 zusammen [berechneter Mittelwert = (158.8+203.7)/2 = 181.3 ppm].

ANTWORT 7

Fragestellung aus: R. Gleiter, H. Zimmermann, W. Sander, Angew. Chem. *98*, 893 [1986].

Die Synthese beginnt mit Isotetralin (**237**). Bereits Lehrbücher verraten, daß Isotetralin bei der Birch-Reduktion von Naphthalin mit Natrium in flüssigem Ammoniak und Ethanol entsteht. Ozon ist ein starkes Elektrophil und spaltet - wenn nicht im Überschuß verwendet - selektiv die *elektronenreichste* Doppelbindung des Triolefins **237**. Zusätzlich garantiert diese Vorgehensweise die cis-Konfiguration an den Doppelbindungen des Acetals **238**.

Einige interessante Details dieser Synthese seien schlaglichtartig hervorgehoben:

a) Mit MCPBA wird selektiv *eine* Doppelbindung des Diens **238** zum Epoxid oxidiert. Da die *verbleibende* Doppelbindung im Epoxid nicht angegriffen wird, bedeutet dies, daß die Doppelbindung im Epoxid weniger reaktiv als im Dien **238** ist. Diese

Reaktionsträgheit könnte auf verminderter Ringspannung und/oder größerer sterischer Hinderung im Epoxid beruhen.

b) Das aus **238** hervorgehende Epoxid besitzt eine Spiegelebene. Darum kann es mit dem aus PhSeSePh und NaBH$_4$ erzeugten Natrium-phenylselenid nur zu einem *einzigen* Selenylalkohol **239** reagieren. Falls Sie sich beim Angriff des Selenophenols auf das Oxiran über das Problem der *Regioselektivität* Gedanken gemacht haben, so haben Sie Phantome gejagt!

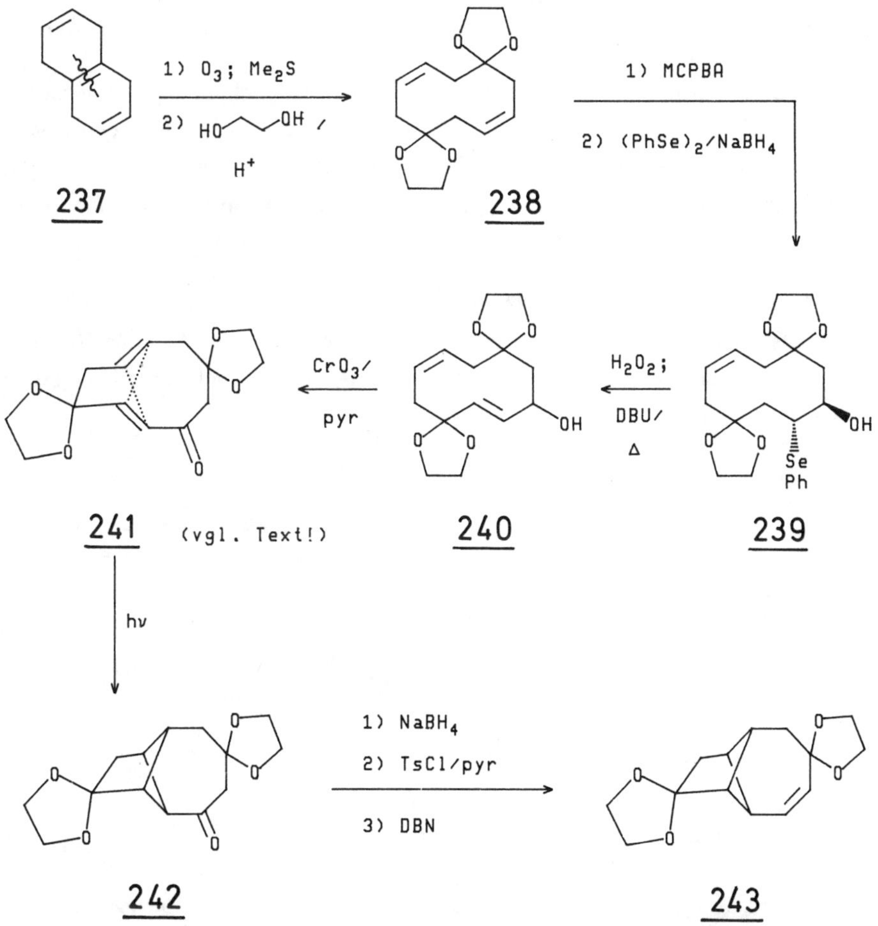

c) Die anschließende Oxidation (→ Phenylselenoxid) / Eliminierung von PhSeOH) haben Sie in Aufgabe 3e) schon einmal gesehen: Dort wurde auf diese Weise das Selenid **220** in ein Olefin transformiert. **229** liefert mithin ebenfalls eine

Doppelbindung, und zwar stereoselektiv trans. Vielleicht liegt das daran, daß das cis,trans-Olefin **240** stabiler als sein cis,cis-Isomeres ist. Wenn sich im Übergangszustand der Eliminierung bereits *ein Teil* dieses Effektes auswirkt, wäre die trans-Selektivität verständlich. Die Angelsachsen bezeichnen diesen Typus Selektivität anschaulich als "product development control". (Ein deutscher Ausdruck existiert für diesen Effekt nicht.)

d) Zusammengefaßt wurde also das Olefin **238** in insgesamt vier Schritten letztlich zum α,β-ungesättigten Keton **241** oxidiert. Bei *dieser* Reaktionssequenz ist, wie Sie bemerken, die Doppelbindung *gewandert*; hätte man dagegen **238** mit SeO_2 zu einem α,β-ungesättigten Keton oxidiert, wäre die Doppelbindung geblieben, wo sie war!

e) In der Formel **241** ist an der nichtkonjugierten Doppelbindung *fälschlicherweise* die trans-Konfiguration angegeben! Bitte sehen Sie dieses graphische corriger-la-fortune nach! Es geschah Ihretwegen, denn andernfalls hätten Sie sich schwerer getan, den Zusammentritt der beiden Doppelbindungssysteme beim nachfolgenden Belichten - eine "Überkreuz-Addition" der Olefine - nachzuvollziehen.

Haben Sie das Cyclobutan **242** etwa über eine thermische $(_\pi 2_s + _\pi 2_a)$-Cycloaddition entstehen lassen? Das gibt es zwar bei Ketenen (vergleiche Aufgabe 16 und 17), aber sonst nicht! Die photochemische Addition *hier* verläuft mehrstufig über Triplett-Zwischenstufen.

f) Die Hydrolyse des *einen* Dioxolans von **243** gelingt positionsselektiv; der Grund dafür ist, daß die im geschwindigkeitsbestimmenden Schritt entstehende Zwischenstufe - ein Carboxonium-Ion - durch die benachbarte Doppelbindung eine zusätzliche Resonanzstabilisierung erfährt.

g) Die Wasserabspaltung aus dem Alkohol **244** führt in *einem* Schritt zu dem Dien-Vorläufer von **10**. Der Trick besteht darin, den Alkohol **244** mit $(PhO)_3PMe^+I^-$ zunächst in das Iodid **245** umzuformen. Dies ist ein gebräuchliches Verfahren zur Herstellung primärer Iodide. Der Erfolg beim vorliegenden sekundären, durch Allylstellung aktivierten Alkohol erstaunt da nicht. HMPT eliminiert Iodwasserstoff aus **245**; eine andere Eliminierung, in der HMPT als Base fungiert, finden Sie bei der Reaktion **450 → 451** von Aufgabe 43.

h) Das Syntheseziel, das sich so rar macht, war offensichtlich die Verbindung **246**!

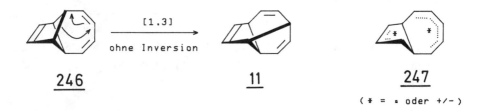

246   11   247

(* = • oder +/-)

Unter den Bedingungen der Shapiro-Olefinierung mag **10** sogar primär das gewünschte **246** ergeben haben. Die [1,3]-Verschiebung einer Cyclobutan-Bindung würde daraus die Struktur des beobachteten Kohlenwasserstoffs **11** ableiten. Die Woodward-Hoffmann-Regeln würden dabei zwar verletzt, doch ist dies bei einem sigmatropen Prozeß nicht unmöglich. Zur gleichen Verbindung **11** käme man unter Umgehung dieser Regelverletzung, wenn man einen zweistufigen Reaktionsmechanismus betrachtet: Das Aufbrechen der gespannten Cyclobutan-Bindung ergäbe im ersten Schritt das Biradikal bzw. Zwitterion **247**; nachfolgend würden die nicht-abgesättigten Zentren dieser Zwischenstufe **247** zum weniger gespannten **11** zusammentreten.

i) Auf das gleiche Target **246** zielte auch die Eliminierung von Methansulfonsäure aus dem Mesylat **248**. Anstelle der beabsichtigten β-Eliminierung beobachtet man eine - durch Abbau von Ringspannung begünstigte - Fragmentierung zu **12a**. **12a** isomerisiert unter Basenkatalyse partiell zu **12b**.

$$\underline{248} \qquad\qquad \underline{12\,a} \qquad\qquad \underline{12\,b}$$

ANTWORT 8

Fragestellung aus: M. Iyoda, T. Kushida, S. Kitami, M. Oda, J. Chem. Soc. Chem. Commun. *1986*, 1049; vergleiche K. Sasaki, T. Kushida, M. Iyoda, M. Oda, Tetrahedron Lett. *23*, 2117 [1982].

Der Cyclobutan-Abkömmling **249** entsteht durch eine Photo-(2+2)-Cycloaddition. Trimethylsilyliodid - die Trimethylsilylgruppe ist das "non-proton proton"! - aktiviert eine Carbonylgruppe von **249** ebenso, wie ein H^+-Ion es tun würde. Dies ermöglicht eine 1,2-Verschiebung der benachbarten σ-Bindung. Es findet also eine *Retro-Pinakol-Umlagerung* statt, denn das Keton **249** geht in ein Carbeniumion über; bei der *Pinakol-Umlagerung* geschieht das Umgekehrte. Dieses Carbeniumion nimmt ein Iodid-Ion zu **250** auf. Die Triebkraft dieser Retro-Pinakol-Umlagerung beruht auf der geringeren Ringspannung in **250** verglichen mit dem Edukt **249**.

Der β-Iodsilylether **250** wird durch Iodid im gleichen Topf zum Olefin reduziert; diese Reaktion erinnert an die Freisetzung von Olefinen aus vicinalen Dibromiden mittels Iodid-Ionen. Wenn man wiederum die Trimethylsilylgruppe in Me_3SiI als "Edel-Proton" ansieht, versteht man leicht, wieso die Doppelbindung des primär entstehenden β,γ-ungesättigten Ketons unter den Reaktionsbedingungen in die Konjugation rutscht. Dies bringt einen zu **14** als dem zweiten Synthese-Zwischenprodukt.

Das Enon **14** hat eine gewölbte Oberfläche. Wenn Sie mit der Zielstruktur **253** vergleichen, erkennen Sie, daß die C=C-Doppelbindung des Enons **14** auf der *konka-*

ven Seite funktionalisiert werden muß: In Aufgabe 3c) lernten Sie aber, daß halbkugelförmige Moleküle (fast) nie auf der schwer zugänglichen konkaven Seite reagieren. Was tun?

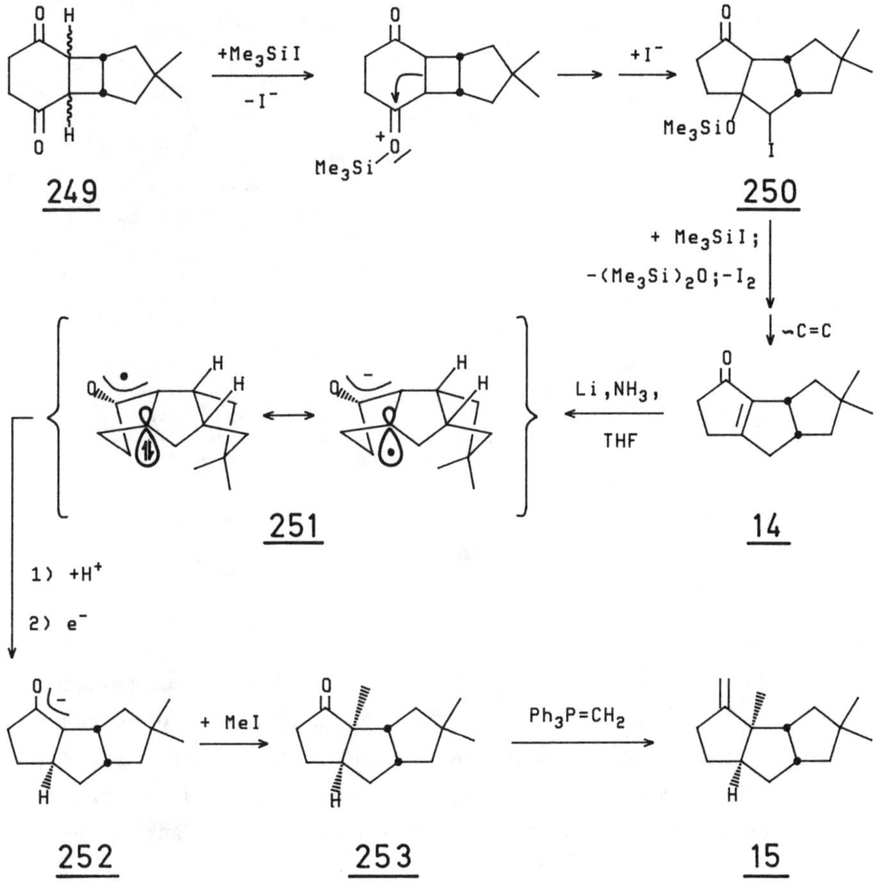

Hier hilft eine Metall/Ammoniak-Reduktion. In dem zunächst entstehenden Radikalanion **251** ist das Kohlenstoff-Atom *alpha* zur Carbonylgruppe *planar* konfiguriert; andernfalls gäbe es keine Konjugation mit der C=O-Doppelbindung. Das Kohlenstoff-Atom *beta* zur Carbonylgruppe halte ich dagegen für *pyramidal* konfiguriert. Das daran befindliche sp³-Orbital weist bevorzugt auf die *konkave* Molekül-Unterseite. Dadurch kann sich nämlich der am gleichen C-Atom gebundene, viel größere (!) fünfgliedrige Ring auf die energetisch vorteilhafte *konvexe* Molekül-Oberseite drehen. Wenn im *nächsten* Teilschritt der Metall/Ammoniak-Reduktion ein Proton das nach unten weisende sp³-Orbital angreift, ist die Stereochemie des Enolats **252** gesichert.

Die Methylierung von **252** kann man bequem - also noch im flüssigen Ammoniak - anschließen. Sie erfolgt infolge von "product development control" diastereoselektiv: Fusionierte Cyclopentane wie **253** bevorzugen aus Spannungsgründen die cis-Verknüpfung. Eine Wittig-Reaktion setzt den Schlußstrich unter die Synthese von **15**.

Denkbare Synthesewege zu den Ausgangsmaterialien:

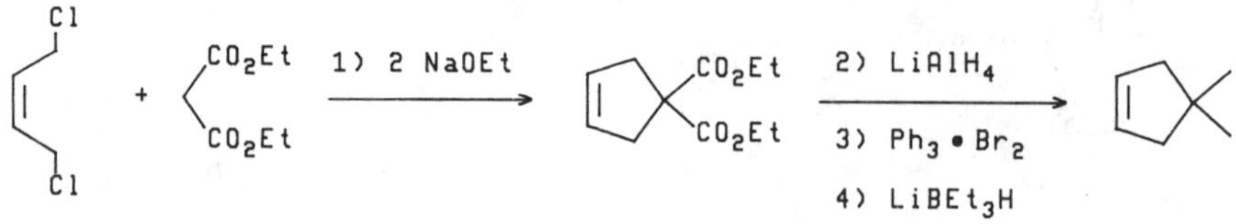

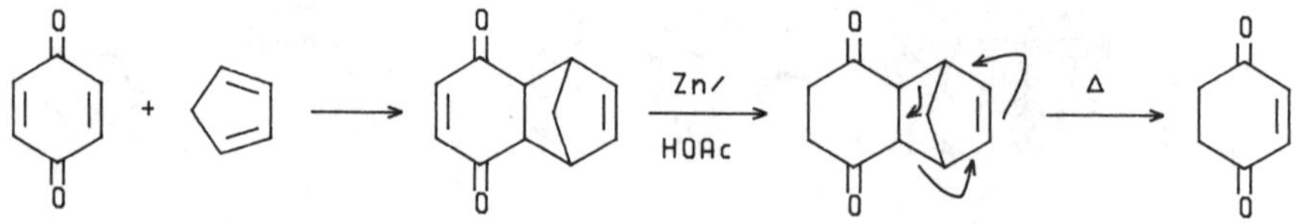

$$\underline{254} \qquad\qquad \underline{255} \qquad\qquad \underline{13}$$

Nebenbemerkung: Da das Dion **13** im Sauren zu Hydrochinon tautomerisieren könnte, empfiehlt sich die Herstellung im Neutralen. Dies ist bei der Cycloreversion **255 → 13** der Fall. Sie sehen, wie in dem Diels-Alder-Addukt **254** die später benötigte Doppelbindung des Dions *geschützt* ist. Die noch *vorhandene* Doppelbindung wird chemoselektiv reduziert, wenn man die Aktivierung durch die flankierenden Carbonylgruppen nutzt.

ANTWORT 9

Fragestellung aus: C. S. Shiner, P. A. Vorndam, S. R. Kass, J. Am. Chem. Soc. *108*, 5699 [1986].

Je stabiler die Säure, desto schwieriger der Übergang ins *gemeinsame* Anion, nämlich in das Phenolat-Ion! Diese Leitidee beantwortet die Aufgabe, wenn man an die Abstufung Aromaten-Konjugation > lineare Konjugation > Kreuzkonjugation denkt. Also ist Phenol stabiler als **17** und letzteres wiederum stabiler als **16**. Mithin ist Verbindung **16** acider als **17**, das seinerseits Phenol in der Acidität übertrifft.

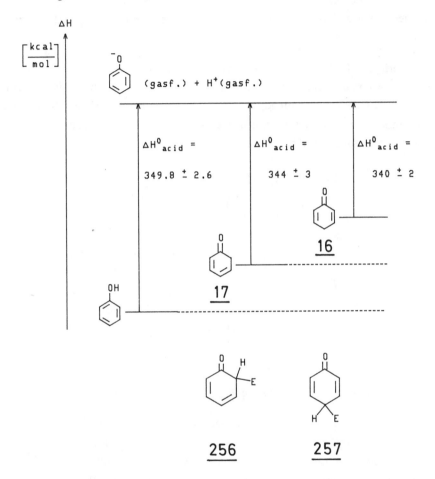

In Lösung könnte dann übrigens das mit **17** verwandte Teilchen **256** *ebenfalls* stabiler als **257** sein, das dem besprochenen **16** in der Kreuzkonjugation gleicht. **256** und **257** sind die Zwischenstufen, die bei der elektrophilen aromatischen Substitution aus dem Phenolat-Anion und einem Elektrophil E^+ hervorgehen. **256** leitet eine o-Substitution ein, während **257** zum p-Substitutionsprodukt führt. Bekanntlich sind Phenolat-Anionen bei der elektrophilen Substitution stärker ortho-dirigierend als die neutralen Phenole oder Phenolether. Somit paßt ein energieärmeres **256** verglichen mit **257** ins Bild. Vergleichen Sie mit den bei Antwort 52 aufgeführten Beispielen von o-selektiven Substitutionsreaktionen an Phenolaten! (Diazoniumsalze kuppeln in der p-Position des Phenolats; dies sei nicht verschwiegen.)

ANTWORT 10

Fragestellung aus: S. L. Schreiber, R. C. Hawley, Tetrahedron Lett. *26*, 5971 (1985).

Die geringere Basizität des Hexamethyldisilazid-Anions im Vergleich zum Diisopropylamid-Anion bedeutet, daß dieses Anion durch die Silylgruppen stabilisiert wird. Der stabilisierende Substituenteneffekt des Siliciums muß sich auf dem Niveau des *Anions* stärker auswirken als beim *neutralen* Hexamethyldisilazan; andernfalls wäre die Basizität des Anions erhöht (vergleiche Energie-Diagramm).

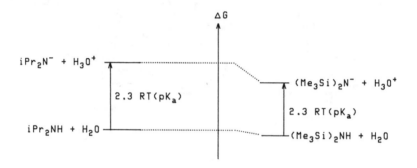

Wie kommt es zu dieser Stabilisierung des Hexamethyldisilazid-Anions?

Dazu muß man ein wenig ausholen: Der Wert der Trimethylsilylgruppe in der Organischen Synthese beruht letztlich auf ihrer Elektronen-Donation *auf σ-Ebene.* Die Hervorhebung soll daran erinnern, daß die Trimethylsilylgruppe, was *π-Elektronen anbelangt*, als *Akzeptor* wirkt (Lit.-Zitate [4] - [8] in: R. G. Daniels, L. A. Paquette, J. Org. Chem. *46*, 2901 [1981]). Dies liegt an den vakanten 3d-Orbitalen des Siliciums. Die Me_3Si-Gruppe übt daher einen -M-Effekt aus, wenn in der Nachbarschaft π-Elektronen "angeboten" werden.

In gewisser Hinsicht unterliegt der -M-Effekt der Trimethylsilylgruppe einer ähnlichen Randbedingung wie der Staat sie beim Eintreiben von Steuern beherzigen muß: Man kann sich nur dort etwas *nehmen*, wo etwas *vorhanden* ist! In einem neutralen Molekül (Hexamethyldisilazan) ist nur *wenig π-Elektronendichte* verfügbar; eine Mesomerie unter Ausnutzen des -M-Effekts kommt daher so gut wie nicht zustande. Deshalb wurde das Disilazan im Energie-Diagramm nur knapp unterhalb des Diisopropylamins angesiedelt. Aber das Disilazid-*Anion* besitzt aufgrund seiner negativen

= *Überschuß*-Ladung sogar so viel π-Elektronendichte, daß ein regelrechter *Bedarf* besteht, diese zu delokalisieren! Im Anion kommt der -M-Effekt des Siliciums daher wie gerufen, und die Stabilisierung durch die in **258** gezeigte Mesomerie ist beträchtlich: Die pK_a-Wert-Differenz von 7.4 entspricht einem $\delta\Delta G_{298}$ von 10.1 kcal mol^{-1}.

$$Me_3Si=\bar{N}-SiMe_3 \longleftrightarrow Me_3Si-\underline{\bar{N}}-SiMe_3 \longleftrightarrow Me_3Si-\bar{N}=SiMe_3 \longleftrightarrow Me_3\overset{-}{Si}=\overset{+}{N}=\overset{-}{Si}Me_3$$

258

Nebenbemerkung: Der fiskalische Vergleich - daß man nur von dort etwas holen kann, wo es etwas zu holen gibt - mag hinken; bei elektronischen Effekten ist dieses Prinzip nichtsdestoweniger gang und gäbe; Interessierte können dazu in einer Übersicht "Neighbouring group participation and the tool of increasing electron demand" nachlesen (M. Ravindranathan, C. G. Rao, E. N. Peters, Proc. Indian Acad. Sci. [Chem. Sci.] *90*, 353 [1981]).

ANTWORT 11

Fragestellung aus: M. Tsukamoto, H. Iio, T. Tokoroyama, J. Chem. Soc. Chem. Commun. *1986*, 880.

Die Addition des Ylids an den Aldehyd ergibt aus sterischen Gründen das Cram-Additionsprodukt **259**. Die Konfiguration der stereogenen Zentren in **259** ist gleich derjenigen im Allylalkohol **20**. Die *Diastereoselektivität* von *dessen* Bildungsreaktion ist damit bereits geklärt.

Bei der Weiterreaktion von **259** entscheidet sich, ob das Wittig-Produkt **19** oder der Ether **20** entsteht. *Einerseits* kann eine σ-Bindung zwischen O$^-$ und P$^+$ geknüpft werden; dadurch entsteht das Oxaphosphetan **260**. Letzteres ist die übliche Zwischenstufe der Wittig-Olefinierung. Deshalb ist die Weiterreaktion zum Olefin (**19**) vorgezeichnet. Die Zwischenstufe **259** entscheidet sich für *diese* Reaktionweise, wenn der Phosphor darin elektrophil ist, d.h. *stark* nach dem freien Elektronenpaar des Oxy-Anions verlangt. Dies ist der Fall, wenn Ar = Ph ist, weil dem unsubstituierten Phenylring der +M-Effekt des p-Anisyl-Restes fehlt.

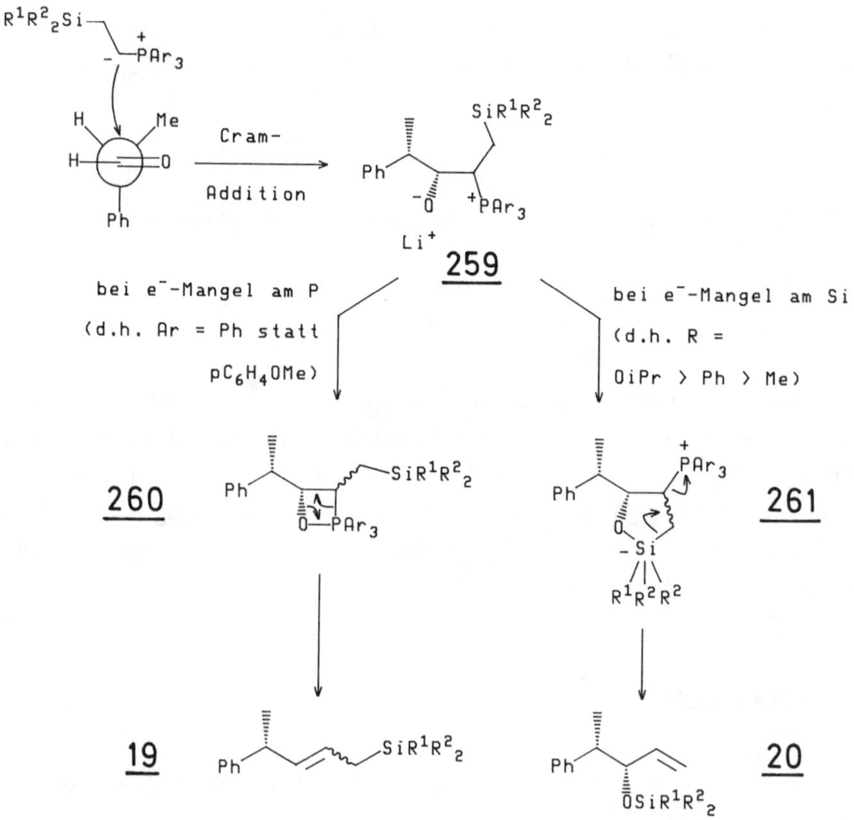

Andererseits läuft ein *elektronenarmes* Silicium (d.h. bei R = OR > Ph > Me) dem Phosphor beim Wettstreit um die negative Ladung des Alkoholats von **259** den Rang ab: Dann befriedigt das *Silicium* in dem pentakovalenten **261** seinen Elektronemangel. Damit ist der Phosphor zu spät gekommen. Eine β-Eliminierung liefert jetzt den Allylether **20**.

Nebenbemerkung: Wir sagten, daß die Wahl von R = OiPr das Silicium in der Zwischenstufe **259** elektronenarm macht. Dies liegt am -I-Effekt des Sauerstoffs. Der +M-Effekt des Sauerstoffs kommt gegenüber dem Silicium in **259** also nicht zum Tragen, was in Anbetracht des Prinzips von "Elektronendonation nur bei Nachfrage" (vergleiche Antwort 10!) verständlich ist.

ANTWORT 12

Fragestellung aus: E. E. Eliel, K. D. Hargrave, K. M. Pietrusiewicz, M. Manoharan, J. Am. Chem. Soc. *104*, 3635 [1982].

Die Destabilisierung einer axialen Methylgruppe am Cyclohexan hat zwei Gründe: Erstens belasten die gauche-Wechselwirkungen mit Ringbindungen. Zweitens stört die 1,3-diaxiale Wechselwirkung mit den axial orientierten H-Atomen in der γ-Position.

Wenn man eine CH_2-Gruppe des Methylcyclohexans durch Sauerstoff ersetzt, werden diese repulsiven Kräfte modifiziert. Weshalb?

(1) Eine C-O-Bindung ist mit 142 pm um 11 pm kürzer als eine C-C-Bindung (153 pm). Dieser Effekt *verstärkt* die 1,3-diaxiale Abstoßung, weil das fragliche Wasserstoffatom der Methylgruppe dadurch näher auf den Pelz rückt. Dies ist im 2-Methyltetrahydropyran der Fall.

grosser Abstand

Abstand verkuerzt

(2) Der van-der-Waals-Radius mißt beim O-Atom 140 pm, bei der CH_2-Gruppe etwa 200 pm. Deshalb verträgt es eine axiale Methylgruppe eher, wenn sie in der γ-Position mit dem kleinen freien Elektronenpaar anstelle der voluminöseren C-H-Bindung konfrontiert wird. Folglich leidet das 3-Methyltetrahydropyran weniger an Spannung als Cyclohexan.

nur WW mit e⁻-Paar

WW mit C-H-Bindung

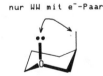

(3) Die C-O-Bindung ist zum Sauerstoff hin polarisiert. Die erhöhte Elektronendichte am Sauerstoffatom beansprucht wahrscheinlich auch Platz: Es ist vorstellbar,

daß am Sauerstoff das "dicke Ende" der C-O-Bindung liegt. Denken Sie jetzt an die "Dicke von Bindungen" und das Nyholm-Gillespie-Modell, mit dem Molekül-Geometrien in der *anorganischen* Molekülchemie erklärt werden (R. J. Gillespie, Angew. Chem. *79*, 885 [1967]). Auch bei *unseren* Verbindungen könnte das Modell greifen; man würde vorhersagen, daß die gauche-Wechselwirkung mit dem Ringgerüst in der Reihe

abnimmt, da die relevanten Bindungen *in der Nähe der axialen Methylgruppe* infolge ihrer zunehmenden Schlankheit immer weniger stören.

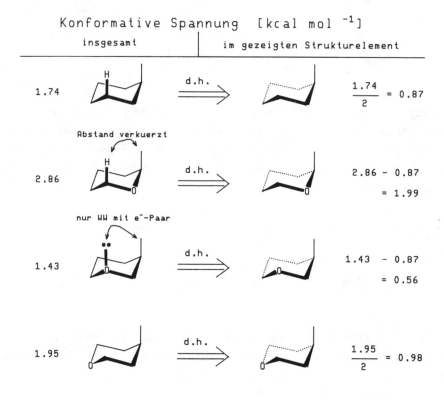

In der vorstehenden Tabelle wurde die *gesamte* Konformeren-Energie axialer Methylgruppen auf Spannungswerte für die *hervorgehobenen Teilstrukturen* umgerechnet. Zum Beispiel ergibt sich die Wechselwirkung der Methylgruppe mit *einer* gauche-orientierten C-C-Bindung und deren axialem γ-Wasserstoff durch Halbierung des Cyclohexan-*Gesamtbetrags*: 1.74/2 kcal mol^{-1} = 0.87 kcal mol^{-1} Destabilisierung. Diese Teilspannung kann man jetzt von der Konformeren-Energie des 2-Methyltetrahydropyrans subtrahieren und erhält als 2.86 kcal mol^{-1} - 0.87 kcal mol^{-1} = 1.99 kcal mol^{-1} den Spannungsanteil in der hervorgehobenen "vorderen Hälfte" dieses Ringes.

Die hier vorgenommene Verteilung der Gesamtspannung auf Teilspannungen in bestimmten Strukturelementen wäre selbst dann in der *exakt* gleichen Weise möglich, wenn man über *keine* Interpretation der unterschiedlichen Konformeren-Energien verfügen würde. Indessen steht die oben dargelegte Interpretation der Wechselwirkungs-Energien in erfreulichem Einklang mit den zahlenmäßigen Zerlegungen.

Man kann nun die Gesamt-Konformerenspannung der Methyldioxane **21 - 23** auf einfache Weise abschätzen: Man braucht nur die eben abgeleiteten Spannungsbeiträge für die betreffenden Strukturelemente in jedem der drei Isomeren zusammenzuzählen! Die folgende Zusammenstellung zeigt die frappierende Übereinstimmung der berechneten mit den experimentellen Daten.

Konformative Spannung [kcal mol^{-1}]

	erwartet	experimentell
	2 x 1.99 = 3.98	4.0
	1.99 + 0.98 = 2.97	2.8
	2 x 0.56 = 1.12	0.8

Nebenbemerkung: Die auffällig hohe Extra-Energie von 4.0 kcal mol^{-1} für die axiale Methylgruppe im 2-Methyl-1,3-dioxan mag die Ursache dafür sein, daß die Acetonide von 1,2-Diolen stabiler sind als Acetonide von 1,3-Diolen.

ANTWORT 13

Fragestellung aus: J. H. Hutchinson, T. Money, J. Chem. Soc. Chem. Commun. *1986*, 288; vergleiche J. H. Hutchinson, T. Money, S. E. Piper, Can. J. Chem. *64*, 854 [1986].

a) Der Weg vom Campher zu **24** ist mühevoll, was Denk- und Zeichenaufwand angeht: Er füllt eine ganze Seite! Brom substituiert demnach zuerst α zum Keton, dann in der Methylgruppe am Brückenkopf, zuletzt in der Isopropyliden-Brücke.

Die sauer katalysierte Tautomerisierung zum Enol **263** erfolgt zum Auftakt. Beachten Sie, daß das Acetat-Ion als Base *essentiell* für den Erfolg der Enolisierung ist! Merke: Ein Proton verabschiedet sich nie "nackt" aus einem Molekül; es bevorzugt Elektronen als Begleitung. Diese *müssen* von einer Base oder vom Solvens zur Verfügung gestellt werden (vergleiche Aufgabe 50!).

Die *Mono*-bromierung α zum Keton beruht auf der Tatsache, daß das Acetat-Ion nur das endo-Proton von **262** entfernen kann. Die Isopropyliden-Brücke schützt durch ihre Raumerfüllung das exo-Proton vor einem ähnlichen Schicksal. Eine *erneute* Enolisierung von **264** via **265** und eine *gem-Di*bromierung sind folglich unmöglich!

Unter stärker sauren Bedingungen kommt es durch Wagner-Meerwein-Umlagerung **265 → 266**, Bromierung des aus **266** hervorgehenden Camphen-Derivats **267** und erneute Wagner-Meerwein-Verschiebung **268 → 269** zur Bromierung der Methylgruppe am Brückenkopf.

Wird man nochmals "brutaler", geht die Reaktion über das schon einmal aufgetretene **268** weiter. (Übrigens wird dieses **268** aus sterischen Gründen - sowohl das Brom neben dem abzuspaltenden Wasserstoff als auch das als Base fungierende Bromid-Ion sind voluminös! - nicht erneut zu einem Camphen-Derivat deprotoniert; darum tritt kein **270** auf.)

268 unterzieht sich der Nametkin-Umlagerung (L. F. Fieser, M. Fieser, *Organische Chemie*, 2. Aufl., S. 1549, Verlag Chemie, Weinheim 1968), einer [1,2]-sigmatropen Umlagerung, zu **271**. Diese Methylverschiebung findet dabei auf der konvexen Molekülseite statt, d.h. die exo-Methylgruppe von **268** wandert selektiv! Nun folgen mit Eliminierung (→ **272**) und Br⁺-Addition (→ **273**) konventionelle Schritte. Schließlich wird mit einer Nametkin-Umlagerung zu **274** (wiederum ausschließlich auf der konvexen Molekülseite stattfindend!) sowie einer Wagner-Meerwein-Umlagerung das

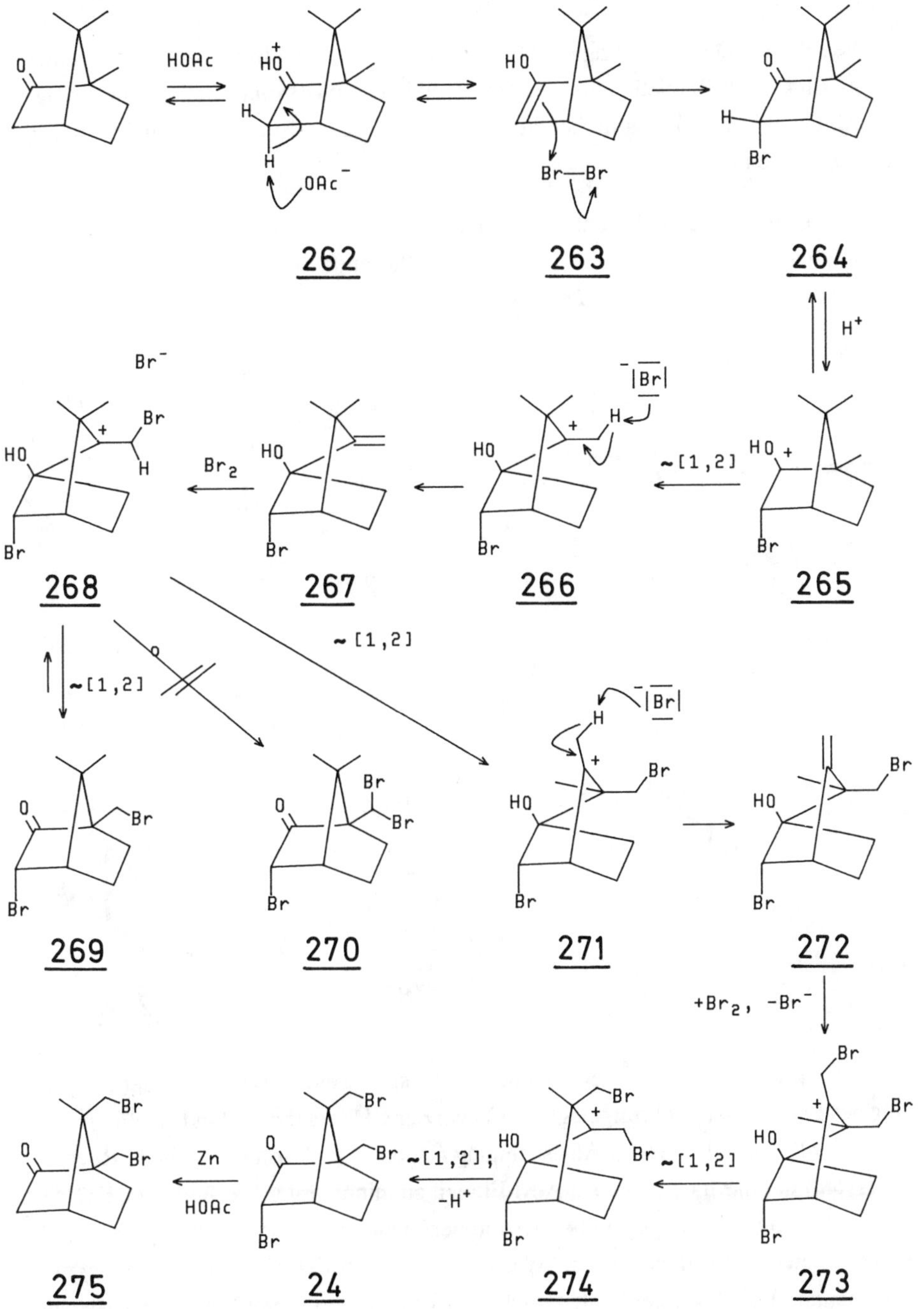

262　　　　**263**　　　　**264**

268　　**267**　　**266**　　**265**

~[1,2]

269　　**270**　　**271**　　**272**

+Br₂, −Br⁻

275　　**24**　　**274**　　**273**

Campher-Gerüst wiederhergestellt: **24** ist der gesuchte Tribromcampher einschließlich der beobachteten Stereochemie!

Die *selektive* Debromierung zu **275** nutzt die leichte Elektronen-Aufnahme eines Ketons zum Ketyl-Radikalanion. Letzteres eliminiert ein Bromid-Ion, woraufhin das zurückbleibende Radikal zum Enolat reduziert wird. Das Enolat wird in Essigsäure zum Keton **275** protoniert.

b) Die Verbindung **25** entsteht durch die Grob-Fragmentierung des Keton-Hydrat-Anions **276**. Das dabei primär resultierende Bromid **277** wird durch Hydroxylionen zu dem Alkohol **25** substituiert.

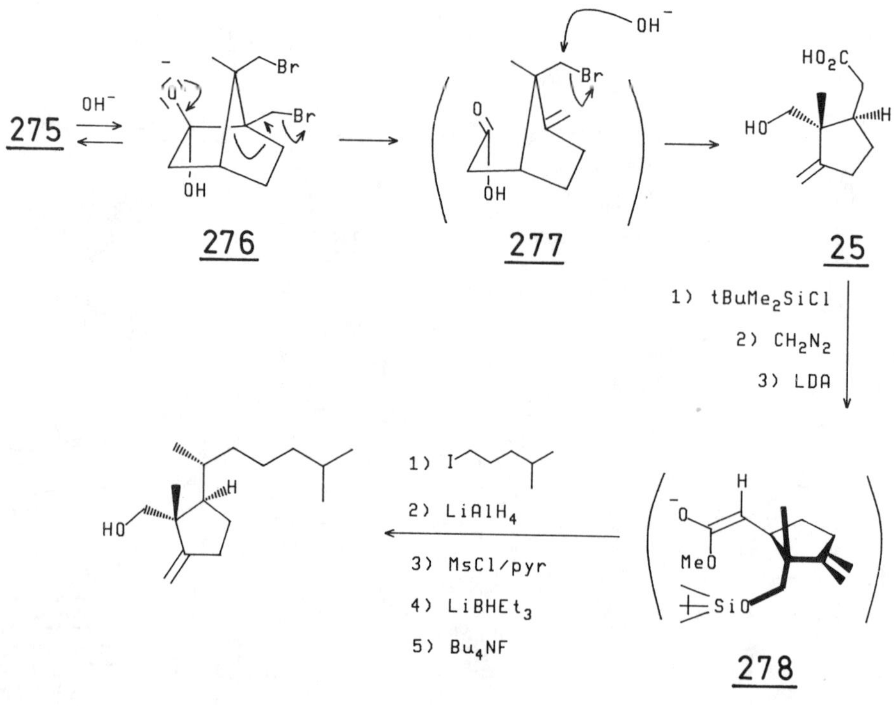

c) Die Konfiguration des neu gebildeten Chiralitätszentrums wird bei der Alkylierung des Esterenolats **278** festgelegt. Der bevorzugte Übergangszustand ist ebenso wie dieses Enolat bemüht, die 1,3-Allylspannung (Übersicht: F. Johnson, Chem. Rev. *68*, 375 [1968]) der darin befindlichen Allyl-Einheit zu minimieren. Das bedeutet, daß der *kleinste* Allyl-Substituent gegenüber der raumerfüllenden Methoxygruppe liegt. Dieser kleinstmögliche Substituent ist das Wasserstoffatom an der Verknüpfungsstelle zum Cyclopentan. Das Alkyliodid nähert sich dem Enolat "von hinten", der sterisch ungehinderten Seite. Die Diastereoselektivität ist damit erklärt.

ANTWORT 14

Fragestellung aus: M. Node, T. Kajimoto, N. Ito, J. Tamada, E. Fujita, K. Fuji, J. Chem. Soc. Chem. Commun. *1986*, 1164.

Alle Mechanismen sind skizziert!

Die Einwirkung von Pb(OAc)$_4$ auf die Alkohole **27** bzw. **epi-27** bewirkt eine sogenannte "remote functionalization": Es wird nämlich eine C-H-Bindung *abseits* aktivierender funktioneller Gruppen oxidiert. In beiden Fällen ergibt diese Oxidation fünfgliedrige Ether. Die Formeln **279** - **281** veranschaulichen dieses Geschehen im Detail. *Welcher* Ether entsteht, entscheidet sich bei der Umlagerung des Radikals **280**; dasjenige Wasserstoffatom wandert zum Sauerstoff, das diesem am nächsten liegt. So erklären sich die unterschiedlichen Oxidationsprodukte von **27** und **epi-27**.

RuO$_4$ kommmt hier *dreimal* bei der Oxidation von Ethern zum Einsatz. Auf den ersten Blick sind die betreffenden Oxidations-*Produkte* unterschiedlich: Beim ersten Mal erhält man eine Ketocarbonsäure, beim zweiten Mal ein Lacton und beim dritten Mal ein Keton. Trotzdem folgen *all* diese Reaktionen dem *gleichen* Muster!

Rutheniumtetroxid "erkennt" das Strukturelement **282** und überführt es in **283**. Das ist alles! Wenn in **283** R = H ist, enthält **283** nun immer noch die **282**-Teilstruktur, und demgemäß unterliegt es der Weiteroxidation; dabei entsteht **284**. Die scheinbare Produkt-Vielfalt der RuO$_4$-Oxidationen beruht darauf, daß das Halbketal **283** im Gleichgewicht mit dem Hydroxyketon **285** steht, und daß Ester/Lactone **284** zu den Hydroxycarbonsäuren **286** hydrolysiert werden können. Wenn aber die OH-Gruppen von **285** bzw. **286** *ihrerseits* von neuem die oxidierbare Teilstruktur **282** aufweisen, wird

282 natürlich weiteroxidiert! (Zu Oxidationsreaktionen mit RuO$_4$ vergleiche: P. H. J. Carlsen, T. Katsuki, V. S. Martin, K. B. Sharpless, J. Org. Chem. *46*, 3936 [1981].)

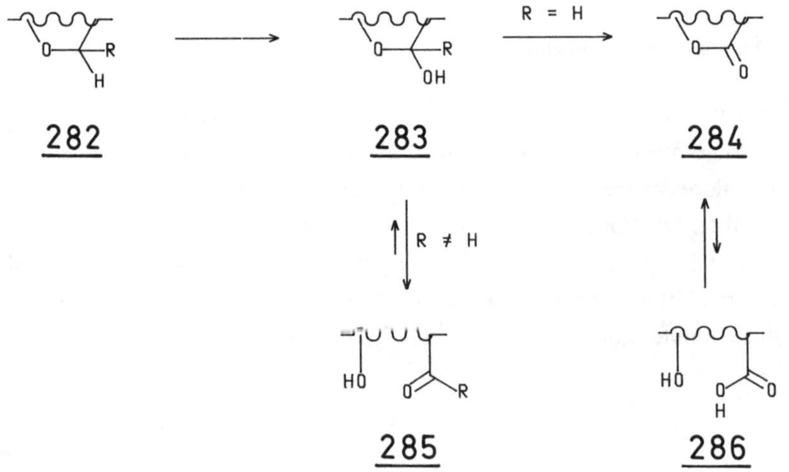

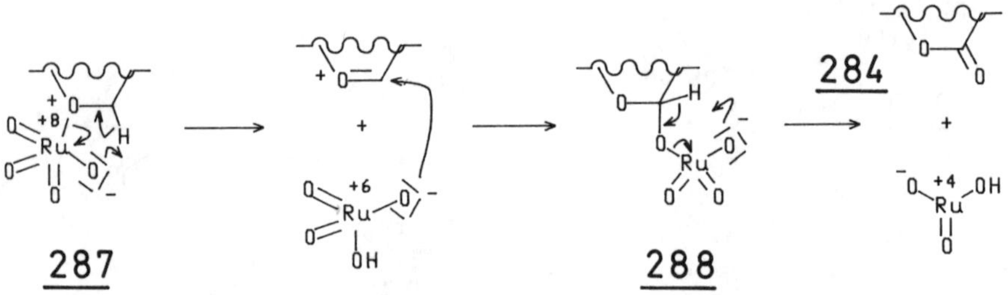

R = H

282   **283**   **284**

R ≠ H

285   **286**

287   **288**   **284**

Mechanistisch erscheint mir **287** als Schlüssel-Zwischenstufe der Oxidation von **282** zu **283**. **287** ergibt durch β-Eliminierung ein Carboxonium-Ion. Die Hydrolyse von **288** ergäbe die Oxidationsstufe des Lactols **283**; eine Weiteroxidation von **288** *ohne* Hydrolyse-Schritt würde zum Lacton **284** führen.

Der oxidative Abbau des durch DIBAL-Reduktion erhaltenen Lactols dürfte mit der radikalischen Dissoziation der Pb(IV)verbindung **289** in Pb(III) und **290** beginnen. Es folgt die Fragmentierung zu dem sekundären C-Radikal **291**. Letzteres wird auf der ungehinderten *konvexen* Seite iodiert. Diese Reaktion ist analog zum Kochi-

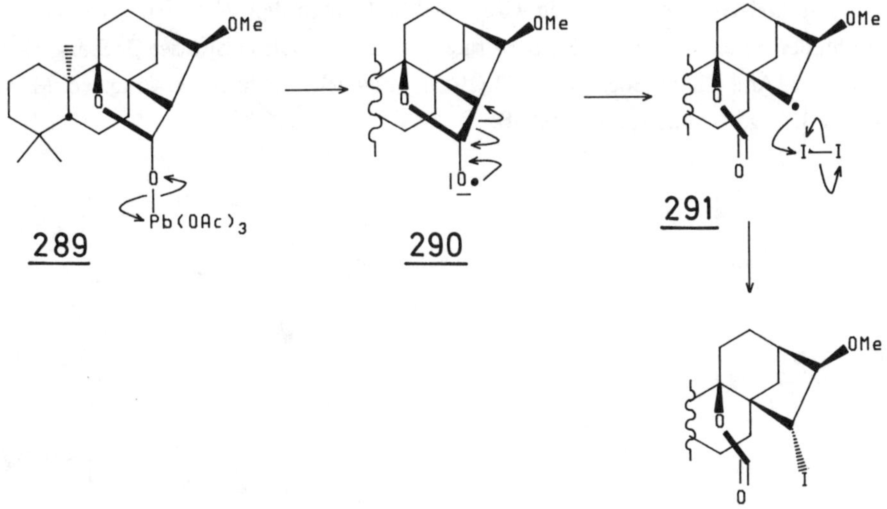

Abbau von Carbonsäuren zu kettenverkürzten Halogeniden bei der Behandlung mit Pb(OAc)$_4$ und LiHal (R. A. Sheldon, J. K. Kochi, Org. React. *19*, 279 [1972]).

Bei der Reduktion von **292** bewirkt NaBH$_4$ die Reduktion des Formiats zum Alkohol; Formiate reagieren im Gegensatz zu den meisten übrigen Estern mit NaBH$_4$. Gleichzeitig wird durch das Bu$_3$SnH in einer Radikalketten-Reaktion das Iod entfernt.

ANTWORT 15

Fragestellung aus: D. J. Faulkner, Nat. Prod. Rep. *3*, 1 [1986], dort Verbindung 30.

Die Kernideen dieses Synthesevorschlags sind:

a) **28** geht als Lacton *stereoselektiv* aus der Baeyer-Villiger-Oxidation des Ketons **293** hervor.

b) Die *relative* Konfiguration dieses Ketons **293** wäre gesichert, wenn man die C=C-Doppelbindung des Vorläufers **294** *diastereoselektiv von derjenigen Molekülseite,* *auf der sich die OH-Gruppe befindet*, hydrieren könnte. Dieses Vorhaben sollte der Crabtree-Katalysator **296** ermöglichen. Man weiß, daß dessen positiv geladenes Iridium an OH-Gruppen gebunden wird und **296** dadurch den Wasserstoff von der betreffenden Seite an ungesättigte Substrate heranführt (Beispielsweise: G. Stork, D. E. Kahne, J. Am. Chem. Soc. *105*, 1072 [1983]; vergleiche auch: R. H. Crabtree, M. W. Davis, J. Org. Chem. *51*, 2655 [1986]).

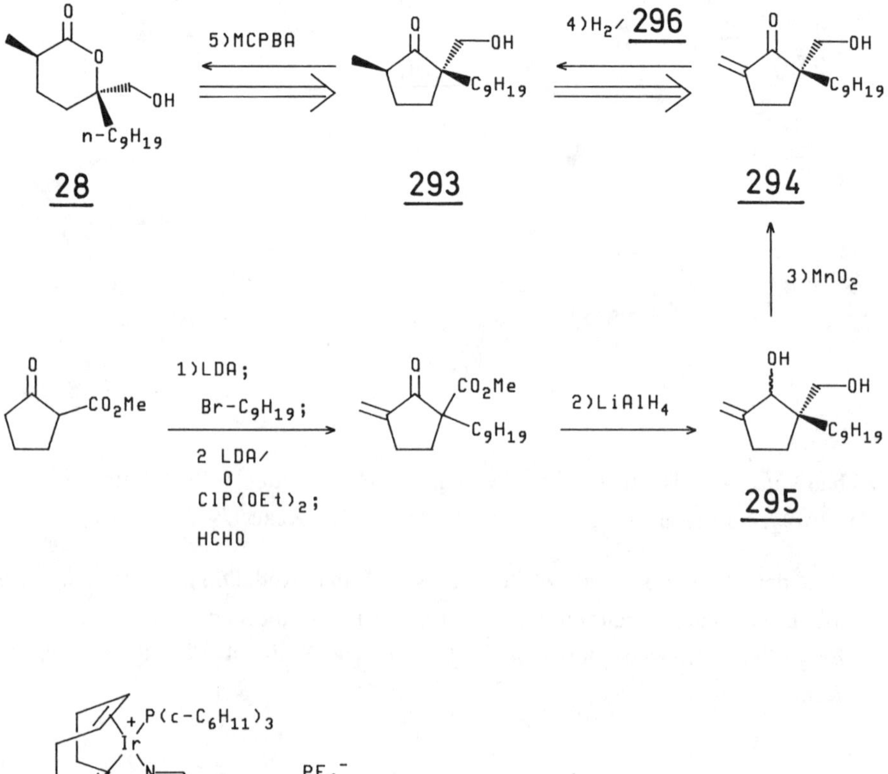

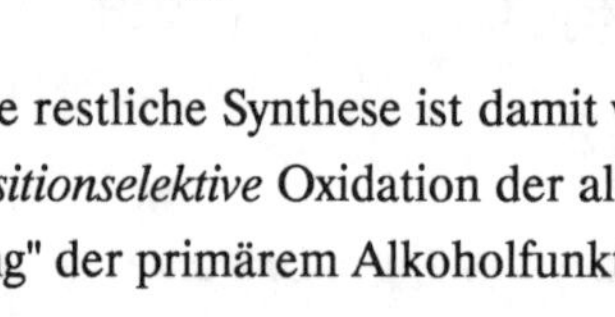

Die restliche Synthese ist damit vorgezeichnet. Im dritten Schritt garantiert MnO_2 die *positionselektive* Oxidation der allylischen Hydroxylgruppe von **295** unter "Nichtbeachtung" der primärem Alkoholfunktion.

Literaturbekannte Synthesen von Malyngolid: Y. Tokunaga, H. Nagano, M. Shiota, J. Chem. Soc. Perkin Trans. I *1986*, 581 und darin genannte Literatur.

ANTWORT 16

Fragestellung aus: E. J. Corey, M. C. Desai, Tetrahedron Lett. *26*, 3535 [1985].

Das Keton **297** - R steht darin für den Homoprenyl-Rest - wird über eine β-Keto-säure in die β-Methylensäure umgewandelt. Aus dessen Säurechlorid entsteht bei der Einwirkung von Triethylamin das Keten **298**.

Da **298** scheinbar keiner konzertierten (2+2)-Cycloaddition unterliegt (siehe unten), wird zunächst *eine* neue Bindung geknüpft, wodurch der resonanzstabilisierte 1,4-Dipol **299** entsteht. Wird dann zwischen den ladungstragenden Zentren des Dipols eine Bindung geknüpft, so resultiert das gewünschte Cyclobutan **30**. Dieses wird über das Hydrazon nach Wolff-Kishner zum Targetmolekül **29** desoxygeniert.

Das Nebenprodukt **31** kann durch Protonen-Verschiebung aus dem *gleichen* 1,4-Dipol **299** hervorgehen, der auch zu **30** führte.

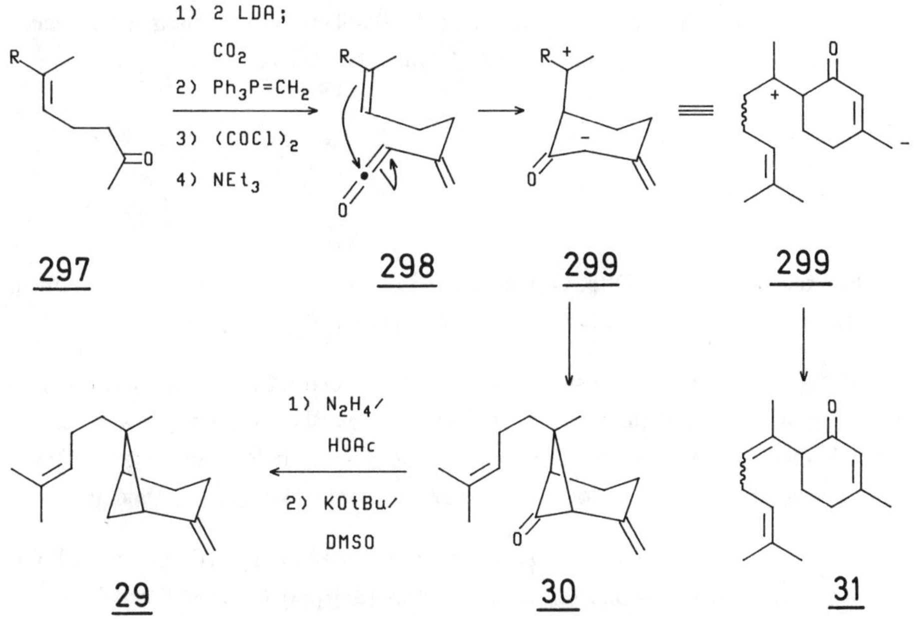

Baut man mit Molekülmodellen den Übergangszustand **298a** der *konzertierten* ($_\pi 2_s + _\pi 2_a$)-Cycloaddition, bemerkt man die enorme Spannung, wenn - wie durch die

298 a   298 b   299

Woodward-Hoffmann-Regeln vorgeschrieben - der Keten-Teil *antarafacial* reagiert. Praktisch spannungsfrei ist hingegen der Übergangszustand **298b**, in welchem nur *ein* Orbital des Ketens mit den π-Orbitalen des Olefin-Teils überlappen muß. Der "nicht-konzertierte Übergangszustand" **298b** profitiert darüber hinaus möglicherweise von der sich entwickelnden *Dienolat*-Mesomerie des Dipols **299** ("product development control", vergleiche Antwort 7); insofern mag die Wahl eines *Vinyl*ketens zur mechanistischen Sonderstellung von Coreys (2+2)-Addition beitragen.

ANTWORT 17

Fragestellung aus: P. Otto, O. Feiler, R. Huisgen, Angew. Chem. *80*, 759 [1968]; R. Huisgen, P. Otto, J. Am. Chem. Soc. *91*, 5922 [1969].

a) Das 2:1-Addukt **35** entsteht durch die 1,4-dipolare Cycloaddition von Dimethylketen an den Dipol **36**. **36** ist im Fragenteil dieses Buches in einer Konformation gezeichnet, die die Verwandschaft mit dem Cyclobutan **34** betont. Vor der 1,4-dipolaren Cycloaddition muß eine Rotation um eine C-C-Einfachbindung stattfinden.

b) Auf die Lösung dieses Problems kommt man, wenn man das experimentell untersuchte Ausbeute- = Konzentrationsverhältnis [**35**]/[**34**] mit dem Verhältnis vergleicht, das der betreffende Mechanismus erwarten läßt.

b1) Beim Mechanismus 1 ist [**35**]/[**34**] einfach durch den Quotienten $k_{Dipol}/k_{konzertiert}$ gegeben. Diese Größe ist folglich *unabhängig* von der Art und

Weise, wie die Reagenzien miteinander vermischt werden. Wegen des *Widerspruchs zum Experiment* muß man Mechanismus 1 demnach verwerfen.

Merke: Ganz generell genügt ein *einziges* Gegenbeispiel, um einen Mechanismus zu widerlegen!

b2) Beim Mechanismus 2 entscheidet die *Weiter*reaktion des Dipols **36** über die Zusammensetzung des Produktgemischs.

Das 2:1-Addukt **35** entsteht aus diesem Dipol in einer *bimolekularen Reaktion*; deren Geschwindigkeit beträgt k_{2+4}[**36**][**32**], hängt also (unter anderem) von der Konzentration des noch vorhandenen Ketens **32** ab. Das *andere* Reaktionsprodukt, das Cyclobutan nämlich, entsteht in einer *unimolekularen Reaktion* aus dem Dipol **36**. Seine Bildungsgeschwindigkeit = k_{cycl}[**36**] drückt aus, daß die Entstehungsrate des Cyclobutans *nicht* von der Menge des noch vorhandenen Ketens **32** beeinflußt wird.

Beim Mechanismus 2 begünstigt demzufolge eine *hohe* Keten-Konzentration - wie bei der "Hau-ruck"-Zugabe von überschüssigem Keten zum Enamin realisiert - die Bildung von **35** auf Kosten von **34**. Aus dem gleichen Grunde gilt, daß eine *niedrige* Ketenkonzentration - wie sie bei der *langsamen* Keten-Zugabe vorliegt - die Cyclobutan-Bildung fördert: Anstatt lange auf das nächste Ketenmolekül als Cycloadditions-Partner zu warten, cyclisiert der Dipol **36** einfach! Bis hier stehen die Voraussagen des Mechanismus 2 mit dem Experiment *im Einklang*.

c) Was das Widerlegen des Mechanismus 2 anbelangt, muß man hier die *qualitative* Betrachtung von Antwort 17 b2) *quantifizieren*.

Der Überschuß an Keten **32** wird von der viel geringeren Molmenge Enamin "kaum angetastet". Das heißt, die Konzentration des Ketens ist während des Experiments praktisch konstant, [32](t) = const. Für den Betrag von "const" setzt man den *Mittelwert* [32]$_\varnothing$ der Keten-Konzentration während der Reaktion ein, d.h.

$$[32](t) = [32]_\varnothing = [32]_0 - 0.5 \times [33]_0 = 0.93 \times [32]_0 \quad (17.1)$$

Für die Weiterreaktionen des Dipols **36** gelten die kinetischen Gln. (17.2) und (17.3):

$$\frac{d[34]}{dt} = k_{cycl}[36] \qquad\qquad\qquad\qquad\qquad (17.2)$$

$$\frac{d[35]}{dt} = k_{2+4}[36][32] \qquad\qquad\qquad\qquad (17.3)$$

Man dividiert erst Gl. (17.2) durch Gl. (17.3), substituiert mittels Gl. (17.1) und integriert schließlich zu Gl. (17.4).

$$\frac{[34]}{[35]} = \frac{k_{cycl}}{k_{2+4}} \; \frac{1}{0.93[32]_0} \qquad\qquad\qquad (17.4)$$

Die experimentellen Daten wurden nach Gl. (17.4) aufbereitet (Tabelle 1) und in Abbildung 8 nach Gl. (17.4) aufgetragen. Nach Gl. (17.4) erwartet man eine Gerade, die durch den Koordinaten-Ursprung verläuft. Abbildung 8 zeigt zwar eine Gerade, doch abseits vom Ursprung. Folglich ist der Mechanismus 2 widerlegt!

Warum ist in Abbildung 8 der Ordinatenabschnitt *von Null verschieden*? Der dazugehörige Abszissenwert "Null" entspricht einer unendlich großen Keten-Konzentration. Also zeigt der Ordinatenabschnitt größer als Null, daß auch unter dieser Voraussetzung *immer noch* Cyclobutan entsteht.

Da eine *unendlich* hohe Keten-Konzentration die Bildung des Cyclobutans aus dem Dipol **36** *vollständig* unterdrückt (der Dipol wird *quantitativ* als 2:1-Addukt **35** abgefangen), *muß* das *trotzdem* gebildete Cyclobutan auf einem *zweiten Weg* entstehen.

Tabelle 1 Auswertung der Daten nach Mechanismus 2

Ausbeute an **34**	1
Ausbeute an **35**	$0.93[32]_0$
1.24	0.404
1.53	1.351
1.79	2.168
2.51	4.152

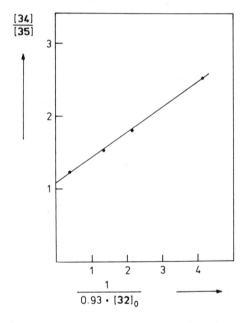

Abbildung 8 Auftragung nach Mechanismus 2

d) Der Mechanismus 3 offeriert einen derartigen Weg!

Betrachten wir dort zuerst *nur* den soeben diskutierten Fall der *unendlich* großen Keten-Konzentration. Aus den dargelegten Gründen vereinfacht sich dort das mechanistische Schema zu Mechanimus 3-"unendlich":

Mechanismus 3-"unendlich"

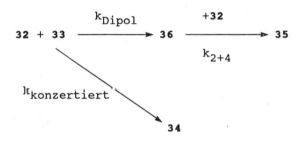

In diesem Spezialfall ([Keten] = unendlich) gilt für das Produktverhältnis $[34]/[35] = k_{konzertiert}/k_{Dipol}$. *Diesen Quotienten kennen wir bereits als den diskutierten Ordinatenabschnitt der Abbildung 8!* Er beträgt 1.08.

Mit *dieser* entscheidenden Information analysiert man jetzt den Mechanismus 3 für nicht-unendliche Keten-Konzentrationen. *Dort* gibt der Quotient $k_{konzertiert}/k_{Dipol}$ = 1.08 das Verhältnis von "konzertierter (2+2)-Addition" zu "Reaktion via Dipol **36**" wieder. Das Verhältnis von "konzertierter Reaktion" zu "konzertierter Reaktion *plus* Reaktion via Dipol" beträgt mithin

$$k_{konzertiert}/(k_{konzertiert} + k_{Dipol}) =$$

$$1/(1 + k_{Dipol}/k_{konzertiert}) =$$

$$1/(1 + 1/1.08) = 0.519. \qquad (17.5)$$

Das heißt, aus der Gesamtausbeute Cyclobutan plus 2:1-Addukt läßt sich der konzertiert entstandene Anteil Cyclobutan durch Multiplikation mit 0.519 berechnen (wie in Spalte 2 der Tabelle 2 geschehen). Wenn man diese "konzertierte Cyclobutan-Ausbeute" von der Gesamt-Cyclobutan-Ausbeute (Spalte 1 von Tabelle 2) abzieht, verbleibt die "dipolare Cyclobutan-Ausbeute" der Spalte 3.

Tabelle 2 Auswertung nach Mechanismus 3

Gesamt-Ausbeute 34_{tot}	Ausbeute 34_{konz}	Ausbeute 34_{Dipol}	Ausbeute 34_{Dipol} / Ausbeute 35
2.01	1.88	0.126	0.078
2.21	1.89	0.316	0.219
2.36	1.91	0.450	0.341
2.56	1.86	0.702	0.689

Die Daten der Spalten 3 und 4 gehören zu genau demjenigen Teil des Mechanismus 3, der oben [Antwort 17c)] bereits als Mechanismus 2 analysiert wurde! Das heißt, daß man die betreffenden Daten nach der oben abgeleiteten Gl. (17.4) auftragen können muß; tatsächlich ergibt sich in Abbildung 9 eine Ursprungsgerade. Deren Steigung ergibt wegen Gl. (17.4) $k_{cycl}/k_{2+4} = 0.164$.

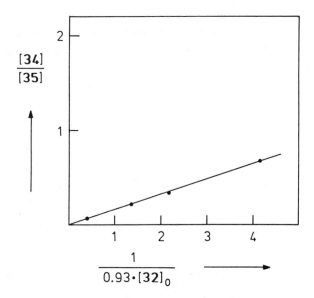

Abbildung 9 Auswertung der Daten nach Mechanismus 3

Den %-Anteil der "konzertierten Cycloaddition bei unendlicher Verdünnung" berechneten wir bereits "en passant" als Gl. (17.5). Er ergab sich dort zu 52 %; die Autoren fanden 53 %.

e) Die (2+2)-Addition von Ketenen an ein Enamin stellt nach dem Gesagten einen Grenzfall dar: Der konzertierte Mechanismus hat im dipolaren Weg einen *gerade ebenbürtigen Konkurrenten*.

Man darf dies im wesentlichen auf die attraktive dipolare Zwischenstufe **36** schieben. Darin ist die positive Ladung durch den +M-Effekt des benachbarten Stickstoffs optimal stabilisiert.

Da Sauerstoff ein schlechterer Donor als Stickstoff ist, wäre die dipolare Zwischenstufe einer nicht-konzertierten Addition eines Enolethers an ein Keten weniger stabil. Dies spricht für einen *konzertierten Cycloadditions-Mechanismus*. Dieser wurde in der Tat beschrieben: R. Huisgen, L. A. Feiler, G. Binsch, Chem. Ber. *102*, 3460 [1969]; R. Huisgen, H. Mayr, Tetrahedron Lett. *1975*, 2965, 2969.

f) Merke: Man kann einen Mechanismus *nie* beweisen, sondern nur sagen, man hätte *ein* mechanistisches Bild, das dem Experiment nicht widerspricht. Man kann aber auch *zwei* (oder mehr) dieser widerspruchsfreien Bilder haben:

Beim Mechanismus 4 mögen die Geschwindigkeitskonstanten wie $k_{Dipol} << k_{dis}$ und $k_{Dipol} << k_{2+4}$ abgestuft sein. Dann gelten die kinetischen Gleichungen (17.6) - (17.8); auf den Ausdruck d[36]/dt wurde in Gl. (17.9) das Bodensteinsche Quasistationaritäts-Prinzip angewendet.

$$d[35]/dt = k_{2+4}[32][36] \qquad\qquad (17.6)$$

$$d[34]/dt = k_{konzertiert}[32][33] \qquad\qquad (17.7)$$

$$d[36]/dt = -k_{2+4}[32][36] - k_{dis}[36] + k_{Dipol}[32][33] \quad (17.8)$$

$$d[36]/dt = 0 \qquad\qquad (17.9)$$

Division von Gl. (17.7) durch Gl. (17.6) und Einsetzen des für [36] aus Gl. (17.9) erhaltenen Ausdrucks ergibt Gl. (17.10); Gl. (17.10) darf man zu Gl. (17.11) integrieren:

$$\frac{d[34]}{d[35]} = \frac{k_{konzertiert}}{k_{Dipol}} + \frac{k_{dis}}{k_{2+4}} \frac{k_{konzertiert}}{k_{Dipol}} \frac{1}{0.93[32]_0} \quad (17.10)$$

$$= [34]/[35] \quad (17.11)$$

Die alte (!) Abbildung 8 entspräche auch der neuen (!) Auswertung der Daten nach Gl. (17.11). Wiederum würde der Ordinatenabschnitt [34]/[35] = 1.08 als der Quotient $k_{konzertiert}/k_{Dipol}$ interpretiert. Die Steigung der Geraden beträgt 0.343; im Rahmen von Mechanismus 4 und dessen Analyse mit Gl. (17.11) berechnet man aus dieser Steigung den Quotienten $k_{dis}/k_{2+4} = 0.317$.

Mechanismus 4 bietet also gleichfalls eine widerspruchsfreie Interpretation der vorgestellten Experimente; ich halte ihn für *kinetisch prinzipiell ununterscheidbar vom Mechanismus 3* der Literatur.

ANTWORT 18

Fragestellung aus: R. Sigrist, M. Rey, A. S. Dreiding, J. Chem. Soc. Chem. Commun. *1986*, 944.

a) Bei *dieser* (2+2)-Cycloaddition handelt es sich um eine konzertierte $(_\pi 2_s + _\pi 2_a)$-Cycloaddition (vergleiche aber Aufgaben 16 und 17)! Im Übergangszustand 300 befindet sich die schlanke Heterokumulen-Einheit des Isopropylketens in der gehinderten Position *über* dem fünfgliedrigen Ring. Der trigonal konfigurierte Teil des Ketens bevorzugt aus sterischen Gründen die geräumigere Lage *abseits* vom Ring; die daran gebundene Isopropylgruppe weist von dem darunterliegenden Ring *weg*. Der antarafaciale Angriff des Ketens auf das Cyclopentadien führt dann zwangsläufig zum beobachteten Diastereomer 37.

b) 1. Reaktion: Addition von 303 an die C=O-Doppelbindung von 301, vermutlich von der konvexen Seite.

2. Reaktion: Grob-Fragmentierung des resultierenden Alkoholats 304 zum Keton 305.

3. Reaktion: Intramolekulare Diels-Alder-Reaktion mit der elektronenarmen Doppelbindung des Allens 305.

Das Titan kontrolliert, welches Zentrum des mesomerie-stabilisierten Anions **302** mit dem Keton **301** reagiert; **302** ist ja ein ambidentes Anion, das ein Propargyl-Anion **302a** und ein Allenyl-Anion **302b** in sich vereint. Der sperrige Titanylrest wird von **302** aus sterischen Gründen *terminal* zu dem Propargyltitanat **303** gebunden. Dieses reagiert mit dem Keton *ambidoselektiv*: Die Carbonylgruppe unternimmt eine S_E2'-Reaktion.

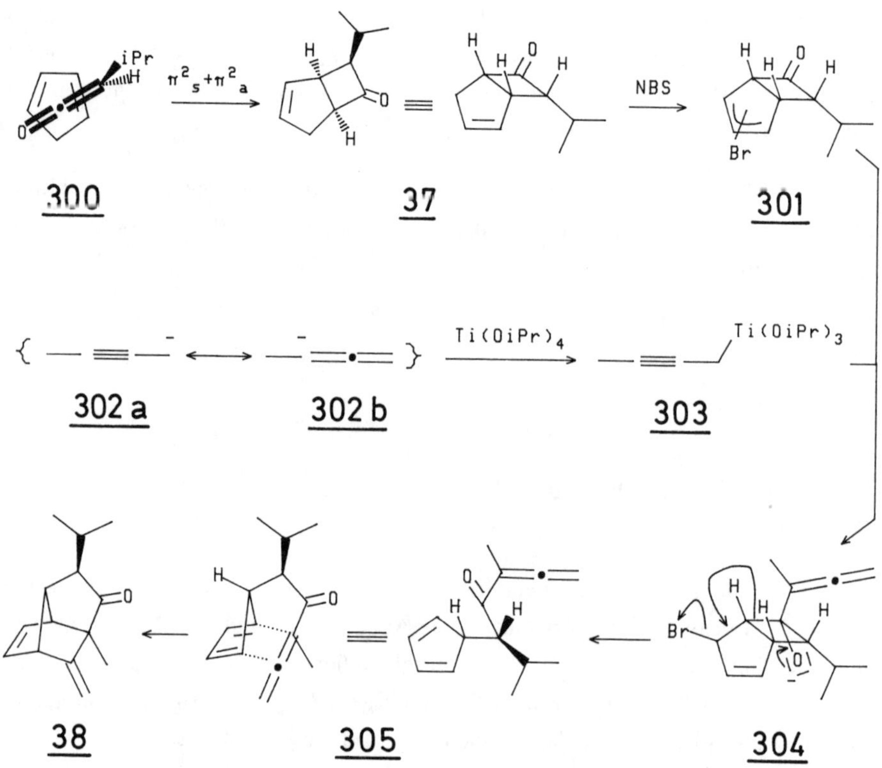

c) Die exocyclische Doppelbindung von **38** ist nicht nur durch den *tertiären* Substituenten gehindert, sondern regelrecht in den Polycyclus "eingemauert". Das hemmt die Reaktionsfreude! Die endocyclische C=C-Doppelbindung dagegen befindet sich in der Norbornen-Situation. Diese Lage bedingt überdurchschnittliche Olefinreaktivität auch bei anderen Reaktionen.

<u>306</u>   <u>39</u>   <u>40</u>

d) Die Umlagerung des Carbens **306** erklärt die Ringerweiterung zu **39**. Die gleiche Ringerweiterung - doch häufig von Nebenreaktionen begleitet - beobachtet man bei der Einwirkung von Diazomethan und einer Lewis-Säure auf cyclische Ketone.

ANTWORT 19

Fragestellung aus: T. J. Schram, J. H. Cardellina II, J. Org. Chem. *50*, 4155 [1985].

Dieses Syntheseproblem liefert weiteres Anschauungsmaterial zum Thema "zweckmäßige Retrosynthese":

a) Synthetisieren Sie sechsgliedrige Ringe und insbesondere Cyclohexene mit der Diels-Alder-Reaktion! Dieses Verfahren ist besonders dann hilfreich, wenn Stereoselektivität gewünscht ist.

b) Bauen Sie cyclische Verbindungen nur dann "de novo" auf, wenn man sie nicht fertig kaufen kann! Der *Umbau* eines gegebenen Ringes ist häufig einfacher als der *Neubau*.

In diesem Sinne sieht das Zielmolekül **41** wie das intramolekulare Diels-Alder-Addukt von **307** aus. Im Dien-Teil dieser Verbindung **307** ist eine cis-Doppelbindung erforderlich; dies gewährleistet die *cis-Konfiguration* des Cycloaddukts (vergleiche E. Ciganek, Org. React. *32*, 1 [1984]). Das Trien **307** dürfte allerdings ein unerfreulich träger Kandidat für die geplante Diels-Alder-Reaktion sein. Sie wissen ja, daß Diels-Alder-Reaktionen rasch erfolgen, wenn das Dienophil elektronenarm ist. Diese reaktivitäts-steigernde Voraussetzung ist in dem Enon **308** erfüllt. Dieses wird demzufolge als Diels-Alder-Substrat ausgewählt. Wie die cis-Selektivität der Cycloaddition zustandekommt, ist in **308** angedeutet.

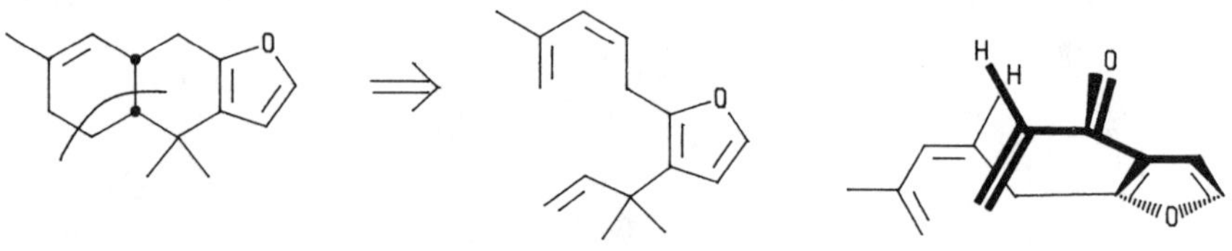

41   **307**   **308**

Die cis-Doppelbindung wird durch eine Wittig-Reaktion unter "salzfrei"-Bedingungen erzeugt. "Salzfrei" ist der terminus technicus für die Abwesenheit von Lithiumsalzen. Letztere könnten die Konfiguration der entstehenden Doppelbindung zum Teil in die trans-Reihe lenken (H. J. Bestmann, O. Vostrowsky, Top. Curr. Chem. *109*, 85 [1983], dort insbesondere Zitate 31-35). Bei dieser Wittig-Reaktion muß das Phosphoran **309** im Überschuß eingesetzt werden, da ein Teil davon zur Deprotonierung der Aldehydcarbonsäure **310** aufgewendet werden muß. Den Furan-Ring dieses Aldehyds kann man aus dem käuflichen **311** *übernehmen*; die Funktionalisierung des Dianions der 2-Methylfuran-3-carbonsäure stützt sich auf Literaturpräzedenz (M. Tada, Chem. Lett. *1982*, 441).

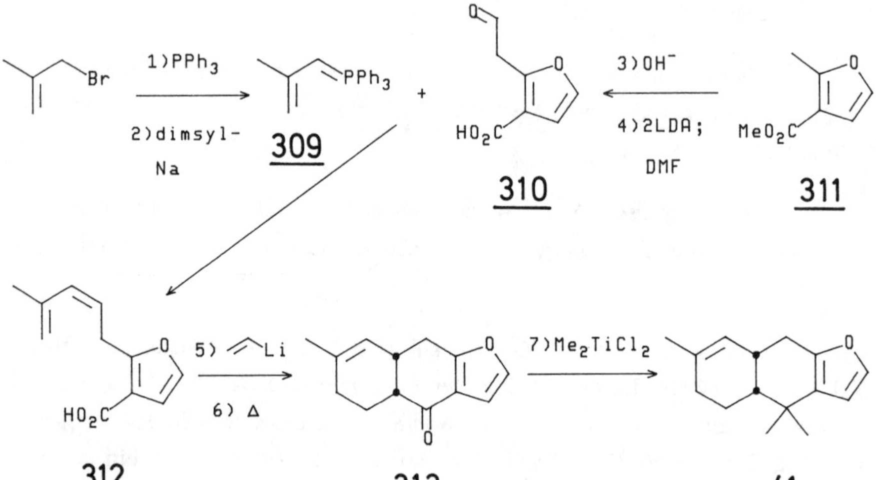

309   **310**   **311**

312   **313**   **41**

Das bekannte Verfahren, Ketone aus Carbonsäuren und überschüssigem Lithium-Organyl zu erzeugen, liefert das gesuchte Enon **308**. Dessen Diels-Alder-Reaktion könnte man thermisch durchführen. Man würde in dem resultierenden 313 die gem-Dimethylgruppe nach der Reetzschen Methode einführen (M. T. Reetz, Top. Curr. Chem. *106*, 1 [1982], speziell S. 45).

Den Extraschritt "Dimethylierung" könnte man sich vielleicht mit einem Trick ersparen: Da man (4+2)-Cycloadditionen durch Lewis-Säuren katalysieren kann, wäre als sechster Syntheseschritt eine Eintopf-Reaktion denkbar, bei der man 308 erst mit einer katalytischen Menge $TiCl_4$ und nachfolgend stöchiometrisch mit $TiMe_2Cl_2$ versetzt.

Eine Synthese von Furodysinin wurde kürzlich beschrieben: H. Hirota, M. Kitano, K. Komatsubara, T. Takahashi, Chem. Lett. *1987*, 2079.

ANTWORT 20

Fragestellung aus: R. A. Pascal, Jr., W. D. McMillan, D. Van Engen, R. G. Eason, J. Am. Chem. Soc. *109*, 4660 [1987].

Die thermisch symmetrie-erlaubte disrotatorische Elektrocyclisierung vom Typ Oxyallyl-Kation (314b) → Oxycyclopropylium-Kation (≡ Cyclopropanon 315!) könnte den Anfang machen. Eine vermutlich mehrstufige (2+2)-Cycloreversion würde Phenantrin (316) ergeben. Sie wissen, daß Benz-in als einfachstes Arin ein reaktives Dienophil bei der Diels-Alder-Reaktion ist. Deshalb ist plausibel, daß auch 316 eine Diels-Alder-Reaktion unternimmt, zumal ihm mit dem Ausgangsmaterial 314 - einem Cyclopentadienon-Abkömmling - ein williger Partner zur Verfügung steht. Das Cycloaddukt 317 kann sich durch eine cheletrope Eliminierung von Kohlenmonoxid zu 43 aromatisieren.

Die helikalen Moleküle M-43 bzw. P-43 enthalten ein Symmetrieelement, nämlich eine C_2-Achse. Letztere ist *nicht* chiralitätsfeindlich! Diese C_2-Achse macht die beiden Isopropylgruppen von 43 *als Ganzes* (!) homotop; die Methylgruppen *innerhalb* jeder dieser Isopropylreste sind jedoch diastereotop. Sie sind mithin nicht magnetisch äquivalent. Sie verursachen - bei den tieferen Temperaturen - *verschiedene* NMR-Resonanzen: Es liegen zwei Dubletts vor, aufgespalten durch eine Kopplungskonstante $^3J_{H,H}$ von 7.0 Hz, wie sie für vicinale aliphatische Kopplungen üblich ist. Den kleinen Signalabstand in den Spektren des Aufgabenteils haben Sie hoffentlich nicht mit einer *Kopplungskonstante* verwechselt: diese 2.4 Hz entsprechen vielmehr der *Verschiebungs-Differenz* der diastereotopen Methylgruppen!

314 a   314 b   315

43   -CO   317   314   316

Wenn die Verbindung **43** beim Erwärmen nur noch *ein* Dublett für die Methylgruppen erkennen läßt, ist es mit deren Diastereotopie vorbei. Daß die vormals anisochronen (!) Methylgruppen oberhalb von 27°C isochron *werden*, beweist, daß sie bei höheren Temperaturen *magnetisch äquivalente* Positionen einnehmen. Dies ist der Fall, wenn die Helizität durch eine rasche Umwandlung der M- in die P-Form im zeitlichen Mittel *verlorengeht*.

Die Frage nach der eventuellen Brauchbarkeit von **44** für ^{19}F-NMR-Studien sollte Sie auf den Holzweg führen; ein bißchen zwar nur, und nur aus pädagogischen Gründen! Da selbst *helikales* **44** homotope CF$_3$-Gruppen mit homotopen F-Atomen enthielte, ergäbe **44** völlig unabhängig von seiner genauen Geometrie nur *ein* Singulett im ^{19}F-NMR-Spektrum.

Befänden sich in **44** anstelle der CF$_3$-Reste CHF$_2$-Substituenten, wäre das ^{19}F-NMR-Spektrum dieser neuen Verbindung zur Untersuchung der Racemisierungsschwelle geeignet. Die CHF$_2$-Gruppen wären *als Ganzes* homotop, die beiden F-Atome *innerhalb* der Substituenten jedoch diastereotop und damit im Prinzip magnetisch unterscheidbar. CHF$_2$-Gruppen wurden in anderen Molekülen als ^{19}F-NMR-Sonden zur Untersuchung dynamischer Phänomene eingesetzt (Bsp: E. E. Wille, D. S. Stephenson, P. Capriel, G. Binsch, J. Am. Chem. Soc. *104*, 405 [1982]).

ANTWORT 21

Fragestellung aus: W. D. Celmer, I. A. Solomons, J. Am. Chem. Soc. *74*, 3838 [1952].

Unsymmetrische 1,3-Diine sind über die Cadiot-Chodkiewicz-Kupplung zugänglich. Daraus folgt die vorgeschlagene retrosynthetische Zerlegung von Isomycin (**45**). Bei der Darstellung des Synthons **318** muß dessen trans,trans-Konfiguration gesichert werden.

Die erste Reaktion des Synthesevorschlages nutzt, daß die Addition eines Esterenolats an einen Aldehyd *reversibel* ist, wenn man dem Alkoholat-Ion das stabilisierende Gegenion mit HMPT entzieht. In diesem Sinne soll das Anion des Sorbinesters (**319**) mit Formaldehyd umgesetzt werden. Das kinetisch bevorzugte Reaktionsprodukt dürfte **320** sein. Die Konjugation der Doppelbindungen mit der Esterfunktion ist in **320** unterbrochen. Tritt der Formaldehyd aber an die 6-Position des Sorbinesters heran, ist in dem so entstehenden unverzweigten Hydroxymethylierungs-Produkt die Konjugation der Doppelbindungen mit der Esterfunktion sichergestellt! Das zugesetzte HMPT müßte dem Alkoholat **320** den Zerfall in die Edukte und einen erneuten Anlauf ermöglichen, unter nunmehr *thermodynamischer Kontrolle* den substituierten *konjugierten* Ester zu formen. Dieser kann vermutlich in einer Eintopfreaktion zu **321** silyliert werden.

Die nächsten Stufen bei der Weiterverarbeitung von **321** erscheinen unproblematisch: Reduktion zum ungesättigten Aldehyd, Dibrommethylenierung und HBr-Abspaltung zum Bromalkin **325**. Die Gewinnung des Diins **324** greift auf beschriebene (W. D. Huntsman in: *The Chemistry of the Carbon-Carbon Triple bond* [S. Patai, Herausgeber], Band 2, S. 552, S. 574, John Wiley and Sons, Chichester, New York, Brisbane, Toronto 1978) Wege vom 1,4-Dichlorbut-2-in über **322** zu anderen Alka-1,3-diinen zurück.

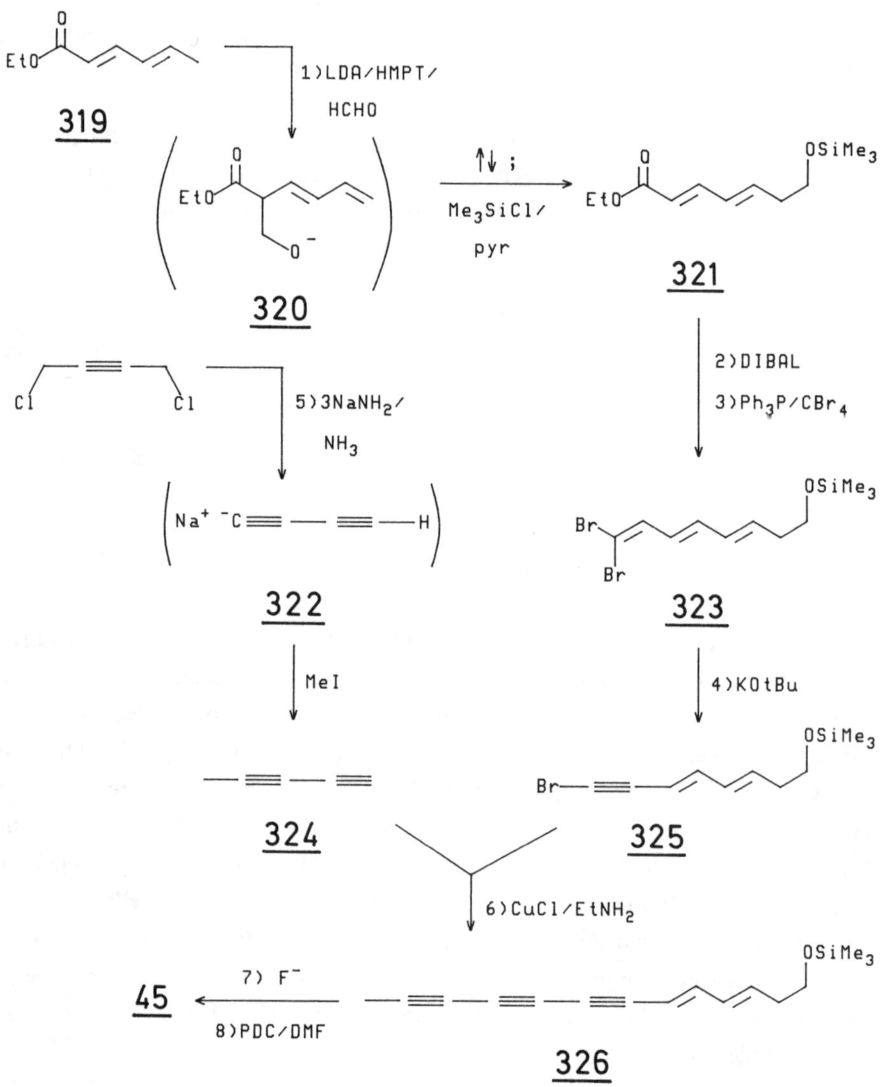

Nach der Kupplung der Alkin-Komponenten zu **326** soll der Alkohol freigesetzt und im letzten Schritt zur Carbonsäure **45** oxidiert werden. Daß die Carboxylgruppe erst ganz am Ende der Synthese erzeugt wird, verhindert die unerwünschte Isomerisierung von Isomycin-Vorstufen zu *konjugierten* Säurederivaten.

ANTWORT 22

Fragestellung aus: E. C. Ashby, T. N. Pham, J. Org. Chem. *51*, 3598 [1986].

In HMPT ist die Welt des $LiAlH_4$ als Hydrid-Donor in Ordnung: Die erwartete S_N2-Substitution des Iods durch ein Hydrid-Ion erklärt die Umwandlung von Iod-cycloocten in Cycloocten.

In THF gerät die gewohnte Ordnung allerdings aus den Fugen: Dort ist Bi-cyclooctan das hauptsächliche Reaktionsprodukt. Dieses kann eigentlich nur durch die transannulare Cyclisierung einer geeigneten Zwischenstufe entstehen, beispiels-weise aus dem Radikal **328**. **328** seinerseits könnte auftreten, wenn $LiAlH_4$ dem Iod-cyclooocten als Elektronen- statt Hydrid-Donor gegenübertritt; das zunächst entste-hende Radikalanion **327** müßte dann zu einem Iodid-Ion und dem genannten Radikal **328** zerfallen. Eine Analogie zu dieser Reaktion findet man bei der Metall/Ammoniak-Reduktion von Halogenkohlenwasserstoffen.

Das Radikal **328** unterliegt der Konkurrenz zweier Folgereaktionen. Die eine Re-aktionsmöglichkeit ist die Weiterreduktion zum Cycloocten. Die Alternative dazu ist die Cyclisierung zu dem stabileren - weil um eine σ-Bindung reicheren - Radikal **329**. Von dort führt die Weiterreduktion zum beobachteten Bicyclooctan.

Akzeptieren wir als (unverstandene) Bezugsgröße, daß in THF diese Konkurrenz knapp zugunsten des Bicyclooctans entschieden wird. Wie steuern dann die angege-benen Zusätze (**330**) die Selektivität der Reduktion *im gleichen Solvens* zum

Cycloocten um? Nun: 1,4-Cyclohexadien und R_2PH sind H-Radikal-Donoren. Dies beruht im Fall des Cyclohexadiens auf "product development control", da die Abspaltung eines H-Atoms gleichzeitig ein recht *stabiles* Radikal, das Pentadienylradikal, freisetzt. Bei dem Phosphan dürfte die *Schwäche* der P-H-Einfachbindung die Hauptursache für die leichte Homolyse sein.

Diese H-Radikal-Donoren **330** bieten der diskutierten radikalischen Zwischenstufe **328** eine *zusätzliche* Reduktionsmöglichkeit zum Cyclooocten an. Demzufolge kommt die Cyclisierung **328** → **329** nicht mehr wirkungsvoll zum Zuge, und die Reduktion läuft auf *ungewohntem* Weg zum *gewohnten* Produkt (Cyclooocten).

ANTWORT 23

Fragestellung aus: B. M. Trost, M. K.-T. Mao, J. M. Balkovec, P. Buhlmayer, J. Am. Chem. Soc. *108*, 4965 [1986].

Die Carbonylgruppe des vorliegenden Ketons ist sterisch gehindert ("Neopentylstellung"). Daher weichen die verwendeten Grignard-Reagenzien vom erwarteten Reaktionsverlauf - Angriff ihres nucleophilen Kohlenstoffatoms an der Carbonylgruppe - ab.

Die Ethylgrignard-Verbindung unternimmt als Ausweichreaktion eine Grignard-Reduktion. Dabei wird der β-ständige Wasserstoff in das Alkoholat **331** eingebaut.

331

Die Methyl-Grignardverbindung kann mangels eines β-H-Atoms *keine* Reduktion des Ketons bewirken. Sie entpuppt sich dafür als Thiophil: Über den sechsgliedrigen Übergangszustand **332** könnten Thioanisol und das Enolat **333** entstehen. Letzteres bildet mit Acetaldehyd das beobachtete Aldol **334**.

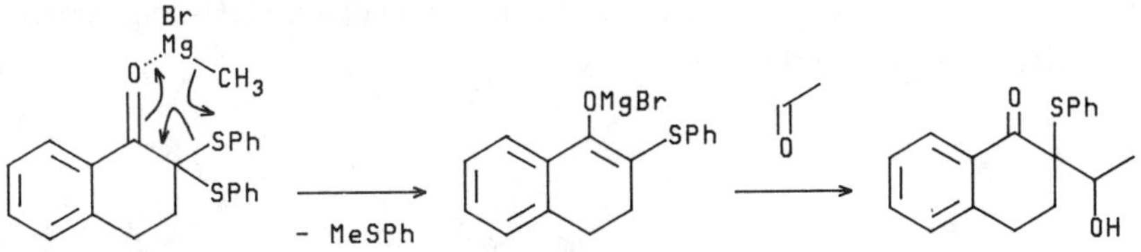

332   − MeSPh   **333**   **334**

Das gleiche Enolat **333** könnte auch über einen 1-Elektronen-Transfer-Mechanismus entstehen. Dabei bestünde eine Analogie zu dem Mechanismus, der für die Reduktion von 2,4,6-Trimethyl-α-bromacetophenon mit Ethylmagnesiumbromid zu einem Enolat formuliert wurde (H. O. House, W. L. Respess, G. M. Whitesides, J. Org. Chem. *31*, 3128, Fußnote 25 [1966]). Hinweise auf Elektronentransfer bei Grignard-Reaktionen wurden publiziert: E. C. Ashby, A. B. Croel, J. Am. Chem. Soc. *103*, 4983 [1981].

332   MeMgBr   −MeMgBr ⌉ • +   −•SPh   **333**

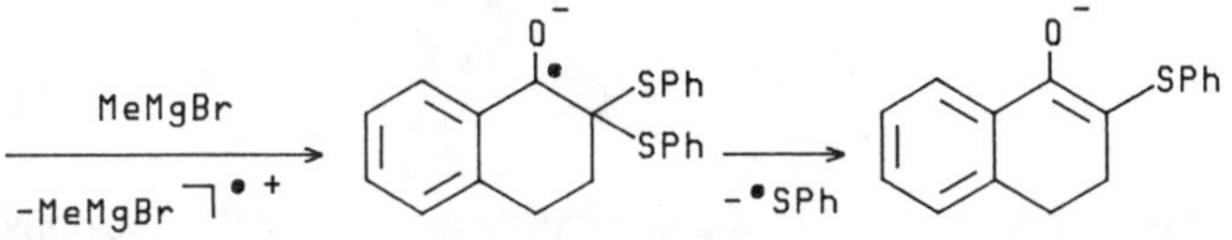

ANTWORT 24

Fragestellung aus: M. Yoshida, M. Hiromatsu, K. Kanematsu, J. Chem. Soc. Chem. Commun. *1986*, 1168.

a) Acylierungsmittel sind stärkere Elektrophile als Alkylierungsmittel!

b) Um den Alkohol **335** in **47** umzuwandeln, muß die normale Reaktivitätsfolge also außer Kraft gesetzt, d.h. die Acylseite in dem verwendeten Elektrophil entschärft werden. Dies ist in **336** realisiert.

c) Es handelt sich um eine Wittig-Olefinierung, bei der die Carbonylgruppe Teil eines Ketens ist. Der Verlauf über das Betain **337** und/oder das Methylen-Oxaphosphetan **338** ist unbewiesen aber plausibel.

d) Eine konzertierte Diels-Alder-Reaktion bedarf einer s-cis-Konformation der 2,3-Bindung des Diens; nur dann können die Orbitale an *jeweils beiden* Termini von Dien und Dienophil überlappen (Lit: C. Rücker, D. Lang, J. Sauer, H. Friege, R. Sustmann, Chem. Ber. *113*, 1663 [1980]). Das Dien **48a** kann diese s-cis-Konformation einnehmen; folglich findet die Diels-Alder-Reaktion zu **339** statt.

Das methylsubstituierte Dien **48b** würde in s-cis-**48b** unter einer prohibitiv großen 1,3-Allylspannung leiden. Es liegt daher ausschließlich als s-trans-**48b** vor. Deshalb einer Diels-Alder-Reaktion unzugänglich, kommt es beim Erhitzen von **48b** zu einer (2+2)-Cycloaddition über den 1,4-Dipol **342**. Offenbar ist der kationische Teil dieses Dipols wegen des Erhalts der Allyl-Mesomerie konfigurationsstabil: Seine Cyclisierung zum Cyclobutan erfolgt rascher als die Isomerisierung zu **340**. **340** wäre die Zwischenstufe eines hypothetischen mehrstufig-ionischen Wegs zu dem formalen Diels-Alder-Addukt **341**.

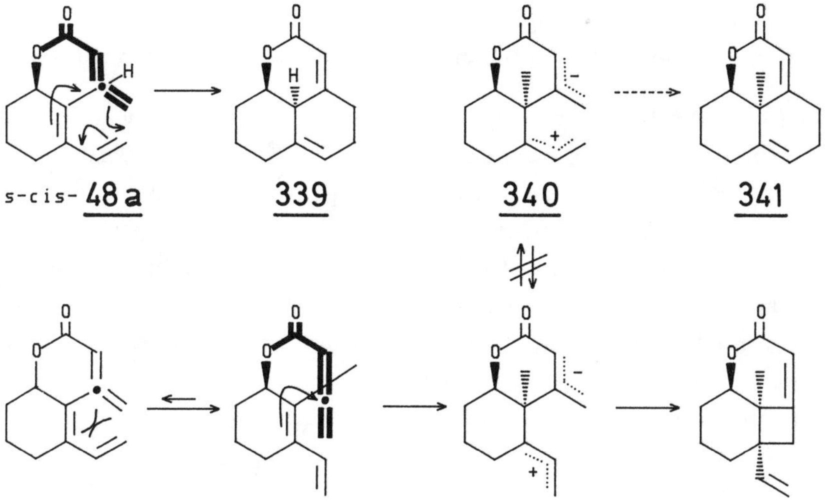

s-cis-**48 a**   **339**   **340**   **341**

s-cis-**48 b**   s-trans-**48 b**   **342**

e) PPh$_3$ setzt als "Bromophil" in einer S$_N$2-Reaktion *am Brom* ein Esterenolat als Abgangsgruppe frei. Als Bromophil wirkt PPh$_3$ übrigens auch bei der bekannten Bildung von Ph$_3$PBr$^+$ Br$^-$ aus PPh$_3$ und Br$_2$.

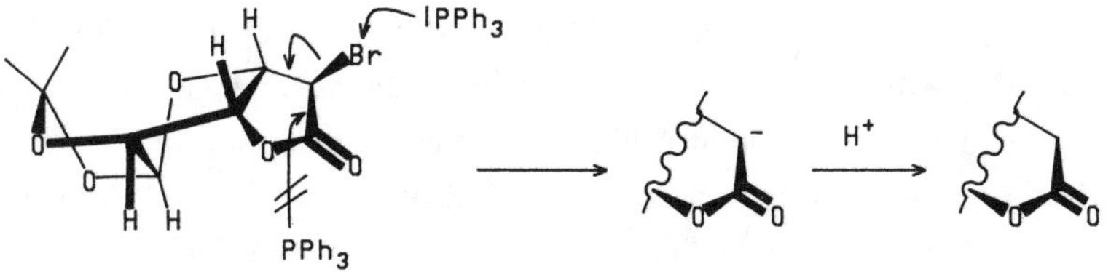

49   **50**

Die S$_N$2-Substitution des Bromids in **49** ist ungünstig, da sich das PPh$_3$ von der schwer zugänglichen konkaven Seite an das Molekül annähern müßte.

ANTWORT 25

Fragestellung aus: B. M. Fraga, Nat. Prod. Rep. *3*, 273 [1986], dort Verbindung **90**.

Im Keton **343** als Vorläufer liegt der Schlüssel zur *Retrosynthese* von **51**. **343** seinerseits sollte durch die Alkylierung des formalen Dianions mit dem Dihalogenid **344** entstehen. **344** enthält also zwei Abgangsgruppen, und zwar - was für die Stereoselektivität der geplanten Synthese entscheidend ist - Abgangsgruppen abgestufter Reaktivität: X^1 ist allylständig und demzufolge an der *ersten* Alkylierung beteiligt; mit der Abgangsgruppe X^2 am nicht-aktivierten primären Kohlenstoff soll dann die zweite Alkylierung durchgeführt werden. Die stereochemischen Implikationen dieser Alkylierungsreaktion werden im Rahmen der *Synthese* besprochen.

Das Dibromid **346** ist ein Synthese-Äquivalent des benötigten Bausteins **344**. Die vorgeschlagene Gewinnung aus dem cyclischen Ether **347** (Methode: A. G. Anderson, Jr., F. J. Freenor, J. Org. Chem. *37*, 626 [1972]) ist nicht nur zielstrebig, sondern sichert gleichzeitig die benötigte Z-Konfiguration der Doppelbindung von **346**. Das Enolat **345** wird durch eine Cuprat-Addition erzeugt. Dessen Alkylierung mit **346** kann sich im *selben* Arbeitsgang anschließen (Methode: R. J. K. Taylor, Synthesis *1985*, 364; vergleiche: R. Noyori, M. Suzuki, Angew. Chem. *96*, 854 [1984]).

Es könnte gelingen, mit der relativ schwachen und daher selektiven (vergleiche Aufgabe 10) Base $Li^+(Me_3Si)_2N^-$ aus **349** das thermodynamische Enolat **348** zu erzeugen. (Das *weniger stabile* Enolat **350** sollte unter diesen Bedingungen nicht auftreten; dessen Alkylierung ergäbe den unerwünschten Bicyclus **351**.) Der in **348** α zur Carbonylgruppe eintretende Alkylrest sollte sich von der dem sperrigen Isopropylrest *abgewandten* Molekülseite nähern. Dies läßt die stereoselektive Bildung von **343** erwarten. Die Methylenierung von **343** trägt der Gefahr der Enolisierung von Cyclopentanonen und der Überwindung von beträchtlicher sterischer Hinderung Rechnung (Methode: J. Hibino, T. Okazoe, K. Takai, H. Nozaki, Tetrahedron Lett. *26*, 5579 [1985]).

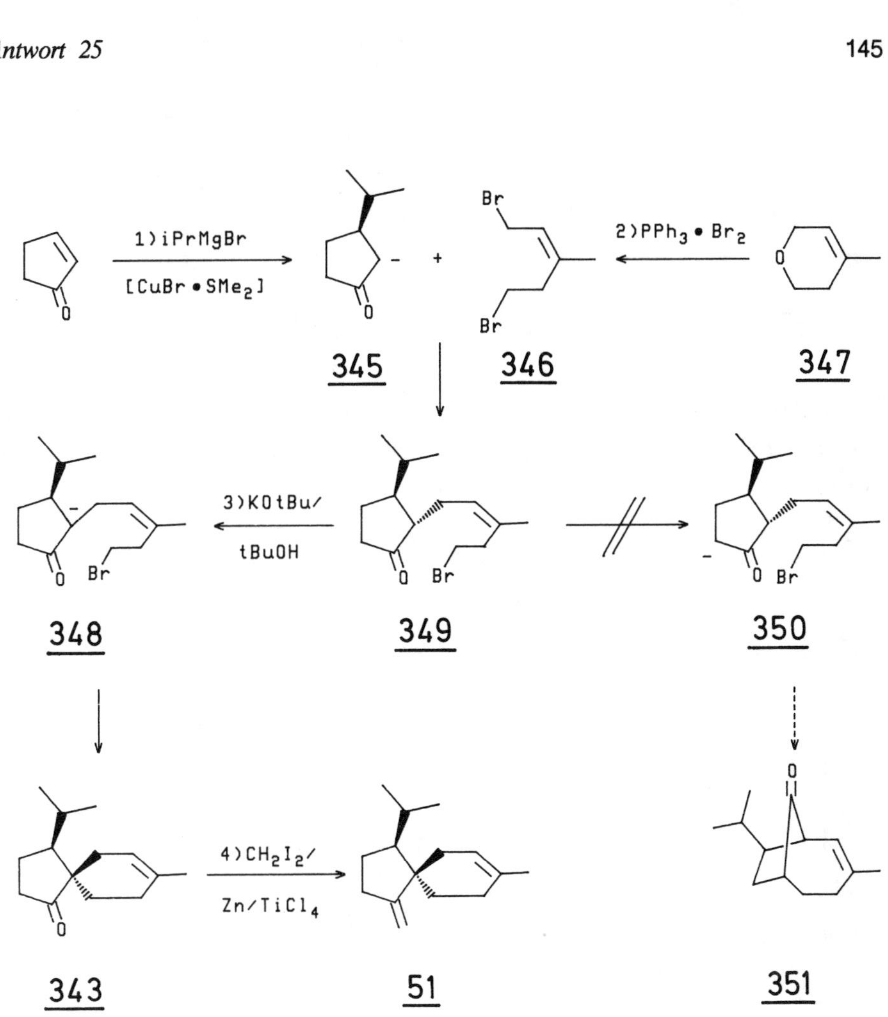

345   346   347

348   349   350

343   51   351

ANTWORT 26

a) Nach ab-initio-Rechnungen soll sich der Übergangszustand **353** der En-Reaktion von der Briefkuvert-Konformation **352** des Cyclopentans ableiten (R. J. Loncharich, K. N. Houk, J. Am. Chem. Soc. *109*, 6947 [1987]). Formel **354** zeigt die Basisorbitale, welche im Übergangszustand **353** in Wechselwirkung treten. Aus diesen Basisorbitalen konstruiert man die Molekülorbitale (MO) der Abbildung 10.

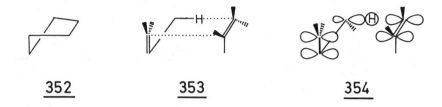

352   **353**   **354**

Die MOs des *Ens* scharen sich in Abbildung 10 um einen *höheren* energetischen Mittelpunkt als die MOs des *Enophils*. Dies ist die Konsequenz davon, daß das En elektronenreich und das Enophil elektronenarm ist.

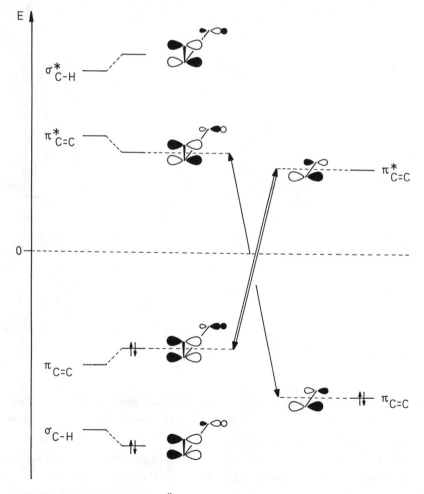

Abbildung 10 Analyse des Übergangszustands **353** der En-Reaktion nach der Grenzorbitalmethode

Die stärkste Grenzorbital-Wechselwirkung besteht also laut Abbildung 10 zwischen dem HOMO des Ens und dem LUMO des Enophils. Sie wird - wie aus der Herleitung dieses Energie-Diagramms klar wird - um so stärker und die En-Reaktion in diesem Bild folglich um so rascher, je elektronenärmer das Enophil ist.

Aus der niedrigeren En-Reaktivität von TCNE verglichen mit **53** schließt man deshalb auf die *höhere* Elektronenaffinität (EA) von letzterem. Experimentell bestimmte man EA_{53} - EA_{TCNE} = 0.32 eV (R. Brückner, Dissertation Universität München, 1984).

b) Das konjugierte Olefin **52** *büßt* bei der En-Reaktion die Styrol-Mesomerie *ein*. Das Substrat **54** mit der isolierten C=C-Doppelbindung *gewinnt* hingegen bei der Reaktion eben diese Mesomerie-Energie. Vermutlich treten diese Effekte bereits im Übergangszustand der betreffenden En-Reaktionen partiell auf ("product development control"). In diesem Fall müßte **54** *reaktiver* als **52** sein. Dies bestätigt sich im Experiment (R. Brückner, Dissertation Universität München, 1984).

c) Durch die Komplexierung mit einer Lewis-Säure wird die Elektronendichte der C=C-Doppelbindung noch mehr herabgesetzt als durch einen Akzeptor-Substituenten allein. Dies bewirkt eine *zusätzliche* Absenkung der Energien *beider* Enophil-MOs in Abbildung 10. Entscheidend ist indessen nur die Verminderung der LUMO-Energie des Enophils. Denn dadurch wird die Wechselwirkung mit dem HOMO des Ens verbessert, was einer *höheren* Geschwindigkeitskonstante der En-Reaktion gleichkommt.

d) Fragestellung aus: P. M. Wovkulich, M. R. Uskokovic, J. Org. Chem. *47*, 1600 [1982].

Die Positions- und Diastereoselektivität dieser En-Reaktionen wird durch zwei Faktoren bestimmt. Erstens greift das Enophil beide Doppelbindungen von der sterisch leichter zugänglichen Seite an, d.h. von der Seite, die dem Methylsubstituenten des Ringes abgewandt ist. Damit und unter Berücksichtigung des "Pseudo-Fünfring-Übergangszustands" der En-Reaktion (vergleiche Formel **353**) kann man für den vorliegenden Fall die Übergangszustands-Geometrien **355** bzw. **356** vorsehen. Die gezeigten Newman-Projektionen entsprechen dem Blick auf die *verschlossene Seite* des Briefkuverts.

Der zweite produkt-auswählende Faktor kommt jetzt dadurch zum Tragen, daß das koordinierte BF_3 aus sterischen Gründen *nicht oberhalb* des Cyclopentan-Ringes liegen kann. Das BF_3 wird dadurch zu einem pseudo-axialen Substituenten und duldet keine sperrige Methylgruppe "gegenüber". Daher wird der Übergangszustand **355** nur realisiert, wenn der gegenüberliegende Rest R^2 = H ist. Umgekehrt wird der Übergangszustand **356** bevorzugt, wenn dem BF_3 als R^1 der kleine Wasserstoff gegenüberliegt.

355

bevorzugt fuer R^1 = CH_3, R^2 = H

356

bevorzugt fuer R^1 = H, R^2 = CH_3

e) Fragestellung aus: W. G. Dauben, T. Brookhart, J. Org. Chem. *47*, 3921 [1982]; J. Am. Chem. Soc. *103*, 237 [1981].

Blättern Sie zurück zu der Formel **353** des Übergangszustands der En-Reaktion! Sie sehen, daß der allylische Wasserstoff *und* der Doppelbindungs-Kohlenstoff des Ens von der *gleichen Seite* des Enophils gebunden werden. Diesen "suprafacialen" Angriff auf das Enophil konnten Sie bei den bisher vorgestellten *olefinischen* Enen nicht diagnostizieren. Anders in dieser Teilaufgabe, wo ein *Alkin* als En verwendet wird: Hier bedingt der suprafaciale Angriff auf das En eine *trans*-konfigurierte Doppelbindung im En-Produkt. Im speziellen Fall liefern daher En-Reaktionen des Propiolesters trans-selektiv α,β-ungesättigte Ester (**358**).

357

358

Das nächste stereochemische Problem betrifft die Konfiguration des neuen Stereozentrums in **358**. Diese ergibt sich aus der Angriffsrichtung des Enophils auf die

Doppelbindung: Der *axiale* Methylsubstituent an der Ringverknüpfung gestattet im Übergangszustand **357** dem Propiolester die Annäherung nur von der gegenüberliegenden Seite.

f) Fragestellung aus: J. K. Whitesell, A. Bhattacharya, D. A. Aguilar, K. Henke, J. Chem. Soc. Chem. Commun. *1982*, 989.

Ester nehmen aus elektrostatischen Gründen die Konformation **359** ein. Ein α-Ketoester sollte die Dipol-Dipol-Abstoßung in einer Grundzustands-Konformation **360** minimieren. Die Zugabe von $SnCl_4$ verändert durch Chelatisierung - diese bringt ja einen Energie-Gewinn - die bevorzugte Konformation des α-Ketoesters, indem sie ihn in dem oktaedrischen Komplex **361** in einer syn-Konformation fixiert.

<u>**359**</u>   <u>**360**</u>   <u>**361**</u>

Da **55** ohne Lewissäure kein Enophil ist (vergleiche Aufgabe 26c), ist **361** das reaktive Teilchen. Dies haben Sie vielleicht nicht bemerkt, wenn Sie mit dem in der gezeichneten Form/Konformation *gar nicht vorliegenden* **55** die Enantioselektivität dieser En-Reaktion zu verstehen glaubten!

In diesem Zusammenhang soll das *allgemein* formulierte Problem der Fragestellung beantwortet werden: Nach dem Curtin-Hammett-Prinzip hat die Grundzustandskonformation eines Moleküls (meistens) *nichts* mit der bevorzugten Geometrie der von diesem Molekül angestrebten Übergangszustände zu tun. Die Reaktionsprodukte werden *einzig und allein* nach der Maßgabe ausgewählt, den Reaktionspfad *über den energetisch tiefsten Übergangszustand* zu beschreiten. Weil dies so wichtig ist und viele Chemiker hier sündigen: Produktbestimmend ist *nicht* die niedrigste Aktivierungsenergie bezogen auf ein bestimmtes Konformeres (Übersicht: J. I. Seeman, Chem. Rev. *83*, 83 [1983])!!

Die Carbonylgruppe von **55** wird nach (!) der Chelatisierung zu **361** "von der Vorderseite" angegriffen. Die "Rückseite" der Carbonylgruppe ist von dem Phenylring abgeschirmt; diese Abschirmung könnte besonders wirksam sein, wenn der Phenylring in einem Charge-tranfer-Komplex quasi an der Rückseite des Ketoesters "klebt".

362   **363**

Im Übergangszustand **362** dieser En-Reaktion bevorzugt der Alkylrest die exo-Orientierung (gleiches nahmen wir auch für die Methylgruppen in **355/356** an). Die Newman-Projektion des aus **362** hervorgehenden Reaktionsproduktes **363** zeigt, wie diese exo-Präferenz zu der trans-Doppelbindung des En-Produktes führt.

g) Fragestellung aus: J. K. Whitesell, M. A. Minton, J. Am. Chem. Soc. *108*, 6802 [1986].

Die En-Reaktion kann nur auf der konvexen Seite von **56** stattfinden (auf das Prinzip "konvex ist viel reaktiver als konkav" stießen Sie in diesem Buch schon mehrfach). Unter Berücksichtigung dieser Rahmenbedingung findet man noch zwei diastereomere Übergangszustände **364** bzw. **365**. In Fortführung der Argumente von Antwort 26f) identifizieren Sie **364** als energetisch günstiger: Die Alkylsubstituenten des Ens stehen in **364** exo und in **365** endo. Folglich verläuft die Reaktion bevorzugt über **364** und liefert als Hauptprodukt **57**. Zum Mindermengen-Produkt **58** gelangen

364   **365**

nur die wenigen Moleküle, die mit dem energieaufwendigen Zusammenstoß gemäß **365** Erfolg haben.

h) Daß mehr als 1.0 Äquivalente **57** entstehen, kann nur durch eine *Racemisierung* des Ausgangsmaterials **56** erklärt werden. Da man zumindest das Carbomethoxy-Derivat von **56** optisch rein gewinnen kann (J. K. Whitesell, M. A. Minton, J. Am. Chem. Soc. *109*, 6403 [1987]), kann die Racemisierung von **56** eigentlich nur unter den *spezifischen Reaktionsbedingungen* stattfinden. Die Konstitution der durch En-Reaktion entstehenden Produkte **57** und **58** schließt aus, daß bei diesem Prozeß auch das Isomere meso-**56** anfällt.

Der vorgeschlagene Racemisierungs-Mechanismus wird diesen Bedingungen gerecht. Die erforderlichen [1,3]-H-Verschiebungen würden von der räumlichen Nähe der Orbitale profitieren, die dazu überlappen müßten. Dies ist in der Projektion **367** der postulierten Zwischenstufe **366** angedeutet.

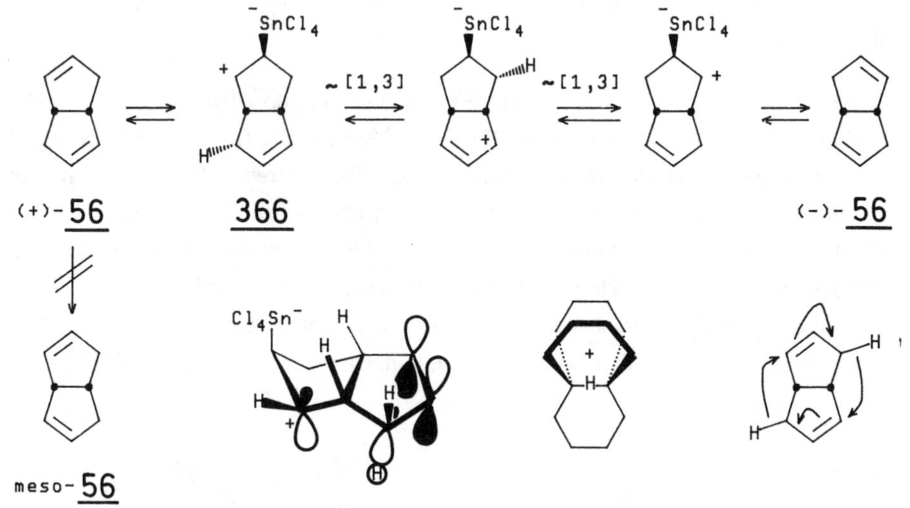

Vielleicht kann man diese 1,3-H-Wanderungen auch zweistufig formulieren. Dann müßte man eine Proton-verbrückte *Zwischenstufe* in Betracht ziehen. Das Proton-verbrückte *stabile* (!) Carbokation **368** wurde beschrieben (J. E. McMurry, C. N. Hodge, J. Am. Chem. Soc. *106*, 6450 [1984]).

Die Alternative einer konzertierten Umlagerung von (+)-**56** in (-)-**56** via **369** kann nicht nur wegen des Orbitalsymmetrieverbots ausgeschlossen werden: Hier ist die oben geforderte *Notwendigkeit der Reakionsbedingungen* für das Auftreten der Racemisierung nicht erkennbar!

ANTWORT 27

Fragestellung aus: E. J. Thomas, J. W. F. Whitehead, J. Chem. Soc. Chem. Commun. *1986*, 724, 727.

Die Wittig-Reaktion zu **370** verläuft wegen "product development control" stereoselektiv. Nur in einem E-konfigurierten Ester profitiert das Molekül von der Konjugation der C=C- mit der C=O-Doppelbindung. In dem Ester mit Z-Doppelbindung fehlt diese Stabilisierung, da dort C=C- und C=O-Doppelbindungen *nicht* koplanar liegen können. Die gleiche Stereoselektivität wurde bei der Weiterverarbeitung von **373** genutzt!

a) Das E-Olefin **372** bevorzugt zur Vermeidung von 1,3-Allyl-Spannung (vergleiche Aufgabe 13c) die Konformation **371**. MCPBA greift die *C=C-Doppelbindung* als *Elektrophil* aus der Richtung an, die dem *elektronenreichsten* Substituenten an dem Stereozentrum in der Allylposition *gegenüberliegt*. Dieses Prinzip der Stereokontrolle gilt für *alle* Reaktionen, die den im vorangehenden Satz hervorgehobenen Charakteristika genügen! (Lit: K. N. Houk, M. N. Paddon-Row, N. G. Rondan, Y.-D. Wu, F. K. Brown, D. C. Spellmeyer, J. T. Metz, Y. Li, R. J. Longcharich, Science *231*, 1108 [1986]; S. D. Kahn, C. F. Pau, W. J. Hehre, J. Am. Chem. Soc. *108*, 7396 [1986].).

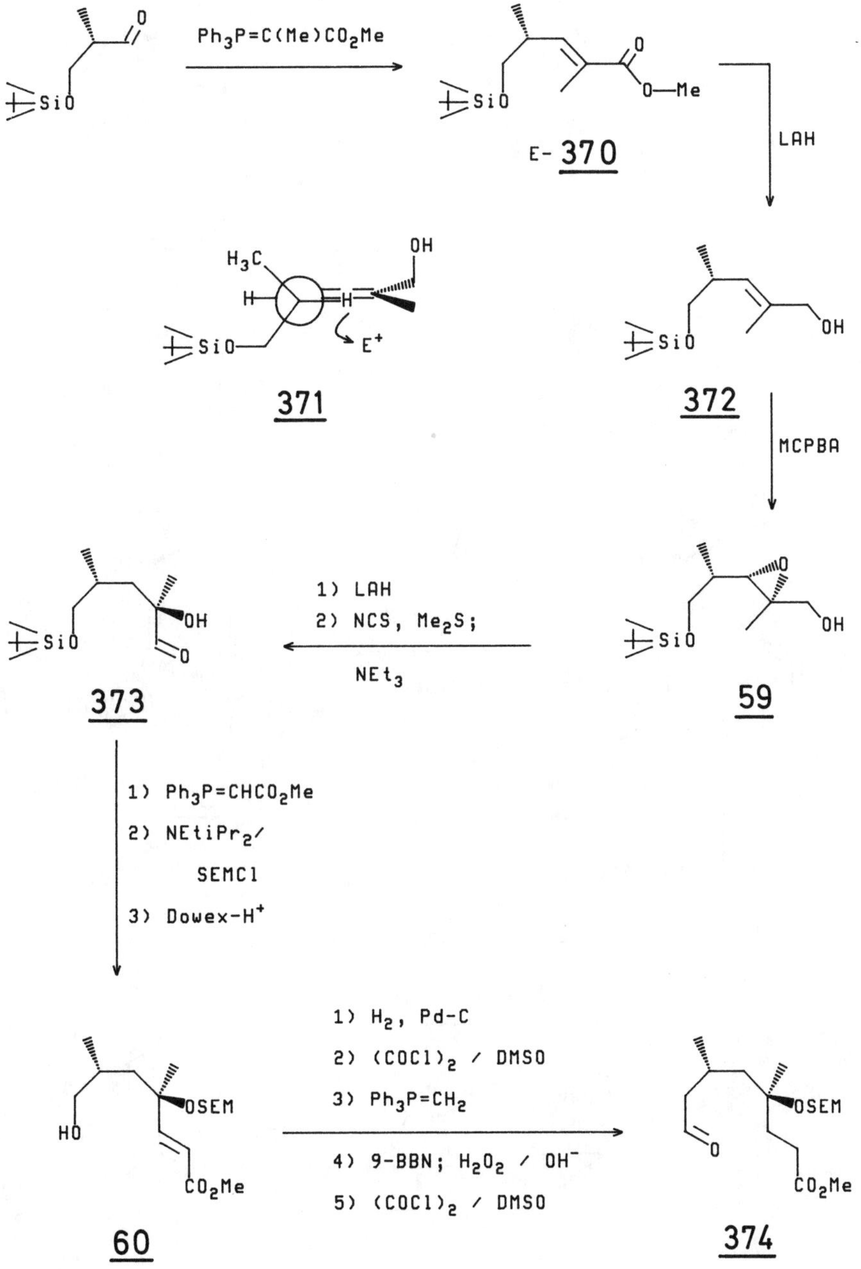
Ph3P=C(Me)CO2Me
SiO
O
O—Me
E-370
LAH
H3C
OH
H
E+
371
OH
372
MCPBA
OH
O
373
1) LAH
2) NCS, Me2S;
NEt3
59
1) Ph3P=CHCO2Me
2) NEtiPr2/
SEMCl
3) Dowex-H+
HO
OSEM
CO2Me
60
1) H2, Pd-C
2) (COCl)2 / DMSO
3) Ph3P=CH2
4) 9-BBN; H2O2 / OH−
5) (COCl)2 / DMSO
374

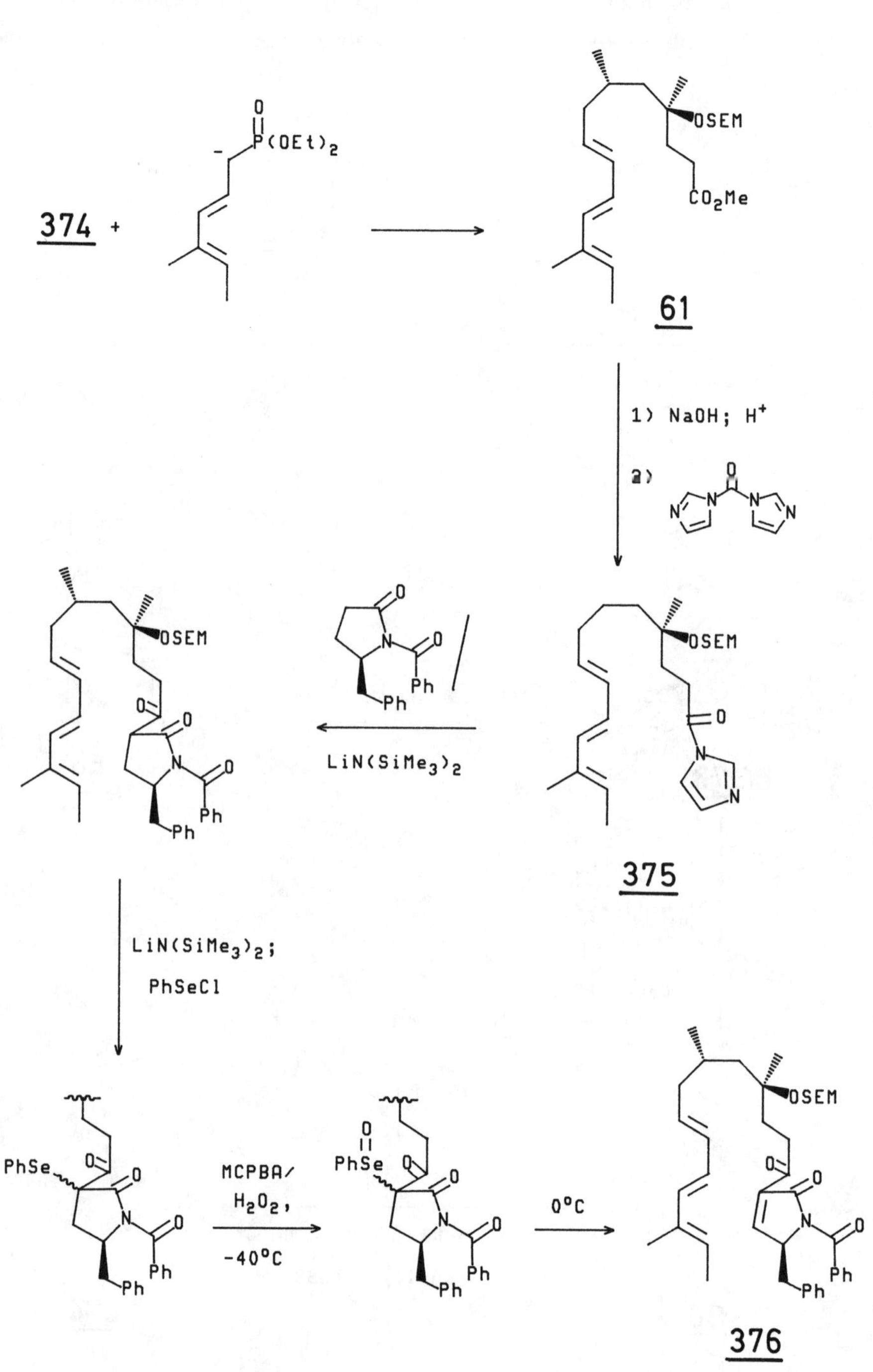

374 +

$\underline{61}$

1) NaOH; H$^+$

2)

$\underline{375}$

LiN(SiMe$_3$)$_2$

LiN(SiMe$_3$)$_2$;
PhSeCl

MCPBA/
H$_2$O$_2$,
–40°C

0°C

$\underline{376}$

b) Man hätte dann auch Dehydro-**375** erhalten, das α,β-ungesättigte Analogon von
375. Dieses unternahm als elektronearmes Olefin *seinerseits* bereits eine intramolekulare Diels-Alder-Reaktion. Die erklärte Absicht war aber, erst die elektronenarme
Doppelbindung von **377** in eine Diels-Alder-Reaktion zu involvieren. Also mußte die
störende *andere* Doppelbindung durch Hydrierung "geschützt" und beim "end-game"
erneut in **63** eingeführt werden.

Dehydro-**61** unternahm übrigens keine intramolekulare Diels-Alder-Reaktion.
Der fraglichen Doppelbindung wird demnach durch den Imidazolylcarbonyl-Substitu-
enten mehr Elektronendichte entzogen als durch die Carbomethoxy-Gruppe. Die
Carbonylgruppe des Esters befriedigt ihren Elektronenmangel mit dem +M-Effekt
der MeO-Gruppe, der dem Imidazolid abgeht. Im Imidazolid befriedigt die Carbonylgruppe ihren Elektronenbedarf durch Abzug von Elektronendichte aus dem π-Orbital
der C=C-Doppelbindung.

c) Das Substrat **376** reagiert über den Übergangszustand **377**. Darin gewährleistet
der Benzylsubstituent des Heterocyclus, daß die Cycloaddition auf der gegenüberliegenden Ringseite stattfindet. Die übrigen Stereozentren ergeben sich aus der Bevorzugung des endo-Übergangszustands bei Diels-Alder-Reaktionen.

377   **62**

ANTWORT 28

Fragestellung aus: C. H. Heathcock, S. K. Davidsen, S. Mills, M. A. Sanner, J. Am. Chem. Soc. *108*, 5650 [1986].

a) **64a** entsteht durch die Mannich-Reaktion eines Acyl-Immoniumions mit einem Vinylether. Diese Gruppen werden unter Säureeinwirkung in situ aus **378** freigesetzt. Das Aufbrechen des Dioxolans zu einem Alkohol und einem Vinylether entspricht der *Umkehr* des Ihnen wohlvertrauten Schützens eines Alkohols durch Addition an einen Enolether.

b) **64a** wird alkyliert und mit dem Lawesson-Reagenz (vergleiche Aufgabe 40) ins Thioketon überführt. Dessen Enolat addiert Michael-artig an 3-Penten-2-on und ergibt **64b**. Das Meerwein-Salz methyliert darin den Schwefel, und Triethylamin als das gesuchte "weitere Reagenz" enolisiert den Keton-Teil. Als reaktive Zwischenstufe erhält man damit **379**. Dieses schließt in einer Art Mannich-Reaktion den Ring, und eine Eliminierung führt zu dem ungesättigten Keton **65**.

c) **65** ist eigentlich weniger ein α,β-ungesättigtes *Keton* als vielmehr eine vinyloges *Amid*. Als solches profitiert es von beträchtlicher Resonanz-Stabilisierung. Deshalb ist **65** ähnlich wie ein normales Amid nicht elektrophil genug, um dem $NaBH_4$ ein Hydrid-Ion zu entreißen. Das im Prinzip denkbare Ausweichen auf eine katalytische Hydrierung der C=C-Doppelbindung dieses vinylogen Amids kann *hier* leider nicht zum Ziel führen: Der Benzylether von **65** ginge dabei nämlich durch Hydrogenolyse verloren. Wie behilft man sich? Wenn ein Elektrophil den Amid-*Sauerstoff* angegriffen hat, resultiert ein *gutes* Elektrophil: Sie kennen das von der Vilsmeier-Haack-Formylierung, wo DMF mit $POCl_3$ aktiviert wird. Das gleiche Prinzip wird genutzt, wenn **65** O-methyliert wird (→ **380**). Denn anschließend *wirkt* das $NaBH_4$ reduzierend!

d) Siehe Aufgabe 53b!

e) Die Dioxolan-Schutzgruppe wird aus **66** entfernt, indem sie auf Aceton umacetalisiert wird. Das erhaltene Keton enolisiert zu **381**. Dieses unternimmt eine intramolekulare Michael-Addition, wie angedeutet. Schließlich wird das resultierende β-Hydroxyketon zum ungesättigten Keton **67** dehydratisiert.

f) Als Reagenz 1 unternahm Me_2CuLi eine 1,4-Addition zu einem Enolat. Dieses wurde als Enolphosphat abgefangen. Das Reagenz 2 war LDA. Es wurde zur Erzeugung des zweiten Enolphosphats genutzt.

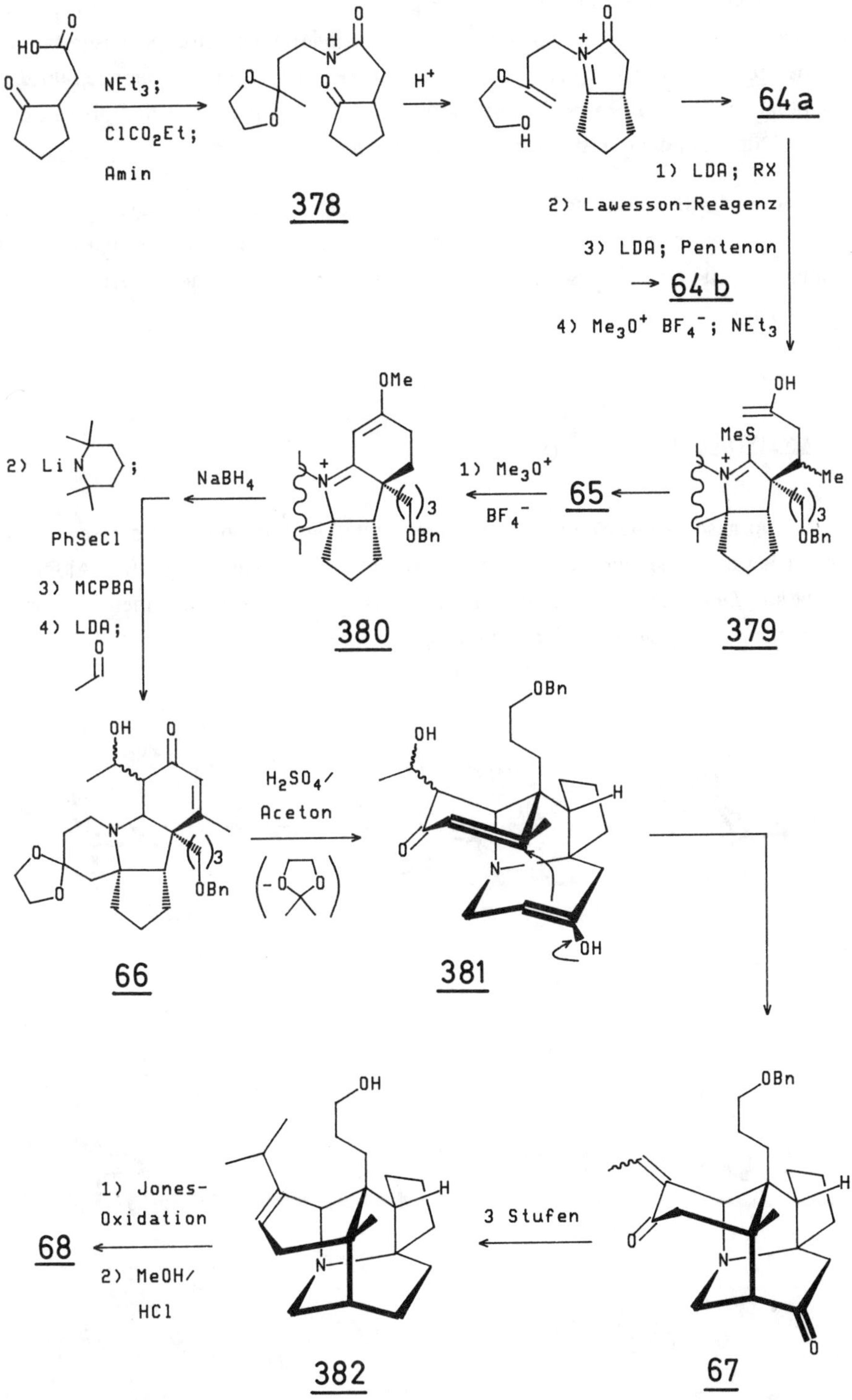

Scheme labels:

NEt_3; $ClCO_2Et$; Amin → **378** → H^+ → **64 a**

1) LDA; RX
2) Lawesson-Reagenz
3) LDA; Pentenon → **64 b**
4) Me_3O^+ BF_4^-; NEt_3

379 → **65** ← 1) Me_3O^+ BF_4^- → **380**

2) Li N ; PhSeCl
3) MCPBA
4) LDA; → $NaBH_4$ → **66**

H_2SO_4/ Aceton → **381**

3 Stufen → **67**

1) Jones-Oxidation
2) MeOH/ HCl → **68** ← **382**

Die Reduktion von Enolphosphaten ergibt normalerweise Olefine. Letztere sind - da nicht mehr wie Enolphosphate mit einer aktivierenden Gruppe ausgestattet - schwieriger zur Aufnahme von Elektronen zu bewegen. *Wenn* man aber wie hier *dennoch* eine Reduktion bewirkt, ist aus sterischen Gründen plausibel, daß die disubstituierte Doppelbindung statt der trisubstituierten angegriffen wird.

Haben Sie bemerkt, daß unter diesen Reaktionsbedingungen auch gleich der Benzylether entfernt wurde? Mit **382** erhielt man gleich den deblockierten Alkohol! Oxidation mit dem Jones-Reagenz und Veresterung mit MeOH/HCl ergaben schließlich **68**.

ANTWORT 29

Die vorgeschlagene *Retrosynthese* von **69** spaltet das Lacton, öffnet den sechsgliedrigen Ring im Sinne einer Michael-Addition und den nächsten Ring durch Aldolkondensation. Der verbliebene *monocyclische* Baustein **383** sollte aus einem Cyclopentenon und den angegebenen Synthons ausgehen.

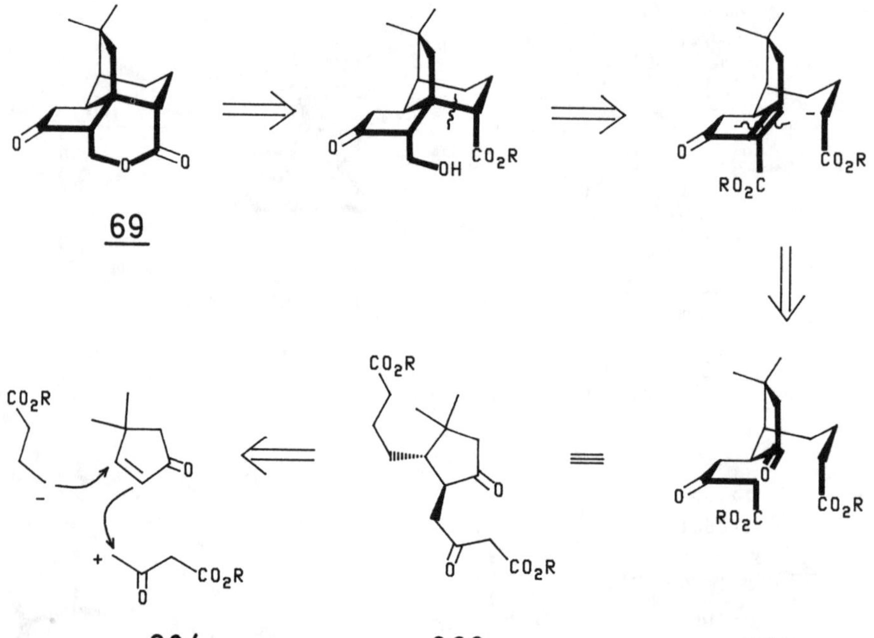

69   384   383   383

Diese Strategie entspricht im wesentlichen derjenigen, die zu den ersten erfolgreichen Synthesen von Quadron führte: S. Danishefsky, K. Vaughan, R. Gadwood, K. Tsuzuki, J. Am. Chem. Soc. *103*, 4136 [1981]; W. K. Bornack, S. S. Bhagwat, J. Ponton, P. Helquist, J. Am. Chem. Soc. *103*, 4647 [1981].

Die *Synthese* beginnt mit der Bereitstellung des Cyclopentenons **385**. Daran soll ein Cuprat addiert werden. Dies hat den Vorteil, daß im gleichen Arbeitsgang das primär gebildete Enolat **386** trans-selektiv alkyliert werden kann. (Diesem Reaktionstyp einschließlich seiner Stereoselektivität begeneten Sie schon in Aufgabe 25 bei der Darstellung von Verbindung **349**.)

Die zur Alkylierung verwendete Verbindung **387** ist *isolierbar*. **387** ist ein Synthese-Äquivalent für das *fiktive* Reagenz **384** (auf das die retrosynthetische Analyse führte), weil **387** letzterem in der Reaktivität *gleichkommt*. Fiktive Teilchen wie **384** bezeichnet man in diesem Zusammenhang als Synthons.

Der Schritt 7) dieses Synthesevorschlags ist ehrgeizig: Er umfaßt Veresterung, Michaeladdition, Acetalisierung und Eliminierung von Methanol zum vinylogen Carbonat **390**. Ob die Methoxycarbonylgruppe in **390** axial orientiert ist, bliebe zu prüfen.

Wenn **390** zugänglich ist, scheint der restliche Weg zum Quadron geebnet. LAH reduziert in **390** den einfachen Ester zum Alkohol; vinyloge Carbonate - zum Beispiel der Molekülteil mit der anderen CO_2Me-Gruppe von **390** - ergeben bei der LAH-Reduktion Enone. Als Reduktionsprodukt erwarte ich daher **391**. Die davon abgeleitete Carbonsäure addiert intramolekular an das Enon, womit man beim Quadron wäre.

Literaturverweise zu den zahlreichen Laborsynthesen von Quadron finden Sie in: T. Imanishi, M. Matsui, M. Yamashita, C. Iwata, J. Chem. Soc. Chem. Commun. *1987*, 1802; siehe auch P. A. Wender, D. J. Wolanin, J. Org. Chem. *50*, 4418 [1985].

Formelblock auf der nächsten Seite!

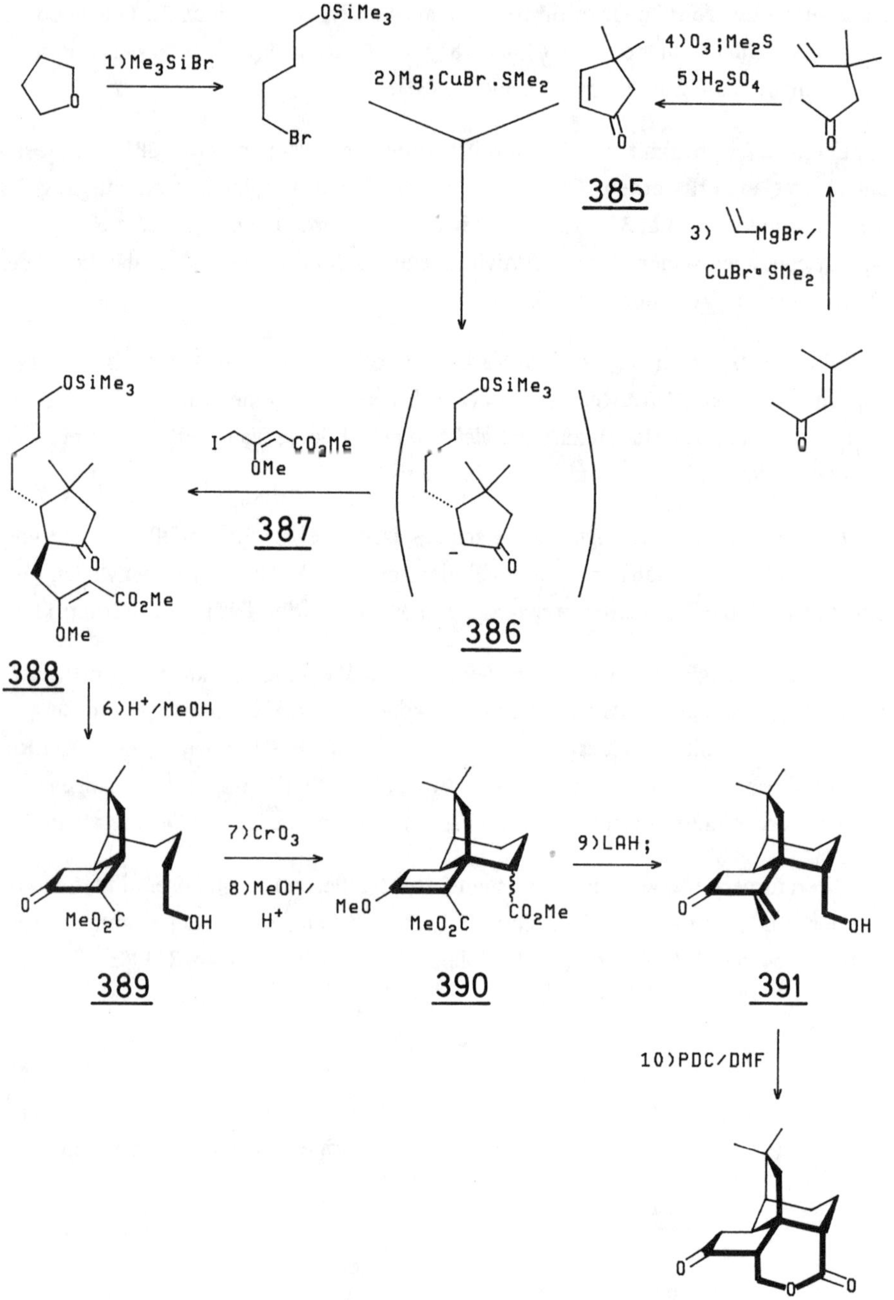
1)Me3SiBr
OSiMe3
Br
2)Mg;CuBr.SMe2
4)O3;Me2S
5)H2SO4
385
3) MgBr/
CuBr·SMe2
OSiMe3
I
CO2Me
OMe
387
388
386
6)H+/MeOH
7)CrO3
8)MeOH/
H+
MeO2C
OH
MeO
CO2Me
9)LAH;
389
390
391
10)PDC/DMF

ANTWORT 30

Fragestellung aus: T. B. Rauchfuss, G. A. Zank, Tetrahedron Lett. *27*, 3445 [1986].

a) Sie konstatieren: Zunehmende Donorstärke des Substituenten X erhöht die
Reaktionsgeschwindigkeit mit **70**. Also folgern Sie: Im geschwindigkeitsbestimmenden
Schritt findet ein *elektrophiler* Angriff auf die C=O-Doppelbindung statt (was unge-
wöhnlich ist!).

b) Sie konstatieren: Es liegt eine *gebrochene* Reaktionsordnung vor. Sie folgern:
Dies schließt einen *bimolekularen* Reaktionsmechanismus RCOX + **70** aus!

Die gebrochene Reaktionsordnung steht im Einklang mit einer *raschen* Äquilibrierung von **70** mit den dazugehörigen "Monomeren" **392**:

$$70 \; \rightleftharpoons \; 2 \; \mathbf{392}$$

Das Vorliegen dieses Gleichgewichts begründet Gl. (30.1).

$$[\mathbf{392}] = \sqrt{K_{GG} \; [\mathbf{70}]} \qquad\qquad (30.1)$$

Auf die Dissoziation zum Monomer **392** müßte dessen *langsame* Weiterreaktion
mit dem Keton folgen:

$$Ph_2C{=}O \; + \; \mathbf{392} \; \xrightarrow{\;\;k\;\;} \; Ph_2C{=}S$$

Die Geschwindigkeitsgleichung für letzteren Schritt lautet

$$\frac{d[Ph_2C{=}S]}{dt} = k[Ph_2C{=}O][\mathbf{392}]$$

Wenn man mit Gl. (30.1) darin substituiert, ergibt sich Gl. (30.2).

$$\frac{d[Ph_2C{=}S]}{dt} = k \sqrt{K_{GG}} \; [Ph_2C{=}O] \sqrt{[\mathbf{70}]} \qquad\qquad (30.2)$$

Das Geschwindigkeitsgesetz Gl. (30.2) steht im Einklang mit dem Experiment!

Wie die Umsetzung des "Monomeren" (**392**) mit Benzophenon *mechanistisch* abläuft, läßt sich dem Geschwindigkeitsgesetz natürlich *nicht* entnehmen. Aber der Teil a) der Antwort deutet darauf hin, daß im langsamen Reaktionsschritt ein elektrophiler Angriff auf den Carbonyl-*Sauerstoff* stattfindet, zunächst also **393** entsteht.

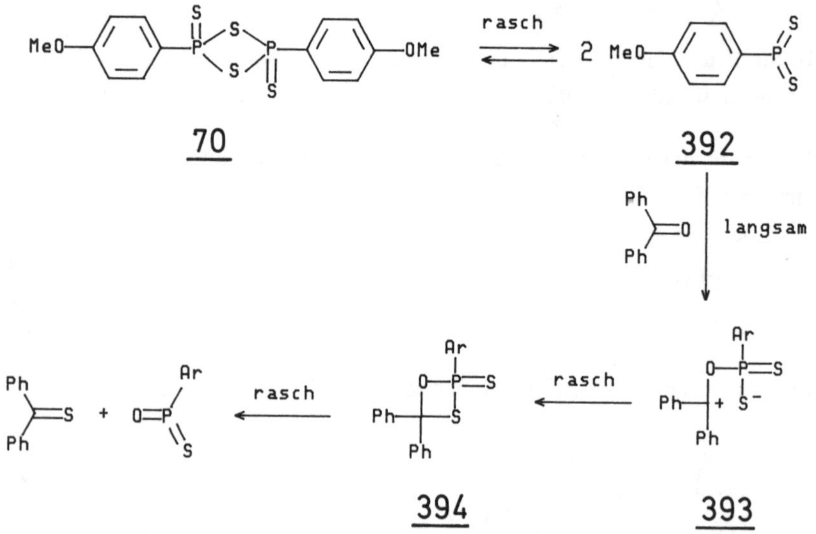

Die vorgeschlagenen Zwischenstufen **393** und **394** erinnern an Zwischenstufen bei der Wittig-Reaktion.

ANTWORT 31

Fragestellung aus: J. D. Winkler, J. P. Hey, P. G. Williard, J. Am. Chem. Soc. *108*, 6425 [1986] und dort zitierte Literatur.

Die *cis*-konfigurierten Cyclohexanone besitzen eine Spiegelebene. Dadurch werden ^{13}C-Kerne paarweise magnetisch äquivalent. Die Zahl der Resonanzen in den Spektren von cis-**71** und cis-**72** ist jeweils gleich der Anzahl verschiedener C-Atome.

Den *trans*-substituierten Isomeren *fehlen* hingegen Symmetrieelemente. Folglich sind alle ^{13}C-Kerne nichtäquivalent. Das Spektrum von trans-**72** zeigt demgemäß für

11 der 12 verschiedenen C-Atome separate Signale - so wie erwartet. Daß trans-**71** nicht in analoger Weise acht Signale zeigt, wie man vermuten könnte, ist ein dynamisches Phänomen: trans-**71** befindet sich bei Raumtemperatur in einem derart raschen Gleichgewicht mit seinem Spiegelbild, daß das NMR-Gerät die im Prinzip unterschiedlichen Resonanzen nicht auflösen kann. Im *zeitlichen Mittel* enthält trans-**71** nur *fünf* verschiedene ^{13}C-Kerne; dies gibt das Spektrum korrekt wieder.

Die ^{13}C-NMR-Spektren ergeben also als Fazit, daß das *bicyclische* trans-Cyclohexanon im Gegensatz zu dem *monocyclischen* starr ist. Die höhere Inversionsschwelle ist eine Folge der Ringspannung: trans-**72** enthält mit seinem neungliedrigen Ring ja einen typischen Vertreter der "mittleren Ringe", deren Spannung (fast) sprichwörtlich ist.

ANTWORT 32

Fragestellung aus: P. Carter, S. Fitzjohn, S. Halazy, P. Magnus, J. Am. Chem. Soc. *109*, 2711 [1987].

Man kann zwei Schwierigkeiten zur Erklärung der mißlungenen *Methanolyse* des Phosphats **73** - hier in abgekürzter Schreibweise dargestellt - ins Feld führen.

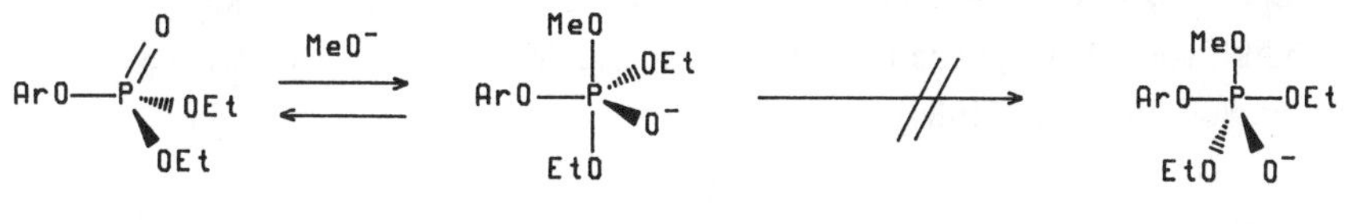

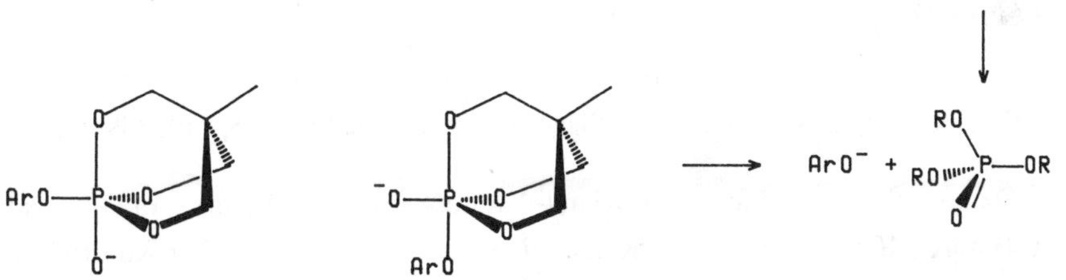

Erstens: Der Arylrest Ar ist ortho,ortho-disubstituiert und dadurch ausgesprochen sperrig. Die Pseudo-Rotation des mit Methanolat zunächst resultierenden **395** zu **396** wird dadurch behindert. In **395** nimmt der größte Substituent ArO nämlich die geräumigere äquatoriale Lage ein; in **396** müßte er sich in die beengtere apikale Position zwängen. Aus stereoelektronischen Gründen ist die erwünschte Freisetzung des ArO⁻-Anions aber *nur* via **396** möglich, nicht via **395** (vergleiche: C. R. Hall, T. D. Inch, Tetrahedron *36*, 2059 [1980]).

Das Triol würde **73** wohl analog in **397** überführen. Da darin drei Substituenten *kompakt zusammengeschnürt* sind, ist der Übergang in **398** mit dem apikalen ArO-Rest kaum mit Energieaufwand verbunden. **398** könnte das ArO⁻-Ion leicht ausstoßen.

Zweitens: Die andere Schwierigkeit bei der *Methanolyse* mag sein, daß das Gleichgewicht **73**⇌**395** ganz auf der *linken* Seite liegt. Diese Schwierigkeit könnte das Triol überwinden, wenn es erst einmal *eine* Bindung zum Phosphor geknüpft hat: Infolge des Chelateffektes - Entropiegewinn bei der Freisetzung des zweiten OEt-Restes - könnte dann die Bildungskonstante von **397/398** letztlich größer sein als die von **395**.

EtO
|
EtO—P⋯⋯OEt
| OEt
EtO

400

EtO—P⋯⋯O

EtO

401

Dieses zweite Argument findet eine Stütze in der höheren thermodynamischen Stabilität von **401** verglichen mit **400** (K. Taira, W. L. Mock, D. G. Gorenstein, J. Am. Chem. Soc. *106*, 7831 [1984]).

ANTWORT 33

Fragestellung aus: D. Kuck, H. Bögge, J. Am. Chem. Soc. *108*, 8107 [1986].

402 entsteht durch doppelte Michael-Additon von Indan-1,3-dion an Dibenzalaceton (HOAc, 100°C, 1h). Die trans-Selektivität wird unter kinetischer Kontrolle realisiert, während thermodynamische Kontrolle zum cis-Produkt führt; dies verstehe, wer will ...

Zu **74** führen zwei Friedel-Crafts-Alkylierungen. Als Elektrophil fungiert jeweils ein Benzylkation, das durch Wasserabspaltung aus dem entsprechenden protonierten Benzylalkohol hervorgeht.

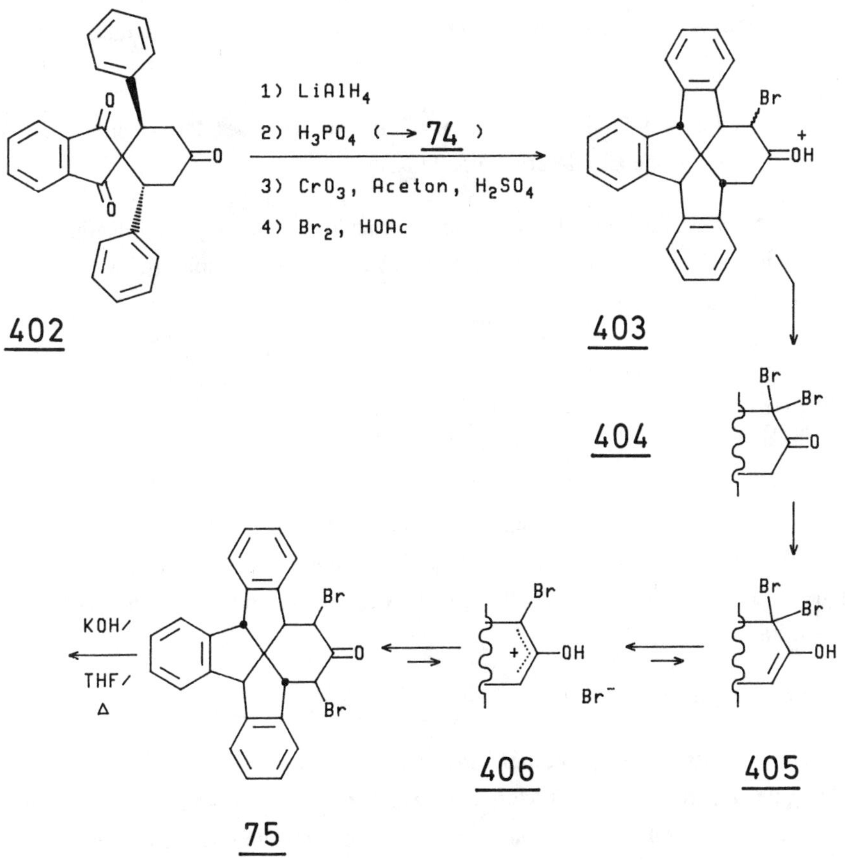

a) Die α,α'-Bromierung des Ketons erfolgt wohl erst unter *thermodynamischer Kontrolle* (J. March, *Advanced Organic Chemistry*, 3. Aufl., S. 530, John Wiley & Sons, New York, Chichester, Brisbane, Toronto, Singapore 1985).

Unter *kinetischer Kontrolle* dürfte aus dem protonierten Monobrom-keton **403** das *acidere* Proton zum Enol abgespalten werden. Dieses acidere H befindet sich in **403** *neben* dem elektronenziehenden *ersten* Bromatom. Die Bromierung des resultierenden Enols führt also zum α,α-Dibromketon **404**. **404** ist weniger stabil als das α,α'-Dibromketon **75**, da die großen (!) Brom-Atome sich behindern. Die Isomerisierung von **404** zu **75** könnte mechanistisch einer Allyl-Umlagerung der Enolform **405** entsprechen. Besonders atttraktiv erscheint ein dissoziativer Umlagerungsmechanismus über das Ionenpaar **406**.

b) **75** unternimmt eine Favorskii-Umlagerung. Das "Extra"-Brom in **75** - eigentlich qualifiziert sich ja bereits ein α-*Mono*brom-keton als Favorskii-Substrat (vergleiche aber Aufgabe 44) - bedingt das Auftreten der Doppelbindung im Umlagerungsprodukt.

c) **76** reagiert mit Thiophendioxid im Sinne einer inversen Diels-Alder-Reaktion. Es folgt die cheletrope Eliminierung von SO_2.

d) Das Fenestran **77** entstand aus der Tetrachlorverbindung durch Reduktion mit Natrium in tBuOH/THF. Zum Mechanismus dieser Reaktion sollten Sie Antwort 57d konsultieren (**532 → 534**).

ANTWORT 34

Fragestellung aus: W. R. Roth, W. B. Bang, P. Goebel, R. L. Sass, R. B. Turner, A. P. Yü, J. Am. Chem. Soc. *86*, 3178 [1964] (Versuchsreihe A).- J. F. Liebman, L. A. Paquette, J. R. Peterson, D. W. Rogers, J. Am. Chem. Soc. *108*, 8267 [1986] (Versuchsreihe B).

Versuchsreihe A:

Das Trien wird um 6.0 kcal mol^{-1} *stärker exotherm* hydriert als man durch Verdreifachung der Hydrierwärme des Monoens abschätzt (3×-23.62 kcal mol^{-1} = 70.86 kcal mol^{-1}). Dieses Trien ist also *weniger* stabil als das einfache Olefin. Der Differenzbetrag von 6 kcal mol^{-1} reflektiert die *erhöhte* Ringspannung des dreifach ungesättigten mittleren Rings.

Versuchsreihe B:

Die Hydrierwärme des Diens ist erwartungsgemäß doppelt so groß wie die des Monoens. Darüber hinaus wird bei der Hydrierung dieser *beiden* Verbindungen pro Doppelbindung die genau gleiche Wärmemenge frei wie beim einfachen Cyclopenten. Dies unterstreicht die *normalen Bindungsverhältnisse* im Mono- und im Dien.

Besondere Bindungsverhältnisse müssen aber in dem Trien vorliegen. Denn dort entwickelt sich bei der Hydrierung ungewöhnlich *wenig Wärme*. Man vermißt 4.5 kcal mol^{-1} freigesetzter Wärme bezogen auf eine "Hochrechnung" auf der Grundlage des Monoens. Erwartet werden 3×-27.5 kcal mol^{-1} = -82.5 kcal mol^{-1}.

Der Tricyclus **407** erfährt also eine *Stabilisierung* von mindestens (er mag ja stärker gespannt sein als das Mono- bzw. das Dien!) 4.5 kcal mol^{-1}.

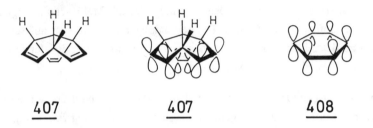

407   **407**   **408**

Diese Stabilisierung interpretierte man als Homoaromatizität von **407**. Homoaromatizität kennzeichnet den Energiegewinn bei *cyclischer Homokonjugation* von $(4n + 2)$ π-Elektronen. Homoaromatizität ist im Prinzip *die gleiche Erscheinung* wie Aromatizität: Der Vergleich der p-Orbital-Wechselwirkung im homoaromatischen **407** mit dem aromatischen Benzol **408** verdeutlicht dies. Sie erkennen auch die geringere Orbitalüberlappung in **407** verglichen mit **408**. Deshalb stabilisiert Homoaromatizität (**407**: 4.5 kcal mol^{-1}) *weniger* als Aromatizität (**408**: 38 kcal mol^{-1}).

Das monocyclische Trien der Versuchsreihe A ist nicht homoaromatisch, da es die für die Orbitalüberlappung notwendige Konformation nicht einnehmen kann. Sie wissen aus Vorlesungen sicher, daß *genau das gleiche Phänomen* auch bei der Aromatizität bekannt ist: Das monocyclische [10]Annulen ist ein äußerst reaktives Olefin. Erst die *Verbrückung* im 1,6-Methano[10]annulen ermöglicht die aromatische Konjugation!

ANTWORT 35

Fragestellung aus: L. A. Paquette, J. Dressel, K. L. Chasey, J. Am. Chem. Soc. *108*, 512 [1986].

a) NaOCl oxidiert das aus Kostengründen nur in katalytischen Mengen einge-setzte RuO_2 zu dem *eigentlichen* Oxidans RuO_4. RuO_4 faßt die Mehrfachbindungen des Aromaten ganz einfach als olefinische Doppelbindungen auf! Dies ist auf seine hohe Reaktivität zurückzuführen. Der Reaktionsmechanismus gleicht dem der Spal-tung olefinischer C=C-Bindungen mit $NaIO_4$/OsO_4.

Nebenbemerkung: Auch Ozon baut Aromaten zu Carbonsäuren ab! Diesem Rea-genz erleichtert man seine Aufgabe gelegentlich durch die Verwendung von p-Anisyl-statt unsubstituierten Phenylresten

Beachten Sie die Reduktion von **80**: BH_3 greift chemoselektiv die Carboxylgruppe an; $LiAlH_4$ hätte zusätzlich debromiert.- Das silylierte Acyloin **410** stellte man mit der Rühlmann-Variante der Acyloin-Kondensation her.

b) Das Phosphan verrät, daß eine Corey-Winter-Olefinierung **411** → **81** vorge-nommen wurde. Diese Folgerung läßt sich natürlich in *vorheriger* Kenntnis von dem, was gemacht wurde, leicht aufstellen; trotzdem gibt es wirklich nicht viele andere An-wendungen von Phosphor-(III)-Verbindungen in der Organischen Synthese. Das hier verwendete Phosphan ist ein *milderes* Thiophil als das "klassische" $P(OMe)_3$.

c) Vierfach koordinierter Phosphor der Oxidationsstufe +5 greift gerne die freien Elektronenpaare von Sauerstoff an; denken Sie an die Mitsunobu-Reaktion (Über-sicht: O. Mitsunobu, Synthesis *1981*, 1) oder an die Appel-Reaktion (Übersicht: R. Appel, Angew. Chem. *87*, 863 [1975])! Diesem Prinzip folgend formulieren Sie *hier* das Oxonium-ion **412** als erstes Zwischenprodukt. Dieses stabilisiert sich durch eine ungewöhnliche β-Eliminierung. Dabei werden das Carboxonium-Ion **413** und ein Bromid-Ion abgespalten, und das Teilchen **414** bleibt zurück. Dieses enthält am pri-mären Kohlenstoffatom eine gute Abgangsgruppe, nämlich Triphenylphosphanoxid. Der S_N2-Angriff des Bromid-Ions ist damit vorprogrammiert. Es resultiert das Dibromid **82**.

Hand auf's Herz: Haben Sie es erkannt oder nicht?! Von **82** nach **415** sind *exakt* die gleichen molekularen Veränderungen vorzunehmen, wie in den Schritten 6) - 13) vorgeführt! Haben Sie sich durch die gewählte Projektion des Diens **415** daran hin-dern lassen, die *Identität* von dessen rechter und linker Molekülhälfte zu erkennen?

d) Bei **83** → **84** wurde nach dem Motto "doppelt genäht hält besser" gehandelt! In diesem letzten Syntheseschritt wollte man - so scheint es dem Außenstehenden - das *Ausbleiben* einer Reaktion um jeden Preis vermeiden. Zn/Cu-Paar oder KI/I$_2$ genü-

gen nämlich normalerweise *jeweils für sich alleingenommen*, um Olefine aus Dibromiden freizusetzen.

Die NBS-Bromierung von **415** ergab übrigens ein *Substanzgemisch. Ein* Isomer **83**
ist gezeigt; daneben traten jedoch vermutlich auch vicinale Dibromide auf.

ANTWORT 36

Fragestellung aus: H. Furukawa, M. Juichi, I. Kajiura, M. Masashi, Chem. Pharm.
Bulletin *34*, 3922 [1986].

Die *retrosynthetische* Analyse von **85** enthüllt eine *verborgene* Symmetrie des Tar-
gets. Sie kann genutzt werden, wenn man die *vorhandene* Symmetrie der Vorstufe **416**
mit einer geeigneten Reaktion bricht (s.u.). In der Vorstufe **416** erkennt man ein
(maskiertes) ortho-allyliertes Phenol; für die Gewinnung *dieses* Substanztyps ist die
Claisen-Umlagerung prädestiniert.

$$\underline{85} \qquad\qquad \underline{416}$$

Die ersten drei Schritte der Synthese nutzen ein gemeinsames Konzept: Die Isomerisierung eines Enols zum Keton bringt nach Standard-Bindungsenthalpien (vergleiche Anhang) 18.4 kcal mol^{-1} *Energiegewinn.*

Phloroglucin (**417**) enthält *drei* Enole. Die vollständige Ketonisierung von Phloroglucin zu **418** müßte den Preis für die Aufhebung der Aromatizität (ca. 40 kcal mol^{-1})
mehr als aufwiegen: Die Wärmetönung ist mit $3 \times (-18.4 \text{ kcal mol}^{-1}) + 40 \text{ kcal mol}^{-1}$
$= -15.4$ kcal mol^{-1} eindeutig exotherm. Aufgrund dieses Energiegewinns sollte im

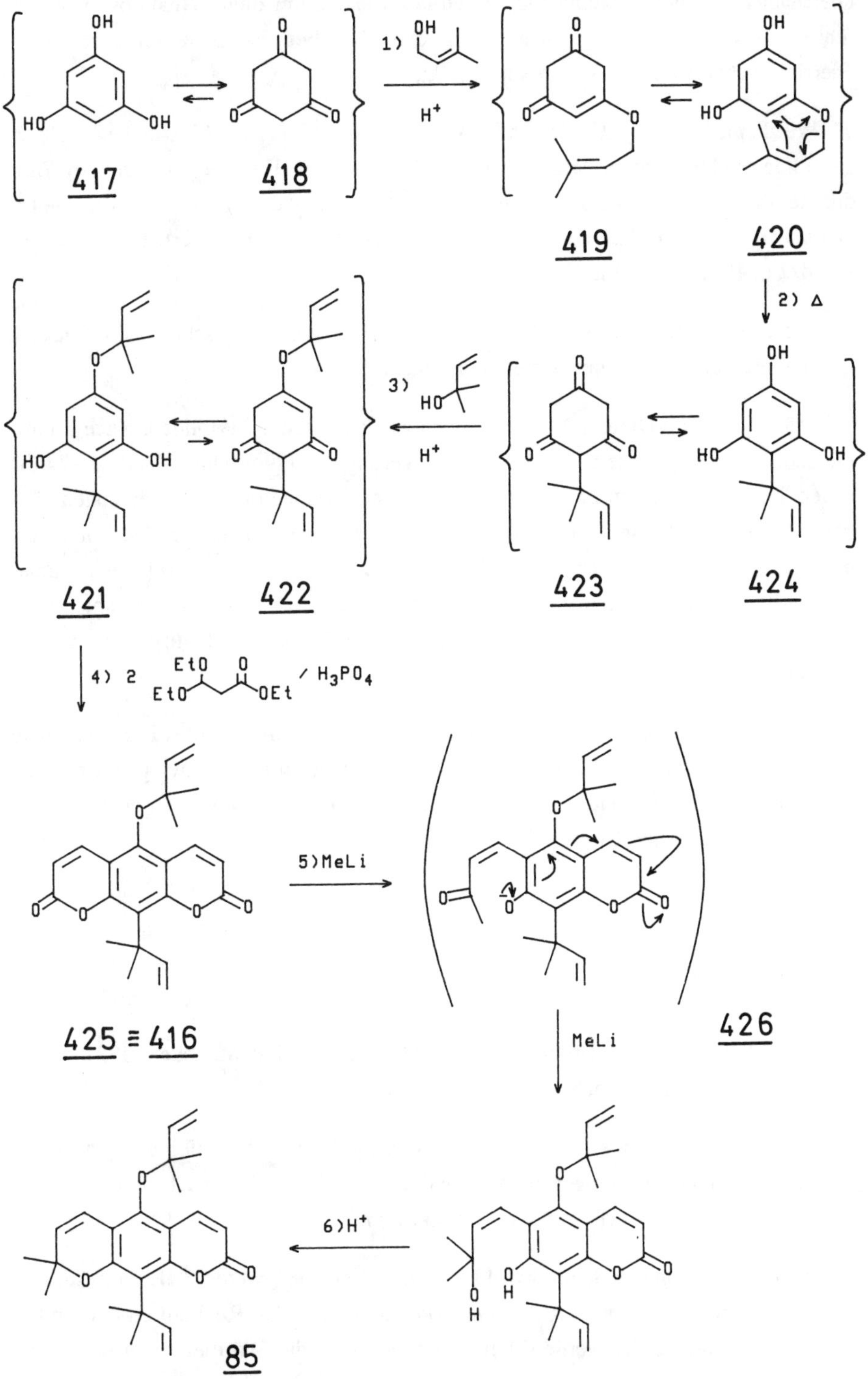

417   418   419   420

421   422   423   424

4) 2 $\begin{matrix}EtO & O \\ EtO & \end{matrix}$ OEt / H_3PO_4

5) MeLi

425 ≡ 416   426

MeLi

6) H^+

85

Gleichgewicht **417**⇌**418** genügend Triketon vorliegen, um damit Reaktionen durchführen zu können. Analog folgert man, daß **424** über den nicht unbedeutenden Gleichgewichts-Anteil an **423** abreagieren kann.

Würde man nur *zwei* Enole des Phloroglucins ketonisieren, müßte hingegen Energie aufgewendet werden. Man berechnet die benötigte Energie mit Standard-Bindungsenthalpien zu etwa $2 \times (-18.4 \text{ kcal mol}^{-1}) + 40 \text{ kcal mol}^{-1} = +3.2 \text{ kcal mol}^{-1}$. Daraus schließe ich, daß **419** im wesentlichen zu **420** tautomerisiert; analog müßte sich **422** in **421** umwandeln.

Diese Verhältnisse sind in den Stufen 1) - 3) der vorgeschlagenen *Synthese* genutzt. Sie werden dort nicht erneut begründet.

418 müßte als β-Diketon mit Prenol den vinylogen Ester **419** bilden. Nach Tautomerisierung zu **420** sollte eine Claisen-Umlagerung das Phloroglucin-Derivat **424** ergeben. Nach Ketonisierung zu **423** müßte man den vinylogen Ester **422** erzeugen können. Der tertiäre Alkohol sollte positionsselektiv mit der sterisch *ungehinderten* Carbonylgruppe von **423** reagieren. Das Tautomere **421** wird nun einer zweifachen Cumarin-Synthese unterworfen; das vorgeschlagene Verfahren ist literaturbekannt (D. G. Crosby, R. V. Berthold, J. Org. Chem. *27*, 3083 [1962]). **425** ist identisch mit dem gesuchten symmetrischen Vorläufer **416** von **85**.

Diese Symmetrie wird aufgehoben, wenn die Addition von MeLi an die "linke Estergruppe" von **425** den "rechten Ester" in situ in Form des phenylogen/vinylogen Carbonats **426** *schützt*. Dadurch wird der "rechte Ester" davor bewahrt, dem gleichen Schicksal wie die "linke Estergruppe" zu erliegen.

ANTWORT 37

Fragestellung aus: R. Brückner, Dissertation Universität München, 1984; E. W. Garbisch, Jr., J. Am. Chem. Soc. *87*, 4971 (1965).

Bei *beiden* Diels-Alder-Reaktionen werden zwei C=C-Doppelbindungen in vier C-C-Einfachbindungen umgewandelt. Dadurch gewinnt man nach Standard-Bindungsenthalpien (vergleiche Anhang) $-38.8 \text{ kcal mol}^{-1}$.

Bei der Addition von **86** an Styrol gehen aber auch 38 kcal mol^{-1} Benzolresonanzenergie verloren. Wenn weitere Konjugationsenergien in den Reaktanten und im Cycloaddukt vernachlässigt werden, berechnet sich also die Wärmetönung der ersten

Reaktion zu -0.8 kcal mol^{-1}. Mit der Näherung $\Delta G \approx \Delta H$ schätzt man aus diesem Wert $K_{GG,berechnet} = 3.9$ mol^{-1}.

Bei der Diels-Alder-Reaktion mit Vinylnaphthalin muß die Naphthalin-Mesomerie (71 kcal mol^{-1}) aufgebracht werden; dafür wird die Benzolmesomerie gewonnen (-38 kcal mol^{-1}). Unter Berücksichtigung der oben erläuterten -38.8 kcal mol^{-1} Energiegewinn folgt daraus eine Reaktionswärme $\Delta H = -5.8$ kcal mol^{-1}. Indem man auch dieses ΔH näherungsweise als ΔG auffaßt, schätzt man für die zweite Diels-Alder-Reaktion der Aufgabe $K_{GG,berechnet} = 19000$ mol^{-1} ab.

Die $K_{GG,berechnet}$-Werte geben die experimentellen Gleichgewichtskonstanten K_{GG} überraschend genau wieder.

87   **88**

Die *konzertierte* Umwandlung von **87** in **88** müßte aus geometrischen Gründen eine *suprafaciale* 1,3-Verschiebung eines Wasserstoffatoms sein. Dieser Reaktionstyp ist nach den Woodward-Hoffmann-Regeln symmetrieverboten. Allerdings könnten Säuren oder Basen diese Isomerisierung als *mehrstufigen* Prozeß katalysieren.

90   **427**

Es ist unerforscht, ob eine Säure **87** → **88** zu katalysieren vermag. Eine Säure *kann* zwar **90** in Hydrochinon umwandeln, doch gelingt ihr dies nur mit Mühe. Hydrochinon kann nämlich nur über eine energetisch aufwendige Primärreaktion (via **427**) entstehen. Vom *späteren* Energiegewinn im aromatischen Hydrochinon ahnt das Diketon **90** daher noch gar nichts!

ANTWORT 38

Fragestellung aus: M. Orfanopoulos, C. S. Foote, I. Smonou, Tetrahedron Lett. *28*, 15 [1987].

Lediglich beim *ersten* Substrat beobachtet man einen *primären* kinetischen Isotopeneffekt (typische Größenordnung: k_H/k_D = 3 bis 6); *nur im ersten En* wird also im produktbestimmenden Schritt eine C-H-Bindung gelöst.

Dieses Resultat widerlegt den konzertierten Mechanismus (der bei allen *drei* Substraten primäre Isotopeneffekte zeigen müßte) sowie den zwitterionischen Mechanismus (der diese beim ersten *und* beim dritten Substrat aufweisen müßte).

Der Aziridinium-Mechanismus kommt den Experimentalbefunden am nächsten; *ganz* zutreffend ist er aber auch nicht: Wenn die Bildung des Aziridinium-Ions in einem langsamen, irreversiblen Schritt erfolgt, sollten aus dem zweiten Substrat die Zwischenstufen **428** und **429** im Verhältnis 1:1 entstehen. Da durch die *Konfiguration* dieser Zwischenstufen bereits vollständig entschieden ist, ob als nächstes eine C-H-oder eine C-D-Bindung gelöst wird, erwartet man H- und D-Übertragung in *exakt* diesem Verhältnis 1.00 : 1.00. Experimentell findet man jedoch 1.29 : 1.00.

Analoges gilt für das dritte Substrat: Die daraus im Verhältnis 1:1 entstehenden Zwischenstufen **430** und **431** sollten die isotopomeren En-produkte im *exakten* Mengenverhältnis 1:1 ergeben. Der experimentelle Wert beträgt 1.25 : 1.

Woher kommen diese Abweichungen? Einen sterischen Isotopeneffekt darf man ausschließen: Da eine CD_3-Gruppe kleiner als CH_3 ist, würde mehr **428** (bzw. **430**) als **429** (bzw. **431**) entstehen, was *weniger* H- als D-Transfer zur Folge hätte (vergleiche: L. Melander, W. H. Saunders, Jr., *Reaction Rates of Isotopic Molecules*, S. 195, Wiley-Interscience, New York, Chichester, Brisbane, Toronto 1980).

Die Übereinstimmung mit dem Experiment kann man nur durch einen *neuen* Mechanismus herstellen. Am einfachsten läßt man in diesem Sinne beim Aziridinium-Mechanismus die Irreversibilität des ersten Schritts fallen. Wenn jetzt zum Beispiel

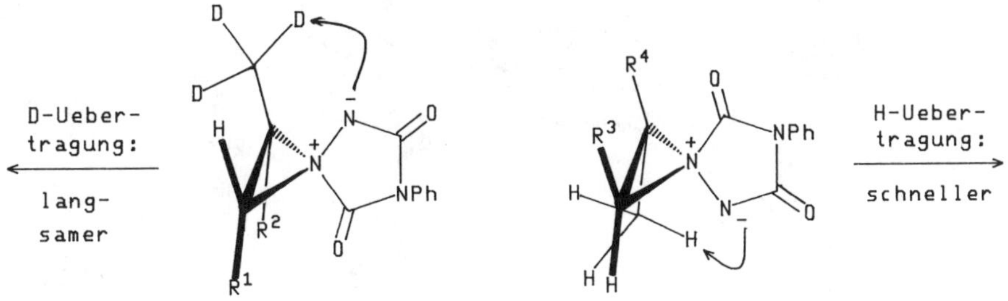

R^1	R^2				R^3	R^4
CH_3	H	**428**	**429**		CD_3	H
H	CH_3	**430**	**431**		H	CD_3

428 zu **429** isomerisieren kann, verursacht die schnellere Weiterreaktion von letzterem (**429**) verglichen mit ersterem (**428**) den beobachteten geringfügigen Vorzug von H- versus D-Übertragung.

ANTWORT 39

Fragestellung aus: H. Musso, "Gibt es chirale Verbindungen ohne optische Aktivität?", GDCh-Vortrag Universität Marburg, 31. 10. 1986.

Bei der elektrophilen Iodierung des Deuterobenzols ist der erste Schritt geschwindigkeitsbestimmend. Iod greift dabei die sechs C-Atome des Rings im *statistischen Verhältnis* an. Die schnelle Weiterreaktion von **432** mit der Base (!) Iodid ergibt folglich H- verglichen mit D-Substitution im Verhältnis 5:1.

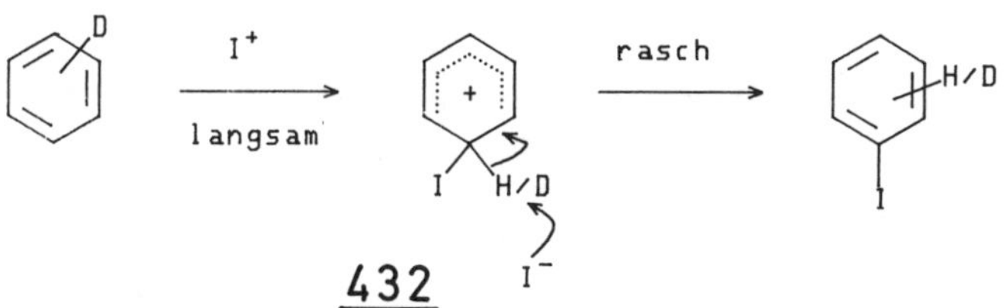

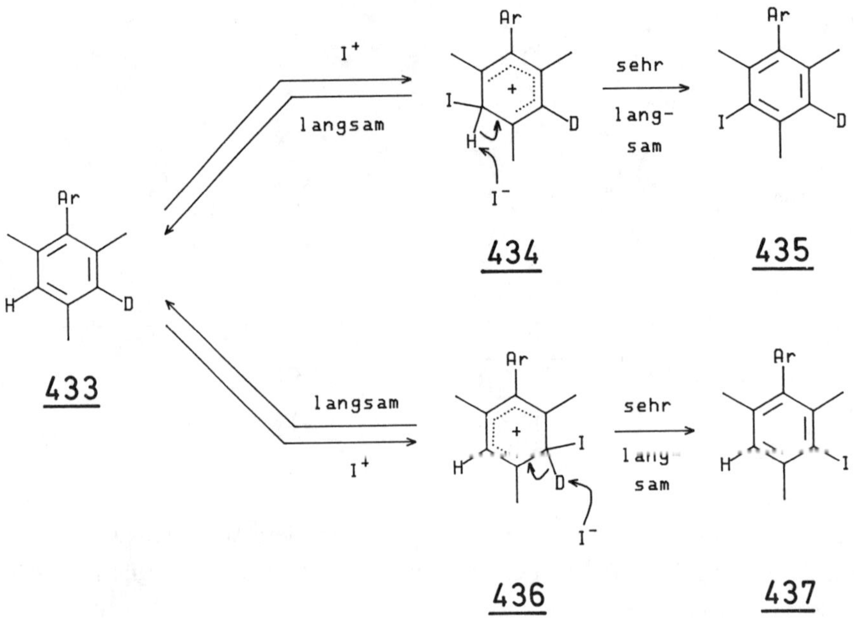

Auch die Iodierung des Biphenyls **433** verläuft über σ-Komplexe (**434** und **436**). Diese können vom Iodid-ion wegen der hinderlichen benachbarten Methylgruppen jedoch nur *langsam* deprotoniert werden. Die σ-Komplexe bekommen dadurch Zeit, in die Edukte zu zerfallen und aufs Neue zu entstehen. Dies kommt einer *Äquilibrierung* von **434** und **436** gleich. **434** und **436** werden von den Iodid-Ionen im Verhältnis k_H/k_D deprotoniert. Dieser *primäre kinetische Isotopeneffekt* schlägt sich als *Mengenverhältnis* der Reaktionsprodukte **435** : **437** nieder. (**434** reagiert demnach zwar rascher ab als **436**; das Reaktionsgemisch verarmt jedoch nicht an **434**, da es aus **436** über **433** laufend nachgeliefert wird.)

ANTWORT 40

Fragestellung aus: B. M. Fraga, Nat. Prod. Rep. *3*, 273 [1986], dort Verbindung **11**.

Bei der *Retrosynthese* von **93** trennt man im Aldolteil - und ist fertig! Denn die erhaltenen Bausteine **438** und **439** könnten im Sinne der *Synthese* kaum noch leichter zugänglich sein.

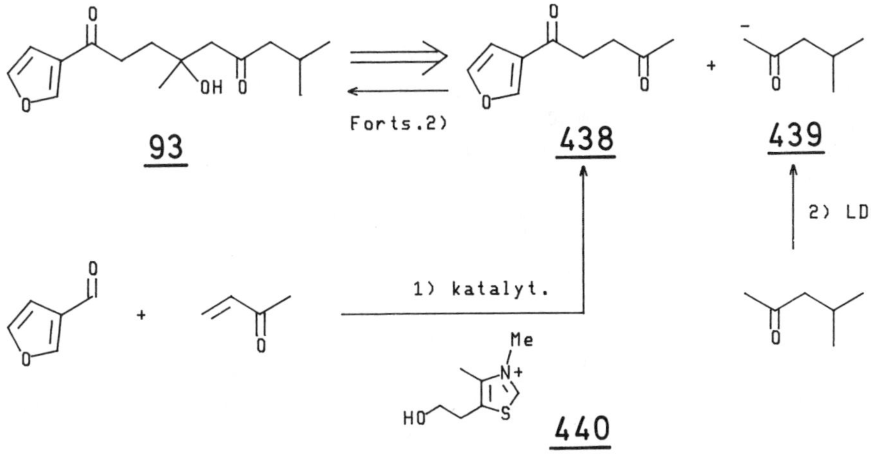

Der 1,4-Abstand der Carbonylgruppen in dem Diketon **438** bedingt die Notwendigkeit, bei seiner Synthese ein "umgepoltes Reagenz" zu verwenden. (Wenn Sie mehr von der Philosophie und der Nützlichkeit umgepolter Reagentien erfahren wollen: D. Seebach, Angew. Chem. *91*, 259 [1979]) Hier wird der Furan-3-carbaldehyd mit katalytischen Mengen des Stetter-Reagenz **440** umgepolt (Übersicht über Anwendungen von **440**: W. Kreiser, Nachr. Chem. Techn. Lab. *29*, 172 [1981]). Dies ermöglicht die Michaeladdition an Methylvinylketon. In **438** darf das kinetische Enolat **439** des Isobutylmethylketons *positionsselektiv* nur eine Carbonylgruppe angreifen. Diese Selektivität erscheint gewährleistet, da die *fragliche* Carbonylgruppe sterisch weniger gehindert und ihre Reaktivität nicht durch Konjugation verringert ist.

ANTWORT 41

Fragestellung aus: R. Brückner, Dissertation Universität München, 1984.

Aus dem Dianion der Isobuttersäure und Deuteroaceton wurde die Hydroxysäure **441** synthetisiert (Methode: J. Mulzer, M. Zippel, G. Brüntrup, J. Segner, J. Finke, Liebigs Ann. Chem. *1980*, 1108). **441** lieferte über die Decarboxylierung eines intermediär gebildeten β-Lactons (Methode: W. Adam, J. Baeza, J.-C. Liu, J. Am. Chem. Soc. *94*, 2000 [1972]) das deuterierte Olefin **99**.

Das Signal bei m/e = 303 ist der Molpeak des *penta*-deuterierten Reaktionsprodukts $C_{12}H_7D_5F_6N_2$). Seine Intensität von 3.4 % ist (praktisch) gleich dem 3%-Anteil der *penta*-deuterierten Verunreinigung in **99**; **99** enthielt nur 97 % Deuterium, da es aus D_6-Aceton mit 3 mol-% D_5-Aceton hergestellt worden war. Schlußfolgerung: Bei der Umlagerung werden *keine penta*-deuterierten Verbindungen (Molmasse 303 g mol^{-1}) gebildet (!).

Bei m/e = 304 befindet sich der Molpeak des *hexa*-deuterierten Produkts $C_{12}H_6D_6F_6N_2$. Dieser Peak bedingt aufgrund seines ^{13}C- (1.08 Atom-%) bzw. seines ^{15}N-Gehalts (0.38 Atom-%) einen Isotopen-Satelliten bei m/e = 305: Dessen Intensität *müßte* 12 × 1.08 % + 2 × 0.38 % = 13.7 % betragen. Bei m/e = 305 *beobachtet* man eine Signalintensität von 15.1 %. Schlußfolgerung: *Hepta*-deuteriertes Material (Molmasse 305 g mol^{-1}) wurde bei der Umlagerung *nicht* gebildet (< 2 %).

Schema 1 [3,3]-Umlagerung von D$_6$-**95** und D$_6$-**96**

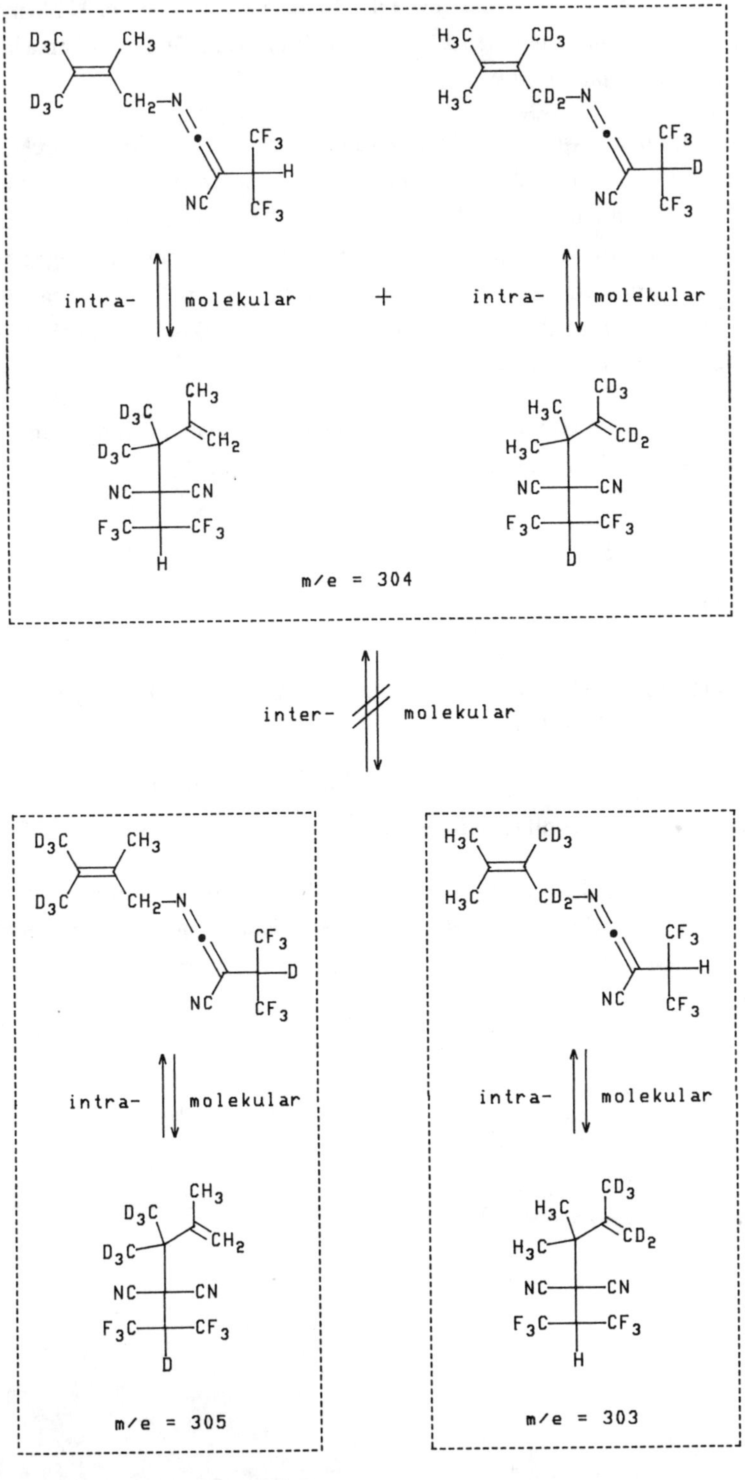

Resümee dieser beiden Schlußfolgerungen: Das *gesamte* Reaktionsprodukt ist *hexa*-deuteriert (Molmasse 304 g mol^{-1}) wie das Edukt **99**. Im Zuge der Umlagerung gibt es *keine* Isotopen-Umverteilung zu D_5- und D_7-Produkten. In dem Schema 1 gibt es also *keine intermolekulare Umlagerung*!

Dies widerlegt den dissoziativen Umlagerungsmechanismus: Die *statistische* Rekombination der deuteriumhaltigen Ionen **97/98** hätte nämlich ein Isotopen-*Scrambling* verursachen müssen. Die Umsetzung von **94** mit **99** zeigte einen intramolekularen kinetischen Isotopeneffekt von ca. 4.5; dies sagte Ihnen das angegebene Verhältnis der Strukturelemente **100** und **101**. Daraus berechnen Sie leicht, daß durch Dissoziation und statistische Rekombination je 15 % D_5- und D_7-Produkt neben 70 % D_6-Produkt hätten entstehen müssen.

Mithin beweist dieses Experiment eine intramolekulare Umlagerung, wenn man die Möglichkeit eines orientierten Ionenpaares außer acht läßt.

ANTWORT 42

Fragestellung aus: L. Castedo, D. Dominguez, J. M. Novo, A. Peralta, J. M. Saa, R. Suau, Heterocycles *24*, 2781 [1986].

Suchen Sie bei der Retrosynthese von komplizierteren Verbindungen nach einfachen Substrukturen, deren Synthesen Ihnen geläufig sind!

Isoparfumin (**102**) enthält ein (Tetrahydro-)Isochinolin als Strukturelement. Diesen Heterocyclus, das wissen Sie aus Lehrbüchern, kann man mit der Bischler-Napieralski-Synthese aufbauen. Sie wurde im Schritt 7 des nachfolgenden Synthese-Schemas verwendet.

102

Isoparfumin ist auch ein Arylketon. Zu Arylketonen führt - das ist ebenfalls Lehrbuchwissen - die Friedel-Crafts-Acylierung. Diese wurde im Schritt 9 des Synthesevorschlags zum Einsatz gebracht.

Wenn die entscheidenden C-C-Verknüpfungsreaktionen auf dem Weg zum Zielmolekül damit aufgefunden sind, gebührt die Aufmerksamkeit noch dem Substitutionsmuster der beiden Benzolringe des Zielmoleküls. Die korrekte Placierung der

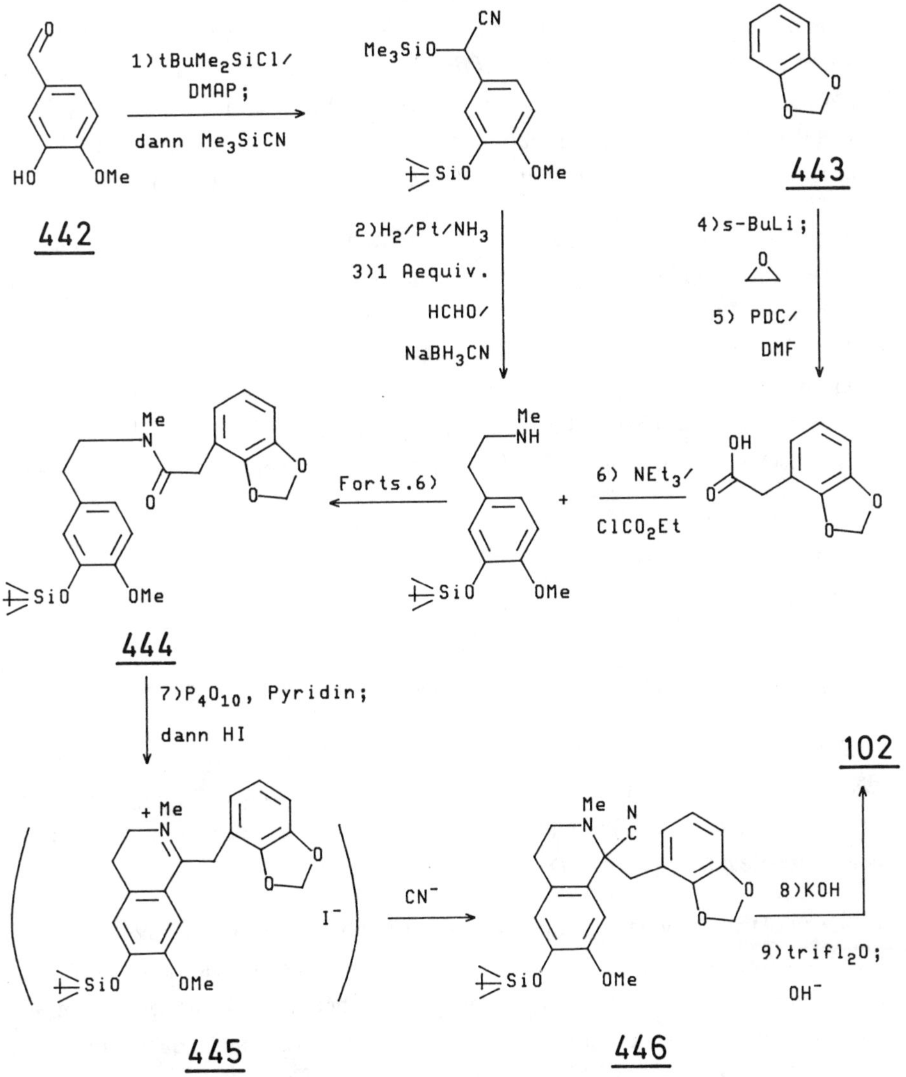

OH- und der MeO-Gruppe ist durch die Wahl von Isovanillin (**442**) als Ausgangsmaterial garantiert. Die positionsselektive Funktionalisierung des anderen aromatischen Rings müßte durch die Metallierung des Ethers **443** gelingen; dessen Methylendioxy-Einheit dürfte die Lithiierung in *ortho*-Stellung zwar vielleicht nicht allzu *leicht*, aber nichtsdestoweniger *selektiv* gestatten.

Der zweite Schritt des Synthesevorschlags bewirkt in einer Eintopf-Reaktion zweierlei: Das Nitril wird zum Amin reduziert. Gleichzeitig wird der benzylständige Silylether durch Hydrogenolyse entfernt.

Das *tertiäre* Amid **444** ergibt bei der Bischler-Napieralski-Reaktion ein Immonium-*Ion* (Präzedenz: L. A. Paquette, *Principles of Modern Heterocyclic Chemistry*, S. 283, W. A. Benjamin, Inc. New York, Amsterdam 1968). (Die Ihnen vertrautere Cyclisierung von *sekundären* Amiden führt zu den *neutralen* Dihydroisochinolinen.) Dieses Iodid sollte noch im gleichen Arbeitsgang ein Cyanid-Ion zu **446** aufnehmen.

Eine alkalische Hydrolyse setzt aus dem Nitril **446** die Carbonsäure frei. Das Alkali spaltet auch den Silylether. Im letzten Syntheseschritt schließt die Friedel-Crafts-Acylierung (F. Effenberger, E. Sohn, G. Epple, Chem. Ber. *116*, 1195 [1983]) den fünften Ring des Isoparfumins. Die phenolische OH-Gruppe - die zuvor schützende Silylgruppe daran wurde ja im achten Syntheseschritt entfernt - wird unter den Reaktionsbedingungen zwischenzeitlich in ein Triflat überführt. Dieses Triflat wird durch eine alkalische Aufarbeitung des Reaktionsgemischs aber gleich wieder abgespalten.

ANTWORT 43

Fragestellung aus: G. Mehta, S. Padma, J. Am. Chem. Soc. *109*, 2212 [1987].

a) Hier handelt es sich um eine Diels-Alder-Reaktion mit *inversem Elektronenbedarf*. Sie dürfen deshalb die Konfiguration des Cycloaddukts **108** nicht ohne weiteres als "klar, ein endo-Produkt!" abtun. Endo-Diastereoselektivität tritt bei der Diels-Alder-Reaktion mit *normalem* Elektronenbedarf auf.

Die selektive Bildung des Stereoisomers **108** dürfte sterisch bevorzugt sein. Im Übergangszustand muß sich *eine Hälfte* des Diens **447** *oberhalb* der allylischen Wasserstoffatome des Cyclooctadiens befinden, also in einer relativ bedrängten Lage. Die *andere Molekülhälfte* des Diens weist vom Cyclooctadien weg und ist daher von keinen Wechselwirkungen tangiert. *Bevorzugt* ist deshalb der Übergangszustand, worin der *sterisch anspruchsvollere* Teil des Diens vom Cyclooctadien wegweist. Da die sich in *drei Raumrichtungen* erstreckenden sp^3-Zentren (nicht nur in **447**) sterisch anspruchsvoller als *flache* sp^2-Zentren sind, weist die Acetalgruppierung von **447** im Übergangszustand vom Dienophil weg.

	R_{endo}	R_{exo}
109	OMs	H
450	H	I

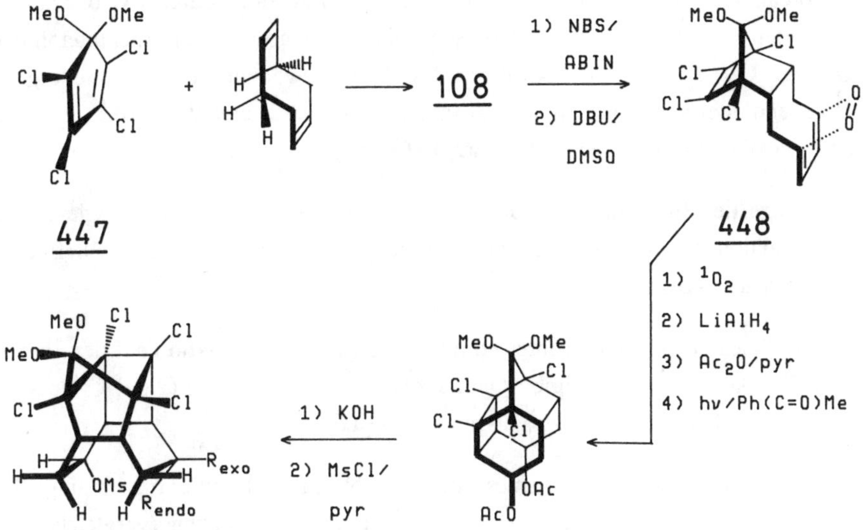

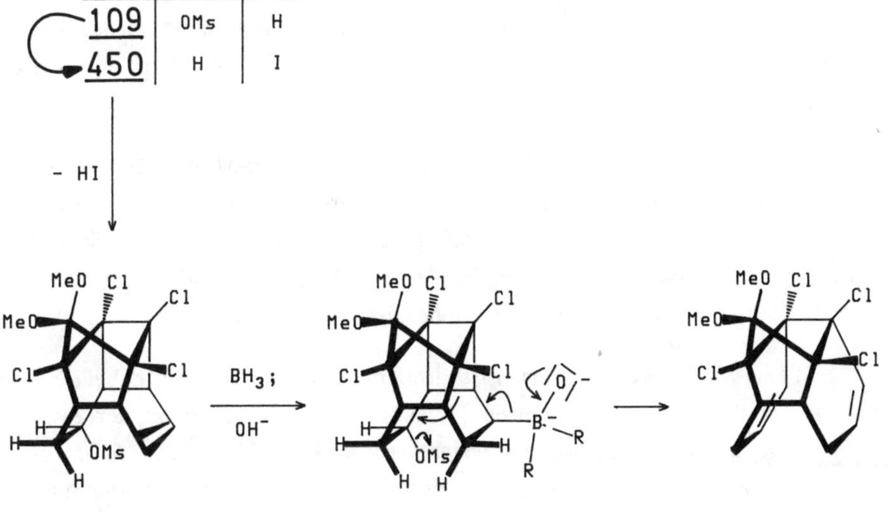

b) Die Photoanregung *isolierter* C=C-Doppelbindungen ist mit UV-Licht (Ausnahme: Vakuum-UV) auf direktem Weg unmöglich. Es kommt nämlich zu keiner Absorption. Man kann isolierte C=C-Doppelbindungen aber indirekt photochemisch anregen. Man bestrahlt dazu - wie in dieser Aufgabe - sogenannte Photosensibilisatoren. Hier kommen Aceton, Acetophenon beziehungsweise Methylenblau zum Einsatz; die Photoreaktion von **110** hätte also bei Ersatz dieses Acetons durch Cyclohexan *nicht* stattfinden können! Derartige Photosensibilisatoren absorbieren Lichtquanten des *normalen* UV-Bereichs. Sie übertragen ihre derart gewonnene Überschußenergie anschließend über angeregte *Triplett*-Zustände auf andere Moleküle - in dieser Aufgabe auf Moleküle mit isolierten C=C- bzw. O=O-Doppelbindungen.

Infolge der Erhaltung des Gesamtspins entstehen bei diesen Energie-Übertragungsreaktionen *Singulett*-Sauerstoff (aus $^3O_2$) bzw. *triplett*-angeregte Olefine (aus deren Singulett-Grundzuständen).

Der Singulett-Sauerstoff unternimmt eine Diels-Alder-Reaktion auf der konvexen Seite des Diens **448**. Die Triplett-Olefine ergeben in *zweistufigen* (2+2)-Cycloadditionen die Cyclobutane in **449** bzw. ausgehend von **110**.

c) Offensichtlich ist das Bismesylat **109** nicht zur β-Eliminierung befähigt. Dazu dürfte einerseits die *endo-Stellung der Abgangsgruppe* beitragen (vergleiche H. C. Browns Erklärung für die langsame Solvolyse von endo-Bornyltosylat: H. C. Brown, Chem. in Britain *2*, 199 [1966]). Andererseits gestattet die fixierte Geometrie von **109** nur eine *cis-Eliminierung*. Nur kann das cis-ständige Proton in **109** nicht abgespalten werden, da es gewissermaßen "unter Dach und Fach" sich dem Angriff einer Base entzieht.

Daher entsteht in einer S_N2-Reaktion aus dem endo-Mesylat **109** zunächst das exo-Iodid **450**. *Darin* ist die wie oben durch die starre Molekül-Geometrie erzwungene cis-Eliminierung *leicht* möglich: Sie erfolgt auf der ungehinderten exo-Seite. HMPT wirkt dabei als Base (vergleiche **245** → **10** bei Aufgabe 7 sowie die Rolle des mit HMPT strukturell verwandten Triethylphosphats in Aufgabe 50).

d) Das Olefin **451** wird zunächst hydroboriert. Das Boran greift dabei *diastereoselektiv* auf der weniger gehinderten Molekülseite an. Auch erfolgt der Angriff des Borans *regioselektiv*: Das Boratom weicht dem *stärker behindernden* Chlorsubstituenten aus. Stärker hindert das Chlor, das sich *nicht* an der Cyclobutan-Substruktur befindet (Molekülmodelle!).

Bei der alkalischen Aufarbeitung entsteht der at-Komplex **452**. Dieser fragmentiert wie angedeutet (Methode: J. A. Marshall, G. L. Bundy, *J. Am. Chem. Soc.* **88**, 4291 [1966]).

e) **111 → 112** ist eine Favorskii-Umlagerung (vergleiche Aufgabe 45 sowie die Ringkontraktion von **75** in Aufgabe 33). Aus Gründen der Ringspannung kann diese Umlagerung *hier* nicht über eine Cyclopropanon-Zwischenstufe verlaufen. Daher dürfte der "Semibenzilsäure-Mechanismus der Favorskii-Umlagerung" zutreffen, d.h. **111 → 453 → 112**.

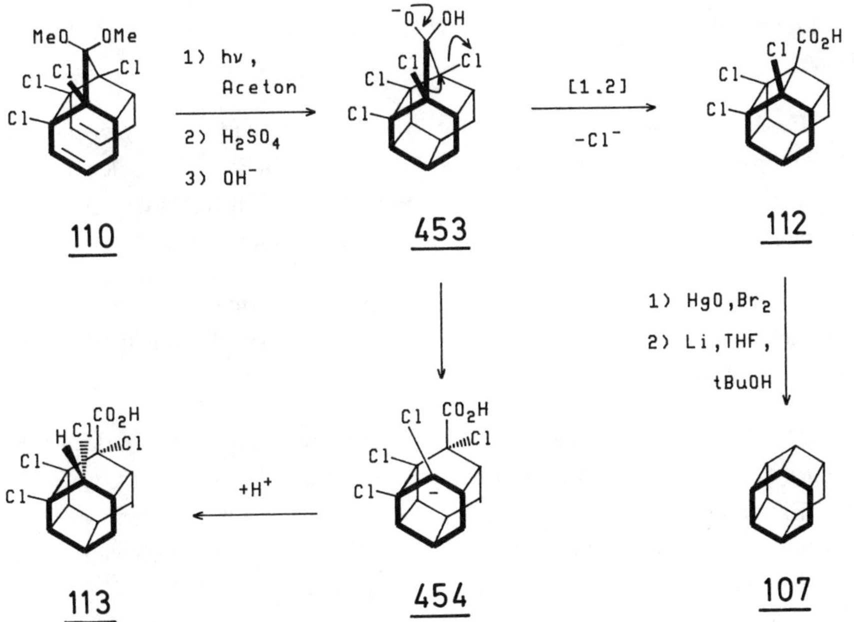

Das Oxy-Anion **453** lagert nicht ungestört zu **112** um. **453** unterliegt einer Konkurrenzreaktion, der Fragmentierung zu **454**. Diese Konkurrenzreaktion wird beobachtet, da sie die Ringspannung des Systems vermindert. Das Carbanion, das bei der Fragmentierung entsteht, wird durch den -M-Effekt des benachbarten Chloratoms stabilisiert. Haben Sie es gemerkt?! Die Fragmentierung **453 → 454** gleicht mechanistisch der Iodoform-Reaktion!

Das Anion **454** wird auf der konvexen Molekülseite protoniert. Daraus ergibt sich die gezeigte Konfiguration des neu gebildeten Stereozentrums im Fragmentierungs-Produkt **113**.

f) Die Eliminierung von *zwei* Äquivalenten Methansulfonsäure aus **109** mittels NaI/HMPT ergab ein *Dien*. Dazu bedurfte es nur einer höheren Reaktionstemperatur als bei der besprochenen Eliminierung zum *Mono*-en **451**. Die intramolekulare (2+2)-Cycloaddition dieses Diens hätte die *sechste* Verbrückung der beiden sechsgliedrigen Ringe bewirkt. Dies war die ursprüngliche Stoßrichtung, auf Hexaprisman zielend. Leider klappte aber die Photo-Cycloaddition nicht.

ANTWORT 44

Fragestellung aus: T. A. Engler, W. Falter, Tetrahedron Lett. *27*, 4115, 4119 [1986].

Hier liegen Favorskii-Umlagerungen vor. Diese verlaufen wohl über die übliche Cyclopropanon-Zwischenstufe (**457**). Vermutlich konnten Sie das Problem der Erklärung für die cis-Stereoselektivität dieser Umlagerungen zielstrebig darauf zurückführen, daß *bereits* **457** *stereoselektiv, und zwar cis-selektiv entstehen muß*!

Weshalb nur cis-**457** entsteht und *wie* sich die Geometrie von **457** in die cis-Konfiguration der erhaltenen Ester übersetzt, zählt zu den kniffligeren mechanistischen Problemen dieses Buches!

O.k., das erste Teilproblem betrifft also die cis-selektive Bildung des Cyclopropanons **457**. Zu cis-**457** führt die *disrotatorische Elektrocyclisierung* des Oxyallylkations **456**. Eine cis-Konfiguration im Cyclopropanon ergibt sich dabei, wenn **456** exo,exo-substituiert ist. Letzterer Sachverhalt dürfte erfüllt sein, weil an "normalen" *Allylkationen exo-ständige* Substituenten thermodynamisch bevorzugt sind.

Nebenbemerkung: *Konventionell* formuliert man bei der Favorskii-Reaktion die Bildung des Cyclopropanons als intramolekulare Alkylierung des Enolats **455**. Diese Formulierung halte ich für unglaubwürdig, denn die beteiligten Orbitale können in **455** nicht miteinander überlappen.

Das zweite mechanistische Teilproblem liegt in der stereoselektiven Weiterreaktion des Cyclopropanons **457**: **457** nimmt ein Methanolat-Ion zu **458** auf. Dann könnte eine disrotatorische Elektroreversion des Typs Cyclopropan → Allylkation (**459**) folgen. Die cis-Konfiguration des Ringöffnungsprodukts **459** beruht bei *diesem* Mechanismus darauf, daß der Drehsinn der Ringöffnung den Austritt des Bromid-ions unterstützt (N. T. Anh, *Die Woodward-Hoffmann-Regeln und ihre Anwendung*, S. 34, Verlag Chemie, Weinheim 1972).

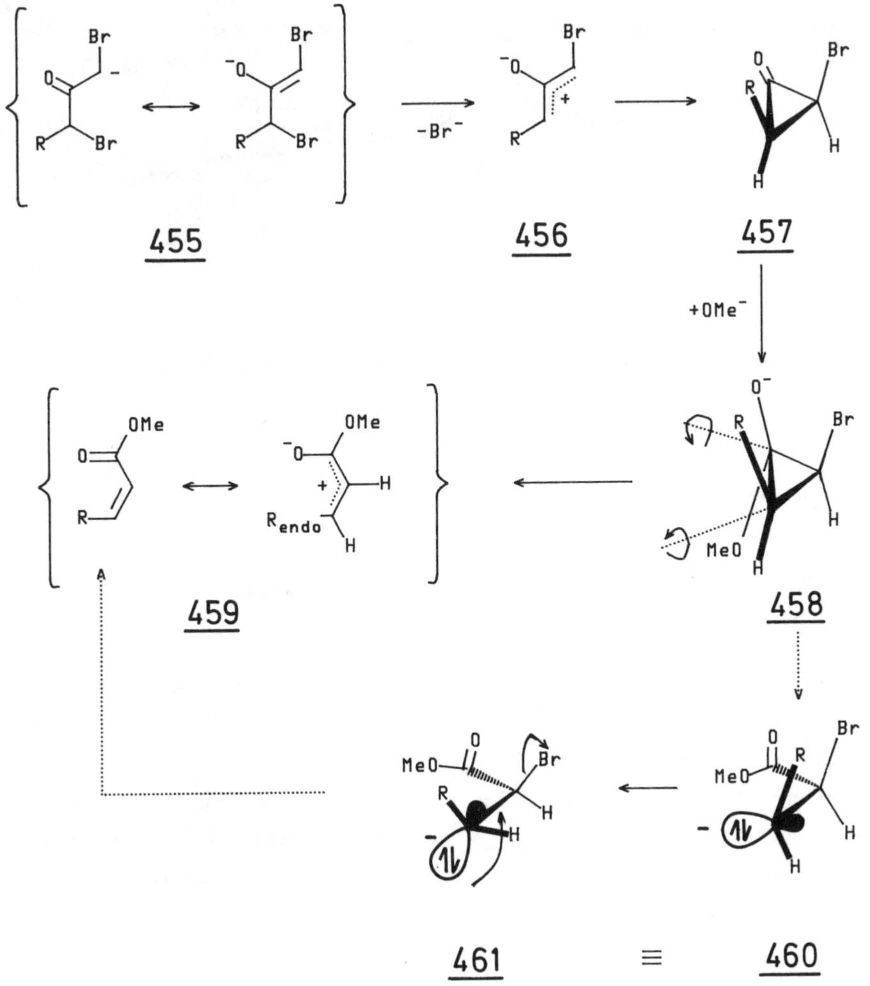

455   456   457

+OMe⁻

459   458

461   ≡   460

Eine mechanistische Alternative scheint mir die Spaltung von **458** zum Homoenolat **460** zu sein. Dieses Homoenolat müßte *pyramidal konfiguriert* sein. Die Pyramidalität von Carbanionen ist für Alkylsubstitution seit langem und für Phenylsubstitution (d.h. im Benzyl-Anion) seit kurzem nachgewiesen (L. A. Paquette, J. P. Gilday, C. S. Ra, J. Am. Chem. Soc. *109*, 6858 [1987]). Wenn nun eine Rotation um die C^2-C^3-Bindung des Anions **460** so stattfindet, daß das freie Elektronenpaar *zunehmend* mit dem $\sigma^*_{\text{C-Br}}$-Orbital überlappt, erhält man über **461** und eine anti-Eliminierung das Umlagerungsprodukt **459** ebenfalls cis-selektiv.

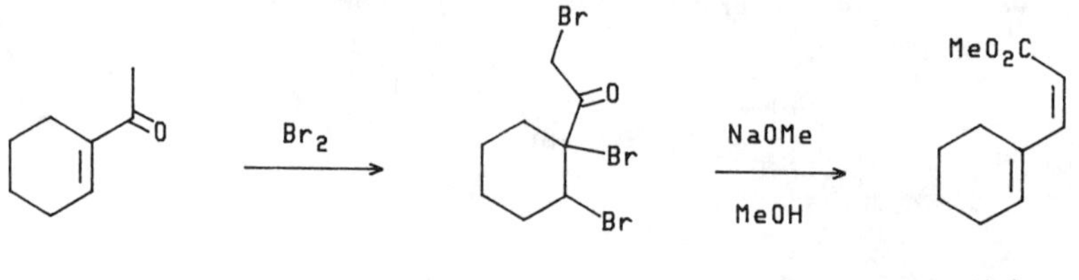

114

Die Darstellung von **114** illustriert genau den diskutierten Reaktionstyp!

ANTWORT 45

Fragestellung aus: M. Yamaguchi, K. Hasebe, T. Minami, Tetrahedron Lett. *27*, 2401 [1986].

a) und b) Die beiden Estergruppen der Glutarester **115** bzw. **117** werden im ersten Reaktionsschritt mit dem Dianion des Acetessigesters im Sinne einer Claisen-Kondensation umgesetzt. Dabei wird das Dianion selektiv *am Ende* angegriffen. Die erhaltenen Claisen-Produkte werden nachfolgend zu den Bis-enolaten **462** protoniert/deprotoniert. Diese Bis-enolate liefern bei der wäßrigen Aufarbeitung die entsprechenden Tetraketone. Als Platzhalter für diese Tetraketone wurden in der Aufgabenstellung Fragezeichen eingesetzt.

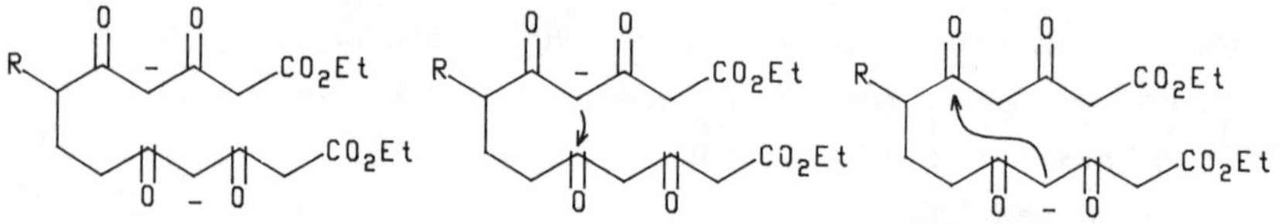

462   **463**   **464**

Im *zweiten* Reaktionsschritt überführt das schwach basische Acetat-Ion die Tetraketone in einer Gleichgewichtsreaktion in die *Monoanionen* **463/464** (R = Me , OH). Diese Monoanionen unternehmen als nächstes eine intramolekulare Aldoladdition.

Die substituenten-abhängige Regioselektivität dieser Aldoladdition bedingt die unterschiedliche Konstitution der Reaktionsprodukte **116** und **118**!

Wenn R = Me ist, unterliegt das Monoanion der Konstitution **463** der schnelleren Aldoladdition. Die *angegriffene* Carbonylgruppe ist in **463** nämlich sterisch weniger gehindert als im isomeren **464**, wenn *dort* R = Me wäre.

Im Fall, daß im Monoanion R = OH gilt, ist die Aldoladdition von **464** am raschesten: Die *angegriffene* Carbonylgruppe ist nämlich in **464** wegen des -I-Effekts der benachbarten Alkohol-Funktion *besonders* elektrophil und deshalb *besonders* reaktiv. Der Carbonylgruppe im isomeren Monoanion **463** fehlt, wenn *dort* R = OH wäre, diese Aktivierung. Also cyclisiert für R = OH **464** statt **463**.

Nach der Abspaltung von einem Molekül Wasser aus dem jeweiligen Aldol resultiert das monocyclische **467**. Wie bei einem Reißverschluß schließt sich danach eine weitere Bindung. Der dann vorliegende Bicyclus **466** tautomerisiert unter Basenkatalyse zum aromatischen Endprodukt **465**.

465   **466**   **467**

c) Der erfragte Weg zu dem Hydroxyanthracen **119** wird ersichtlich, wenn man dieses als Anthron **468** schreibt. Vergleichen Sie diese Formel mit der darüberstehenden Formel von **465**! Das ist dasselbe "in Grün"! Also verwenden Sie zur Darstellung von **468** das *gleiche* Verfahren wie zur Darstellung von **465**. Als Ausgangsmaterial ergibt sich also **469**.

468   **469**

ANTWORT 46

Fragestellung aus: P. Welzel, F. Kunisch, F. Kruggel, H. Stein, J. Scherkenbeck, A. Hiltmann, H. Duddeck, D. Müller, J. E. Maggio, H.-W. Fehlhaber, G. Seibert, Y. van Heijenoort, J. van Heijenoort, Tetrahedron *43*, 585 [1987].

Die *Retrosynthese* "drittelt" das recht langkettige Zielmolekül **120**. Die Vorläufer **470** und **472** greifen dabei den *terpenoiden* Aufbau der Zielstruktur auf. Deren Kohlenstoff-Skelett *einschließlich* jeweils einer *korrekt konfigurierten Doppelbindung* wird dadurch zügig auf käufliche Terpenkörper zurückgeführt.

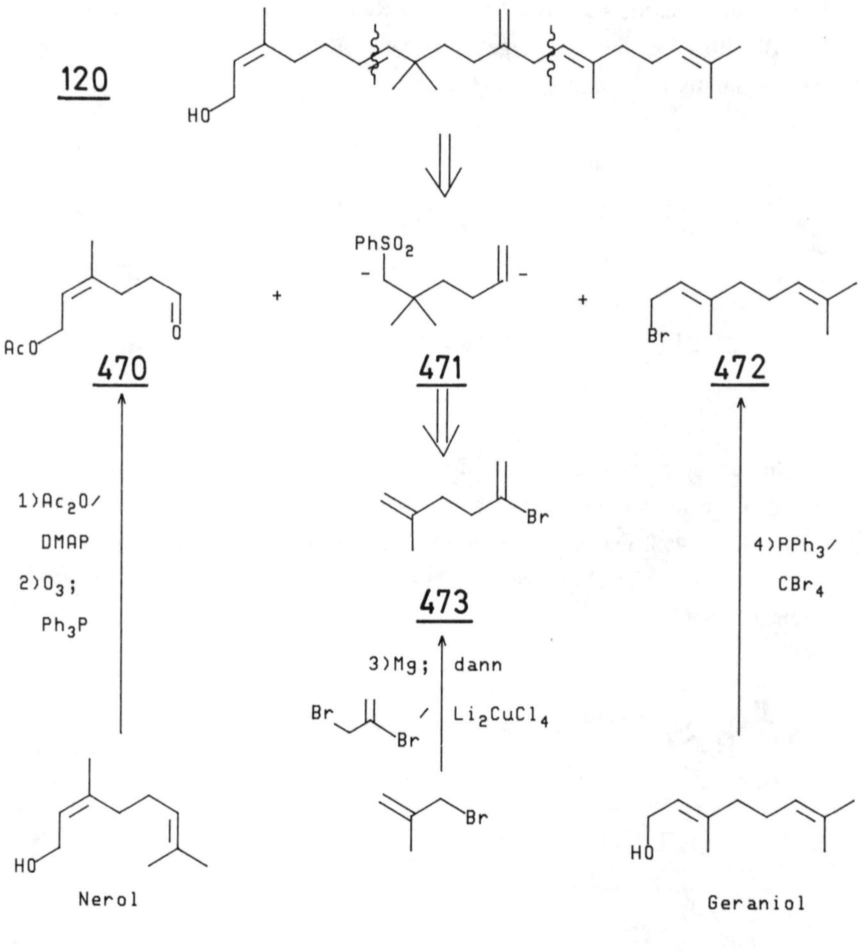

Nerolacetat sollte durch eine positionsselektive Ozonolyse zu **470** führen; für das Isomere mit E-Doppelbindung - d.h. für Geranylacetat - ist diese Reaktion beschrieben (Fußnote 11 in R. L. Danheiser, S. K. Gee, J. J. Perez, J. Am. Chem. Soc. *108*, 806 [1986]). Aus Geraniol erhält man den Synthesebaustein **472**.

Das Synthon **471** ergibt sich also einerseits aus dem Wunsch, die bequem zugänglichen Bausteine **470** und **472** in das Zielmolekül zu inkorporieren. Andererseits trägt das Sulfonyl-Anion in **471** der Erfordernis Rechnung, die noch fehlende Doppelbindung von **120** mit der *trans*-Konfiguration aufzubauen (siehe unten). Die Vorstufe **473** des Synthons **471** ist aus Methallylbromid zugänglich (vergleiche: P. E. Peterson, D. J. Nelson, R. Risener, J. Org. Chem. *51*, 2381 [1986]).

Auf der Grundlage dieser Vorarbeiten beschränkt sich die verbleibende Schwierigkeit bei der *Synthese* auf die Ausarbeitung eines Syntheseäquivalents des Sulfonyl-

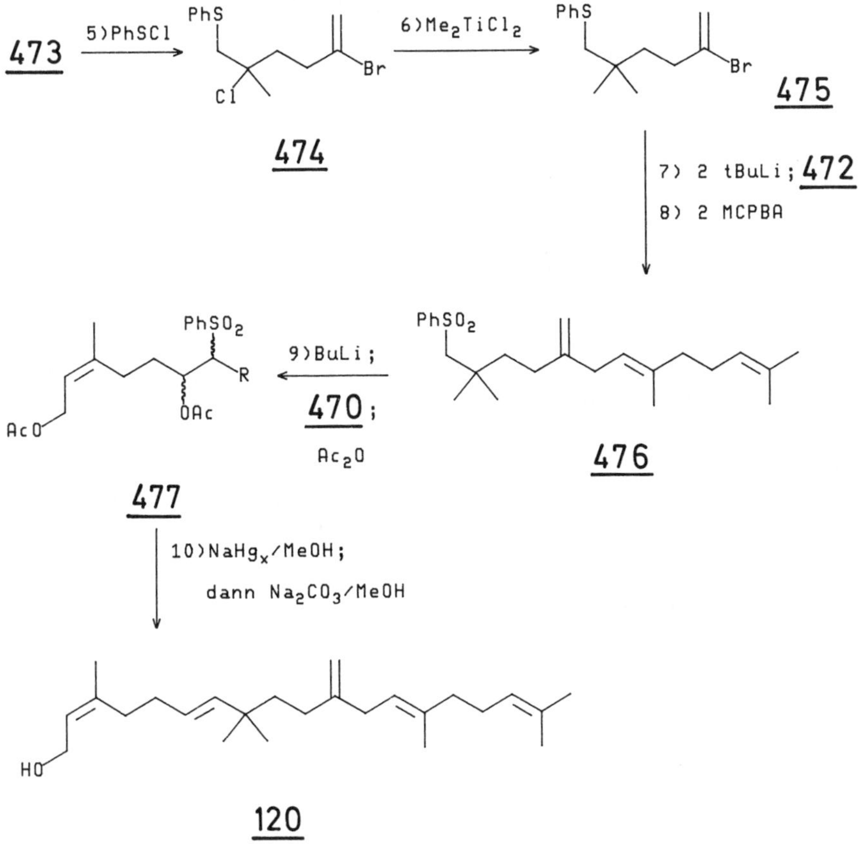

Anions **471** aus dem Dien **473**. Mit PhSCl müßte man die *elektronenreiche* Doppelbindung des Diens **473** *positionsselektiv* zu **474** funktionalisieren können. Mit dem Reetz-Reagenz Me_2TiCl_2 - in situ aus Me_2Zn und $TiCl_4$ gebildet - sollte man zur gem-Dimethylverbindung **475** gelangen (M. T. Reetz, T. Seitz, Angew. Chem. *99*, 1081 [1987]).

Ein Halogen-Metall-Austausch würde aus **475** das Lithioolefin erzeugen, das nachfolgend mit dem Bromid **472** alkyliert würde. Falls es gleichzeitig zur Metallierung des Sulfids kommt, würde man tert-BuLi im Überschuß einsetzen; das schwefelstabilisierte Anion könnte als sterisch gehindertes Neopentyl-Anion nicht mit dem Lithioolefin um das Alkylierungsmittel **472** konkurrieren.

Nach der Oxidation zum Sulfon **476** folgt eine Julia-Lythgoe-Olefinierung an. Letztere Methode mauserte sich in den letzten Jahren zu einem vielversprechenden Syntheseverfahren von trans-Olefinen (Lit: P. Kocienski, Phosphorus Sulfur *24*, 97 [1985]). Die reduktive Abspaltung von $AcO^-/PhSO_2^-$ aus **477** kann in dem üblicherweise verwendeten Solvens Methanol durch (nachträgliche) Zugabe von Natriumcarbonat gleich mit der methanolytischen Abspaltung des *primären* Acetatrestes kombiniert werden.

ANTWORT 47

Fragestellung aus: R. Brückner, H. Priepke, unveröffentlichte Ergebnisse.

a) Verbindung **125** ist trans-5-Hydroxybut-3-en-2-on: δ = 1.90 (verbreitertes s; OH), 2.26 (s; 1-H_3), 4.36 (verbreitertes s; 5-H_2), 6.33 (dt, J_{trans} = 16.0 Hz, J_{allyl} = 2.0 Hz; 3-H), 7 (dt, J_{trans} = 16.0 Hz, $J_{4,5}$ = 4.1 Hz; 4-H).

Die Umsetzung zu dem Stannylether **122** war offensichtlich unvollständig gewesen. Das verbliebene Alkoholat **478** unterlag daraufhin einer β-Eliminierung /

Fragmentierung zu dem Enolat **479**; dieses ergab bei der wäßrigen Aufarbeitung das Keton **125**.

b) Verbindung **126** ist (2E,4Z)-5-Methoxypenta-2,4-dien-1-ol: δ = 3.66 (s; OCH_3), 4.16 (dd, $J_{1,2}$ = 6.2, $J_{1,3}$ = 1.0; 1-H_2), 5.07 (dd, $J_{4,3}$ = 10.9, $J_{4,5}$ = 6.2; 4-H), 5.72 (dt, $J_{2,3}$ = 15.5, $J_{2,1}$ = 6.2; 2-H), 5.92 (d, $J_{5,4}$ = 6.2; 5-H), 6.56 (dddt, $J_{3,2}$ = 15.5, $J_{3,4}$ = 10.9, $J_{3,5}$ = $J_{3,1}$ = 1.0; 3-H); OH nicht lokalisierbar.

Auch hier wird der Heterocyclus fragmentiert. Der Übeltäter ist offensichtlich das aus dem Stannan **122** hervorgehende Anion **480**. Anstatt vollständig zu **123** bzw. **124** umzulagern, legt es Hand an sein Gerüst!

ANTWORT 48

Fragestellung aus: Mary Païs, C. Fontaine, D. Laurent, S. La Barre, E. Guittet, Tetrahedron Lett. *28*, 1409 [1987].

Isonitrilhaltige Naturstoffe werden meist durch Wasserabspaltung aus Formamiden hergestellt. Gelegentlich gewinnt man sie auch durch die Addition eines Cyanid-Ions an ein Carbenium-Ion. Hier wird an eine unkonventionelle Isonitril-Synthese gedacht.

In diesem Sinne nimmt die *Retrosynthese* von Stylotellin ihren Anfang bei dem Allylcyanat **481**; die Reduktion von Isocyanaten zu Isonitrilen wurde beschrieben (J. E. Baldwin, A. E. Derome, P. D. Riordan, Tetrahedron *39*, 2989 [1983]). Das *Allylisocyanat* **481** könnte durch eine [3,3]-sigmatrope Umlagerung aus dem *Allylcyanat* **482** hervorgehen. *Alkylcyanate* sind recht ungewöhnliche Teilchen. Isolierbar sind sie nur, wenn der Cyanatrest an ein tertiäres und/oder sterisch gehindertes C-Atom gebunden ist. *Allylcyanate* sind *noch* ausgefallenere Spezies als Alkylcyanate. Sie sind es deshalb - und das ist entscheidend für diese Retrosynthese -, weil *Allylcyanate* einer äußerst raschen Umlagerung zu *Allylisocyanaten* unterliegen (D. Martin, R. Bacaloglu, *Organische Synthesen mit Cyansäureestern*, S. 30, S. 50, Akademie-Verlag, Berlin 1980).

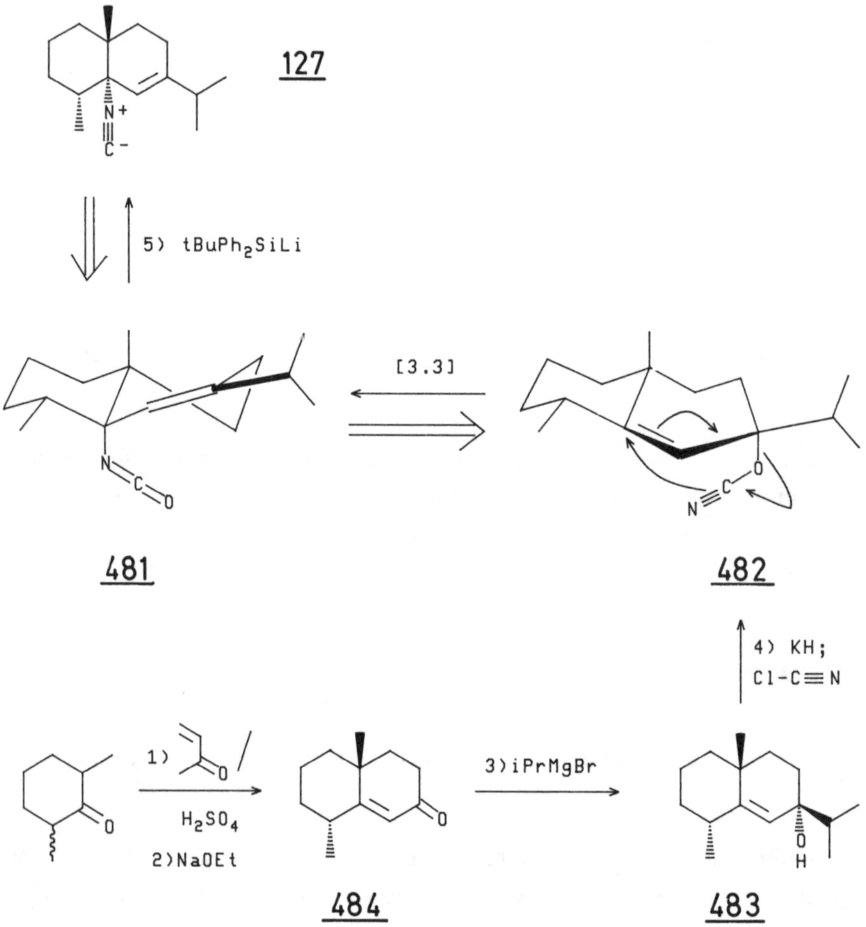

Beide Informationen aus der Cyanat-Chemie heißen zusammengenommen: Es könnte gelingen, den tertiären Alkohol **483** in das Cyanat **482** zu überführen. Dieses würde in situ zum gewünschten **481** umlagern. Diese Reaktionsfolge wäre stereoselektiv: Wenn die OH-Gruppe von **483** "nach unten" zeigt, befinden sich auch das Isocyanat in **481** bzw. das Isonitril in **127** "unten".

Die *Synthese* des entscheidenden Alkohols **483** müßte aus dem literaturbekannten **484** möglich sein (W. C. Still, F. L. VanMiddelsworth, J. Org. Chem. *42*, 1258 [1977]).

Das *sperrige* Nucleophil Isopropylmagnesiumbromid sollte sich äquatorial an **484** addieren; normalerweise addieren sich allenfalls sterisch *anspruchslose* Nucleophile axial an Cyclohexenone (Y.-D. Wu, K. N. Houk, B. M. Trost, J. Am. Chem. Soc. *109*, 5560 [1987]).

PS: Wer glaubt, das Ganze könnte klappen: Ich habe ein Labor, wo Sie diese Synthese versuchen können!!

ANTWORT 49

Fragestellung aus : a) H. Simonis, Ber. Dtsch. Chem. Ges. *32*, 2084 [1899].- b) H. B. Hill, C. R. Sanger, Ber. Dtsch. Chem. Ges. *15*, 1906 [1882].- c) H. B. Hill, Ber. Dtsch. Chem. Ges. *33*, 1241 [1900].

Die denkbaren Teilschritte sind nachfolgend in Stichworten skizziert:

a) Oxidation des Furfurals zur Furan-2-carbonsäure; elektrophile Bromierung in 4-Position (wegen der Akzeptorsubstitution nicht in 5-Stellung); oxidative Bishydroxylierung zu **485**, analog zu Bildung von 2,5-Dimethoxy-2,5-dihydrofuran aus Furan und Brom in Methanol; Fragmentierung von **485** nach Protonierung einer OH-Gruppe; Perbromierung des mittlerweile *Donor*-substituierten Furans **486**; Tautomerie **487** → **488**; Substitution des allylständigen Broms durch OH.

b) Michael-Addition eines Nitrit-Ions an **489**; Äquilibrierung des Halbacylals **490** mit der Aldehyd-Carbonsäure **491**; Fragmentierung vom Typ β-Brompropionat → Olefin bei **491** → **492**; Hydrolyse des resultierenden vinylogen Säurebromids **492** zur vinylogen Säure; Deprotonierung zu deren konjugierter Base **493**.

c) Protonierung von **493** - einem Aldehyd-Enolat - zu dem Malondialdehyd **494**; Aldolkondensation zu einem Cyclohexadienon; Tautomerisierung zum Phenol.

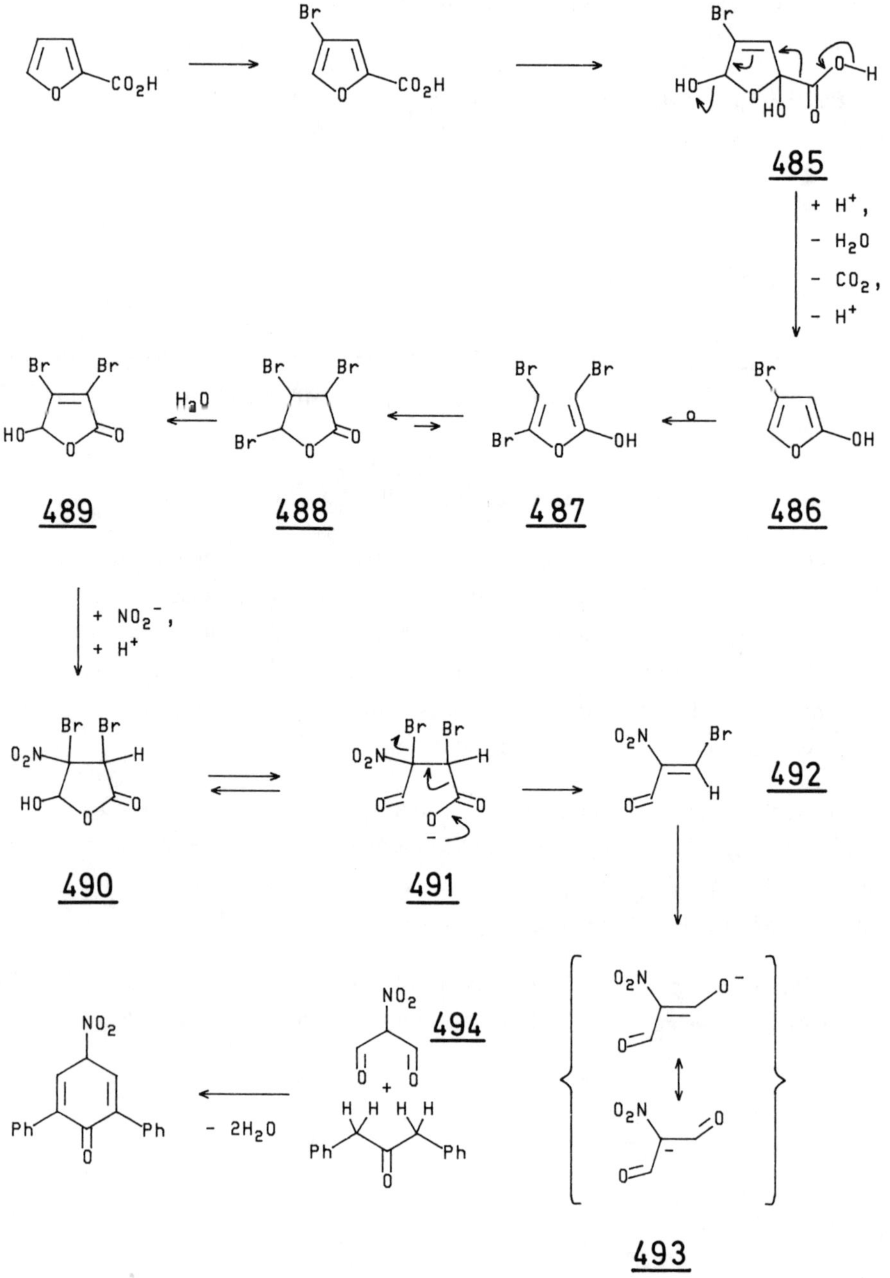

485

+ H+,
− H2O
− CO2,
− H+

489   488   487   486

+ NO2−,
+ H+

490   491   492

493

494

Ph ────── Ph
− 2H2O

ANTWORT 50

Fragestellung aus: D. E. Pearson, M. G. Frazer, V. S. Frazer, L. C. Washburn, Synthesis *1976*, 621.

Erinnerung: Ein Proton ist kein Einzelgänger, es wünscht die Bindung an eine Base oder Begleitung durch ein (nucleophiles) Solvens (vergleiche die Enolisierung von Campher in Aufgabe 13)!

Bei der elektrophilen Bromierung von **496** wird nach dem gerade Gesagten eine Base benötigt, um ein Proton aus dem σ-Komplex **497** abzuspalten. Das Bromid-Ion ist zu sperrig (!), um in die Rolle dieser Base zu schlüpfen. Deshalb wird der σ-Komplex **497** nur in einem Blindgleichgewicht auf Versuch und Irrtum (letzteres trifft zu!) gebildet. Da somit in CCl_4 auf der Reaktionskoordinate entlang **497** keine Weiterreaktion möglich ist, kommt die Ipso-Substitution über einen *isomeren* σ-Komplex (**495**) zum Zuge. **495** bedarf keiner Hilfestellung zum Zerfall: Hier ist das *tert*-Butylkation die Abgangsgruppe.

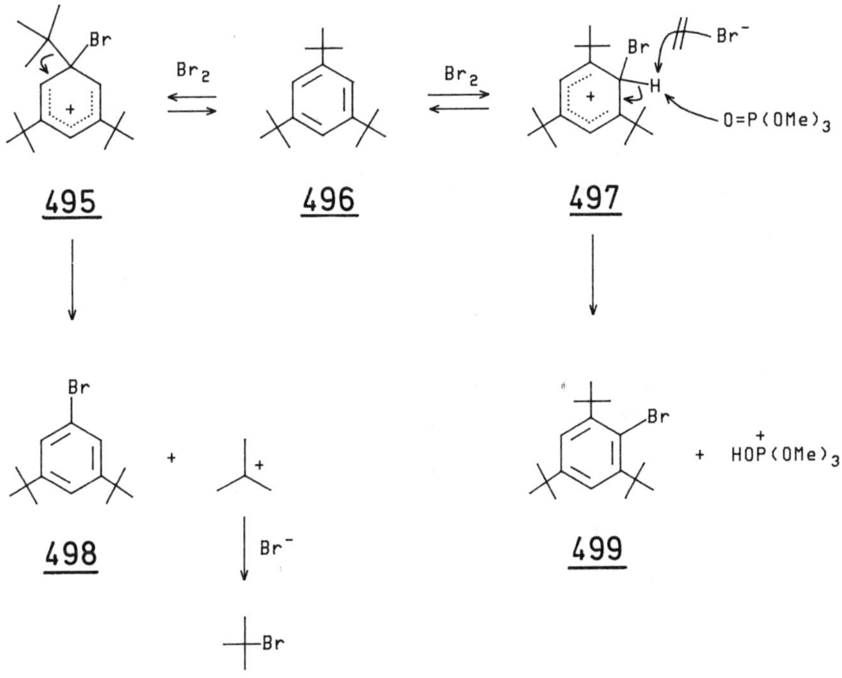

Die Bildung von **498** aus **496** folgt dem *gleichen* Mechanismus wie die Abspaltung einer *tert*-Butylgruppe aus einem Benzolderivat bei der Einwirkung von Mineralsäure; der einzige Unterschied ist, daß letztere Reaktion für gewöhnlich nicht unter dem Titel "Ipso-Substitution" gelernt wird ...

Wie die Fragestellung bereits andeutete, ist Trimethylphosphat vermutlich nicht einfach ein unschuldiges Lösungsmittel. Anscheinend wirkt der doppelt gebundene Sauerstoff des Trimethylphosphats als sterisch anspruchslose Base. Auf diese Weise wird dem zuvor in einer mechanistischen Sackgasse befindlichen *σ*-Komplex **497** der Weiterweg zu dem normalen Substitutionsprodukt **499** geebnet.

ANTWORT 51

Fragestellung aus: D. Boeckh, R. Huisgen, H. Nöth, J. Am. Chem. Soc. *109*, 1248 [1987].

Lithiumdiphenylphosphid reagiert mit dem *Bisepoxid* **129** über das *Monoepoxid* **500**. Je nach der Regioselektivität des Angriffs des *zweiten* Phosphid-Anions auf **500** gelangt man - nach Oxidation - zu den konstitutionsisomeren Phosphinoxiden **130b** bzw. **130a**. Da **130a** ein *Gemisch* von (+)- und (-)-Enantiomeren ist, reagiert es mit (-)-Menthoxyessigsäure zu *zwei* diastereomeren Bis(menthoxyacetaten). **130b** ist dagegen eine meso-Verbindung, also sterisch *einheitlich*. *Dieses* Isomer kann daher mit zwei Äquivalenten Menthoxyessigsäure nur *einen einzigen* Diester ergeben.

Damit ist die Konstitution des Edukts, das der Olefinierung unterworfen wurde, bekannt: Es handelt sich um **130a**! NaH deprotoniert zunächst dessen Alkoholgruppen. Also resultiert ein Molekül (**501**) mit zwei β-Oxidophosphonat-Einheiten.

Ein β-Oxidophosphonat ist die Zwischenstufe der Wittig-Horner-Synthese von Olefinen und wird üblicherweise auf einem anderem Weg erzeugt. Durch die Deprotonierung von **130a** erst einmal entstanden, verhält sich "unser" Bis(β-oxidophosphonat) *genau* wie die Zwischenstufe der Wittig-Horner-Reaktion: Der Alkoholat-Sauerstoff bindet in einem 4-gliedrigen Ring an den Phosphor. Nachfolgend zerfällt dieser Ring zum Olefin und zum Diphenylphosphinsäure-anion. In der *Bilanz* entspricht dies einer *syn-selektiven* Eliminierung aus dem β-Oxidophosphonat.

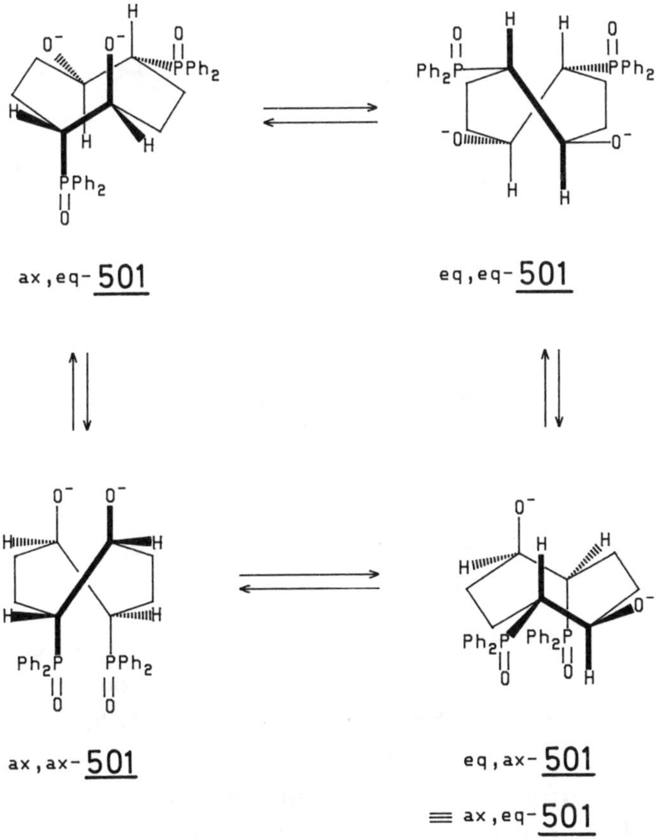

ax,eq-**501**

eq,eq-**501**

ax,ax-**501**

eq,ax-**501**

≡ ax,eq-**501**

Dem Experiment zufolge erhielt man nur aus dem *einen* Bis(β-oxidophosphonat), dem durch Deprotonierung von **130a** erhaltenen **501**, das gewünschte trans,trans-

Cyclooctadien (flüchtig!). Dieses **501** kann in drei verschiedenen Konformationen ax,eq-**501**, eq,eq-**501** sowie ax,ax-**501** auftreten (das Konformer eq,ax-**501** ist identisch mit ax,eq-**501**). Zur zweifachen Eliminierung von $Ph_2PO_2^-$ eignet sich - wegen der geschilderten Notwendigkeit der *syn-selektiven* Eliminierung - lediglich das Konformer eq,eq-**501**. Darin ist die Twist-Konformation des trans,trans-Cyclooctadiens vorgebildet. Das Experiment galt daher als Hinweis auf ein Vorzugskonformer Twist-**128**.

Ein *kristallklarer Beweis* für die Vorzugskonformation von **128** ist dies zum Beispiel aus folgendem Grund nicht: Vielleicht reagiert ja das aus dem Konformer eq,eq-**501** resultierende *erste* Eliminierungsprodukt **504** gar nicht zum Twist-**128**. Vielleicht erfolgt viel rascher eine Isomerisierung von **504** zu **502**! Wenn jetzt aber **502** die zweite syn-Eliminierung durchführt, erhält man vorzugsweise Sessel-**128**!

$$\underline{502} \quad R^1 = \overset{\overset{O}{\|}}{P}Ph_2, \quad R^2 = O^- \quad \underline{504} \qquad \text{Twist-}\underline{128}$$

$$\underline{503} \quad R^1 = R^2 = H \qquad \underline{505}$$

Diese gegebenenfalls zu einem Trugschluß führende Isomerisierung kann zwar eigentlich nicht *rasch* sein: Die Umwandlung **505** → **503** erfolgt nämlich sogar bei 61°C innerhalb von *sieben Tagen* nicht (A. C. Cope, C. R. Ganellin, H. W. Johnson, Jr., T. V. Van Auken, H. J. S. Winkler, J. Am. Chem. Soc. *85*, 3276 [1963]). Deshalb wird die *analoge* Umwandlung **504** → **502** wohl ebenfalls nicht allzu rasch ablaufen. *Ausgeschlossen* ist sie aber natürlich/leider nicht!

Überschüssiges Azid **131** unternimmt eine 1,3-dipolare Cycloaddition an jede der beiden Doppelbindungen von trans,trans-Cyclooctadien (**128**). Das Azid kann die jeweilige Doppelbindung von **128** natürlich nur "von außen" angreifen. Selbst mit dieser Beschränkung können verschiedene *isomere* Cycloaddukte auftreten. Ohnehin würde man *Konstitutionsisomere* der Typen **506** und **507** erwarten; diese sollten etwa im Verhältnis 1:1 auftreten. Diese Konstitutionsisomeren können zusätzlich Gemische von Stereoisomeren sein. Sie erkennen leicht, daß Twist-**128** ein Enantiomeren-*Gemisch*, Sessel-**128** dagegen eine *einheitliche* Verbindung ist. Twist-**128** kann daher das optisch aktive Azid **131** zu *vier* verschiedenen 2:1-Addukten aufnehmen, während Sessel-**128** nur *zwei* isomere Cycloaddukte ergeben kann.

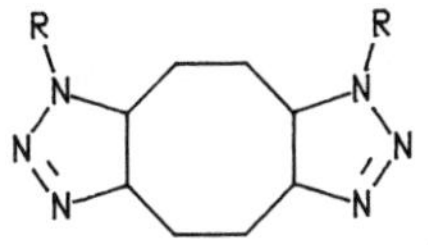

506 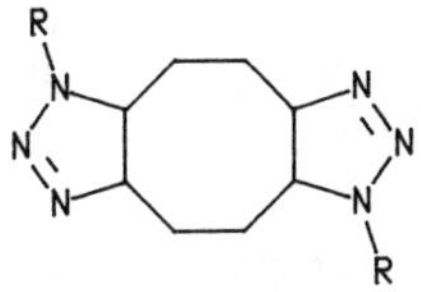   507

Racemisches Azid anstelle von **131** hätte die Zahl der denkbaren 2:1-Cycload-dukte jeweils verdoppelt! Der Grund ist *wieder* darin zu suchen, daß ein Racemat ein Verbindungs-*Gemisch* ist.

ANTWORT 52

Fragestellung aus: S. Ratton, Vortrag, gehalten auf "GECO XXVII", Loctudy/Frankreich, September 1987.

Die p-Selektivität der elektrophilen aromatischen Substitution wird verbessert, wenn "gebremste" oder große Elektrophile verwendet werden. Die *para*-selektive Chlorierung wäre also verständlich, falls das *sterisch anspruchsvolle* Sulfoniumion **508**

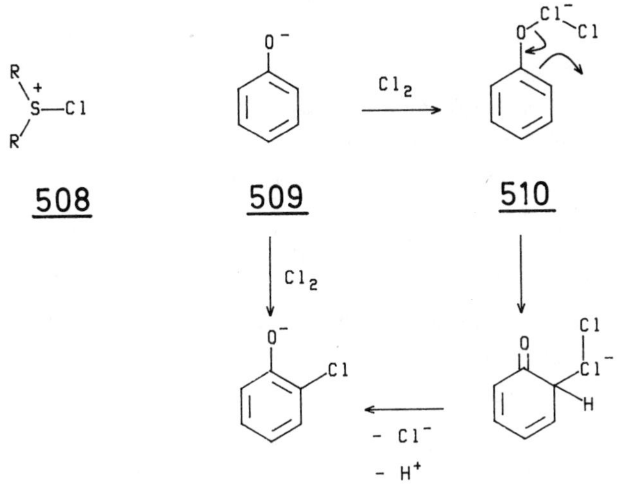

508   509   510

das wirksame Elektrophil wäre. Da bereits eine *katalytische* Menge zugesetzten Sulfids die p-Selektivität der Chlorierung von Phenol erhöht, muß man folgern (!), daß **508** erheblich reaktiver als Cl_2 ist. In der Tat ist plausibel, daß **508** als *positiv* geladenes Teilchen elektrophiler als das *neutrale* Cl_2-Molekül ist.

In Anwesenheit von Triethylamin könnte die Chlorierung von Phenol über das Phenolat-Anion (**509**) verlaufen. **509** ist zwar eine *mengenmäßig* unbedeutende Komponente im Reaktionsgemisch, und dies gilt um so mehr, weil bei fortschreitender Reaktion ein Moläquivalent HCl frei wird; das Phenol müßte also als stärkere Säure als das bei der Chlorierung freiwerdende HCl fungieren. **509** könnte nichtsdestoweniger *produktbestimmend* sein, dann nämlich, wenn es um Größenordnungen (!) *reaktiver* als Phenol ist.

Ich gestehe, daß ich diese Erklärung als höchst spekulativ empfinde. Allerdings ist das Phänomen, daß der *Mindermengen*-Aromat infolge seiner überlegenen Reaktivität das *Produkt* der elektrophilen aromatischen Substitution bestimmt, bei der Nitrierung von Anilin mit Salpetersäure bekannt: Es kommt teilweise zur (erwarteten) meta-Substitution (über das desaktivierte Anilinium-Kation), doch isoliert man in *vergleichbarer Ausbeute* auch o- bzw. p-Substitutionsprodukte, die wohl aus dem mengenmäßig unbedeutenden *nicht*-protonierten Anilin hervorgehen (R. T. Morrison, R. N. Boyd, *Lehrbuch der Organischen Chemie*, S. 824, Verlag Chemie, Weinheim 1974; F. A. Carey, R. J. Sundberg, *Advanced Organic Chemistry*, S. 395, Plenum Press, New York, London 1977; J. B. Hendrickson, D. J. Cram, G. S. Hammond, *Organic Chemistry*, 3. Aufl., S. 661, McGraw-Hill, New York 1970).

Falls die Chlorierung in Anwesenheit von Triethylamin also über das Phenolat-Anion abläuft, bliebe noch die ortho-*Selektivität* von dessen Weiterreaktion zu erklären. Vermutlich besitzt **509** einen intrinsischen ortho-Vorzug bei elektrophilen Substitutionen. Denken Sie an die Kolbe-Schmidt-Carboxylierung, die Reimer-Tiemann-Formylierung oder die ausschließliche ortho-Bromierung von Phenol (via **509**) mit $tBuNH_2/Br_2$ (D. E. Pearson, R. D. Wysong, C. V. Breder, J. Org. Chem. *32*, 2358 [1967]).

Nicht minder spekulativ könnte man die o-selektive Chlorierung von **509** auch über eine ungewöhnliche [2,3]-sigmatrope Umlagerung des Intermediats **510** formulieren; es *gibt* [2,3]-Umlagerungen, die zur gezielten o-Funktionalisierung von monosubstituierten Aromaten genutzt werden.

ANTWORT 53

a) Fragestellung aus: R. M. Pollack, J. P. G. Mack, S. Eldin, J. Am. Chem. Soc. *109*, 5048 [1987].

Im mechanistischen Schema des Fragenteils, das das dekonjugierte Keton **132**, das Dienolat **133** und das konjugierte Keton **134** miteinander verknüpft, gilt die Gleichgewichtsbedingung Gl. (53.1). Die Beziehung (53.2) wird durch die Stöchiometrie der diskutierten Reaktion vorgegeben. Man löst nun Gln. (53.1) und (53.2) nach der Konzentration [**133**] auf und erhält Gl. (53.3).

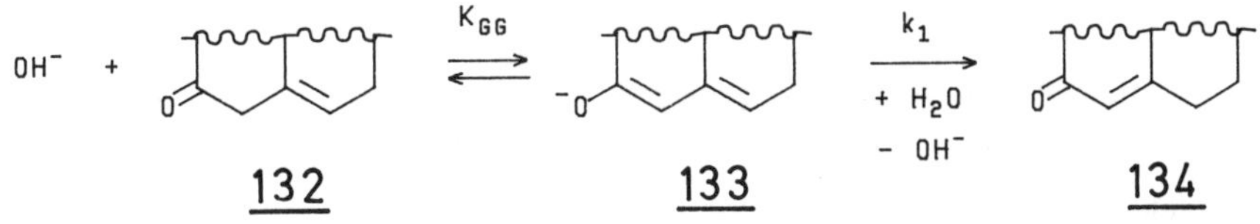

$$[133] = K_{GG}[OH^-][132] \qquad (53.1)$$

$$[132] = [132]_0 - [133] - [134] \qquad (53.2)$$

$$[133] = \frac{K_{GG}[OH^-]}{1 + K_{GG}[OH^-]}([132]_0 - [134]) \qquad (53.3)$$

Man setzt Gl. (53.3) in den Geschwindigkeitsausdruck (53.4) und berücksichtigt die Beziehung $d[134] = -d([132]_0 - [134])$. Damit erhält man Gl. (53.5):

$$\frac{d[134]}{dt} = k_1[133] \qquad (53.4)$$

$$\frac{d([132]_0 - [134])}{dt} = k_1 \frac{K_{GG}[OH^-]}{1 + K_{GG}[OH^-]}([132]_0 - [134]) \qquad (53.5)$$

Hieraus folgt die Beziehung (53.6) zwischen k_{obs} und den gesuchten kinetischen Größen.

$$k_{obs} = k_1 \times \frac{K_{GG}[OH^-]}{1 + K_{GG}[OH^-]} \qquad (53.6)$$

Als Kehrwert geschrieben liest sich dies als Gl. (53.7).

$$\frac{1}{k_{obs}} = \frac{1}{k_1} + \frac{1}{k_1 \times K_{GG}} \times \frac{1}{[OH^-]} \qquad (53.7)$$

Abbildung 11 zeigt die Auswertung der k_{obs}-Daten nach Gl. (53.7). Als Ordinatenabschnitt liest man 9.0 s ab. Dieser Wert ist nach Gl. (53.7) gleich $1/k_1$. Also errechnet sich $k_1 = 0.111 \ s^{-1}$ (Literaturwert: $k_1 = 0.122 \ s^{-1}$). Die Steigung der Geraden in Abbildung 11 beträgt 0.648 mol L^{-1} s. Diese Größe ist nach Gl. (53.7) gleich $1/k_1 K_{GG}$. Unter Verwendung des oben bestimmten k_1-Wertes ergibt sich daraus $K_{GG} = 13.9 \ L \ mol^{-1}$ (Literaturwert: $K_{GG} = 12\pm2 \ L \ mol^{-1}$).

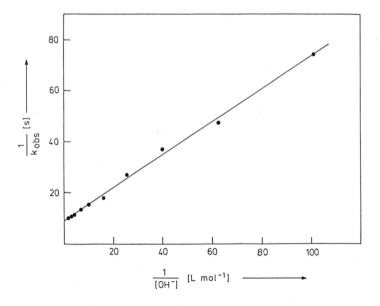

Abbildung 11 Auswertung der Meßdaten nach Gl. (53.7)

Es gilt $K_a = K_{GG} \times K_{Wasser}$. Mit $K_{Wasser} = 10^{-14}$ mol^2 L^{-2} folgt daraus $K_a = 1.39 \times 10^{-13}$ mol L^{-1}. Logarithmieren liefert $pK_a(132) = 12.9$ (Literaturwert: $pK_a = 12.7$).

b) Abbildung 12 skizziert, wie man den pK_a-Wert des konjugierten Ketons **134** bei 25°C mit Hilfe des pK_a-Werts des dekonjugierten Ketons **132** abschätzt.

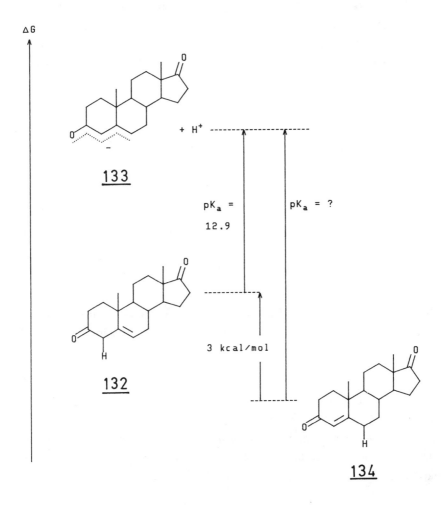

Abbildung 12 Zur Berechnung des pK_a-Wertes des konjugierten Ketons **134**

Der Gang der Lösung ist, den K_a-Wert von **132** mit $\Delta G_{acid} = -RT \ln K_a$ auf die Änderung der freien Enthalpie umzurechnen, durch Addition der Konjugationsenergie in **134** den ΔG_{acid}-Wert von *letzterem* zu bestimmen und daraus auf $pK_a(134) = 15.1$ umzurechnen.

c) Nehmen wir an, das Proton H_α von **135** wäre ebenso acid wie die Protonen im Aceton (pK_a = 19.2). Setzen wir ferner den im Aufgabenteil b) berechneten pK_a-Wert von **134** gleich mit der Acidität des Protons H_γ in **135**. Dann berechnet man aus der Differenz $pK_{a,H\text{-}\alpha} - pK_{a,H\text{-}\gamma}$ = 19.2 - 15.1 = 4.1, daß das kinetische Enolat von **135** bei 25°C um 5.7 kcal mol^{-1} energiereicher ist als das thermodynamische Enolat.

d) LDA abstrahiert aus **135** das weniger acide Proton H_α, weil dies über den sechsgliedrigen Übergangszustand **511** *besonders rasch* erfolgt. Die Bevorzugung dieses Übergangszustand rührt im wesentlichen daher, daß das Li^+-Kation beim Übergang von **511** in **512** *kontinuierlich an die freien Elektronenpaare von Donor-Atomen gebunden ist.*

511   **512**

Würde LDA das H_γ aus **135** abspalten, müßte eine Hochenergie-Zwischenstufe durchlaufen werden, die unter der *ausbleibenden* koordinativen Stabilisierung des Li^+ leiden würde. Deshalb nimmt das LDA in Kauf, daß es das weniger stabile Enolat **512** erzeugt.

e) Dies ist die Fortführung der Überlegungen aus dem Aufgabenteil d: Nur der dekonjugierte Ester **136** gestattet, daß das LDA ein Proton abstrahiert und daß gleichzeitig die *kontinuierliche Koordination des Lithiums an Donoratome* gewährleistet ist. Die Deprotonierung verläuft wie oben über einen sechsgliedrigen Übergangszustand (**513**).

513

Auch der *konjugierte* Ester **138** kann mit LDA deprotoniert werden, allerdings erst in Anwesenheit von HMPT. Dies gelingt, weil jetzt das HMPT anstelle des entstehenden Enolat-Sauerstoffs die Solvatation des Li^+ übernimmt (R. V. Stevens, R. E. Cherpeck, B. L. Harrison, J. Lai, R. Lapalme, J. Am. Chem. Soc. *98*, 6317 [1976]).

f) Fragestellung aus: R. E. Ireland, R. H. Mueller, A. K. Willard, J. Am. Chem. Soc. *98*, 2868 [1976].

Der sechsgliedrige Übergangszustand bei der Deprotonierung mit LDA ist nicht planar. Wegen der Minimierung der konformativen Spannung wird ein sesselartiger Übergangszustand bevorzugt. Der stabilste Übergangszustand ist damit im vorliegenden Fall **139**, denn darin steht die Methylgruppe äquatorial. Der diastereomere Übergangszustand, worin die Methylgruppe axial orientiert ist, ist durch letzteren Umstand energetisch nicht mit **139** konkurrenzfähig. Die *Vorzugskonformation* des Esters im Übergangszustand **139** wird im resultierenden Enolat **514** als *Konfiguration* "festgeschrieben". **514** wird unter Konfigurationserhalt zu **140** silyliert.

140 ist ein verkappter Allylvinylether, der eine [3,3]-Umlagerung durchführen kann. Diese sogenannte Claisen-Ireland-Umlagerung erfolgt bereits beim Erwärmen von **140** auf Raumtemperatur. Die Umlagerung bevorzugt ihrerseits einen sesselförmigen Übergangszustand; Sie hörten davon in Aufgabe 3. Folglich ergibt sich *diastereoselektiv* das beobachtete **141**.

ANTWORT 54

Fragestellung aus: B. H. Han, M. H. Park, S. T. Wah, Tetrahedron Lett. *28*, 3957 [1987].

Die Schlüsselidee der *Retrosynthese* ist, daß die 1,5-Elektrocyclisierung des konjugierten 1,3-Dipols **518** zum Zielmolekül **142** führt. Diese Reaktionsgattung wurde häufig zu Heterocyclen-Synthesen genutzt (Übersicht: R. Huisgen, Angew. Chem. *92*, 979 [1980]). Wie erhält man dieses **518**? Nun, der 1,3-Dipol darin ist ein Azomethinylid, und Azomethinylide sind das Produkt der elektrocyclischen Ringöffnung von Aziridinen. Also sieht das Aziridin **517** nach einer geeigneten Vorstufe von **518** aus. **517** seinerseits soll durch die Addition eines Carbenoids an die C=N-Doppelbindung von 1-Pyrrolin (**515**) gewonnen werden.

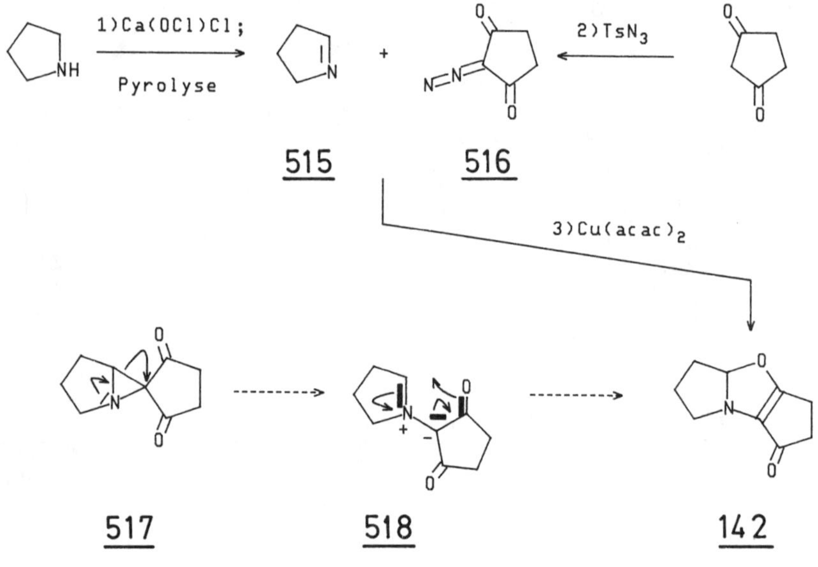

1)Ca(OCl)Cl;
Pyrolyse

2)TsN₃

3)Cu(acac)₂

515   **516**

517   **518**   **142**

Wie immer dieser Zugang zu **142** mechanistisch ablaufen mag, eines ist gewiß: Es gibt ermutigende Literatur-Präzedenz für den möglichen Erfolg dieses Synthese-Konzepts. Zum Beispiel reagiert Cyclohexanon mit der Diazoverbindung **519** in einer Eintopf-Reaktion zu **520** (M. P. Doyle, Chem. Rev. *86*, 919, dort insbesondere S. 932 [1986]). Der Heterocyclus in **520** unterscheidet sich von demjenigen in **142** lediglich durch den Ersatz eines Stickstoffatoms durch Sauerstoff.

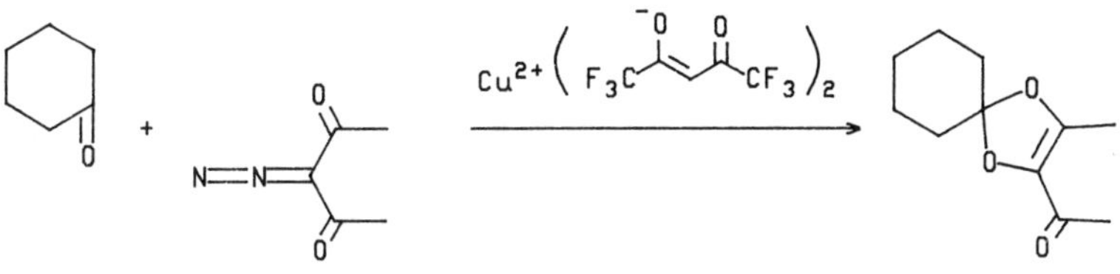

519   520

Der *Synthese*-Vorschlag für **142** lautet deshalb: Stelle **515** (D. W. Fuhlhage, C. A. VanderWerf, J. Am. Chem. Soc. *80*, 6249 [1958]) und **516** (O. V. Sverdlova, M. A. Yatsenko-Khmelevskaya, V. A. Nikolaev, J. Org. Chem. USSR [engl.] *21*, 54 [1985]) nach literaturbekannten Verfahren her. Setze diese in Anwesenheit von Kupfersalz um und hoffe auf eine hohe Ausbeute des gewünschten **142**!

ANTWORT 55

Fragestellung aus: C. Rücker, D. Lang, J. Sauer, H. Friege, R. Sustmann, Chem. Ber. *113*, 1663 [1980].

Die Störungstheorie liefert den Term (55.1) für die Beschreibung der Reaktivität der "Diels-Alder-Reaktion mit normalem Elektronenbedarf":

$$k \propto \frac{1}{\text{LUMO}_{\text{Dienophil}} - \text{HOMO}_{\text{Dien}}} \qquad (55.1)$$

Zur Schreibweise: Wir wollen im folgenden sowie in Gln. (55.1) bis (55.3) mit LUMO_{XYZ} die LUMO-Energie des Moleküls XYZ abkürzen und mit HOMO_{XYZ} die Energie des entsprechenden HOMOs.

Gl. (55.1) ergibt beim Vergleich von k_{TCNE} und k_{MSA} wegen $\text{LUMO}_{\text{TCNE}} < \text{LUMO}_{\text{MSA}}$ die Beziehung (55.2):

$$\frac{k_{TCNE}}{k_{MSA}} = \frac{LUMO_{MSA} - HOMO_{Dien}}{LUMO_{TCNE} - HOMO_{Dien}}$$

$$> 1 \qquad\qquad (55.2)$$

Gl. (55.2) bedeutet, daß TCNE mit *jedem* 1,3-Dien rascher als MSA reagiert. Quod erat demonstrandum!

Betrachtet man nur *ein* Dienophil und vergleicht *dessen* Reaktivität gegenüber Piperylen mit der gegenüber Butadien, folgt aus Gl. (55.1):

$$\frac{k_{Piperylen}}{k_{Butadien}} = \frac{LUMO - HOMO_{Butadien}}{LUMO - HOMO_{Piperylen}} \qquad\qquad (55.3)$$

Das HOMO von Piperylen liegt höher als das HOMO vom Butadien. Diese Abstufung wirkt sich gegenüber *jedem* Dienophil dahingehend aus, daß $k_{Piperylen}/k_{Butadien} > 1$ ist. Wie *massiv* die energetische Abstufung der Dien-HOMOs den Quotienten $k_{Piperylen}/k_{Butadien}$ beeinflußt, hängt von der LUMO-Energie des Dienophils ab. Und zwar wird bei einem *geringen* $LUMO_{Dienophil}$-$HOMO_{Dien}$-Abstand der Nenner von Gl. (55.3) *besonders klein*. Daher wirkt sich die Dien-Variation von Gl. (55.3) für TCNE in einem viel größeren Geschwindigkeitsunterschied aus als beim MSA.

ANTWORT 56

Fragestellung aus: S. Takano, Y. Sekiguchi, N. Sato, K. Ogasawara, Synthesis *1987*, 139.

KOtBu ist schwächer basisch als ein Alkin. Es deprotoniert deshalb lediglich die OH-Gruppen der acetylenischen Alkohole **143** bzw. **144**. Bei KOtBu-Überschuß enthält das Reaktionsmedium daher die Alkoholate **521** und **525**. KOtBu ist allerdings hinreichend stark basisch, um die Isomerisierung dieser Alkoholate zu ermöglichen. Dies geschieht über geringe Gleichgewichts-Konzentrationen der Dianionen **522** bzw. **526**. Letztlich stellt sich dadurch ein *thermodynamisches Gleichgewicht* zwischen dem terminalen Alkin **521**, dem Allen **524** sowie dem internen Alkin **525** ein. Letzteres liegt als *stabilste* dieser Verbindungen *hauptsächlich* vor. Die wäßrige Aufarbeitung liefert folglich **144**.

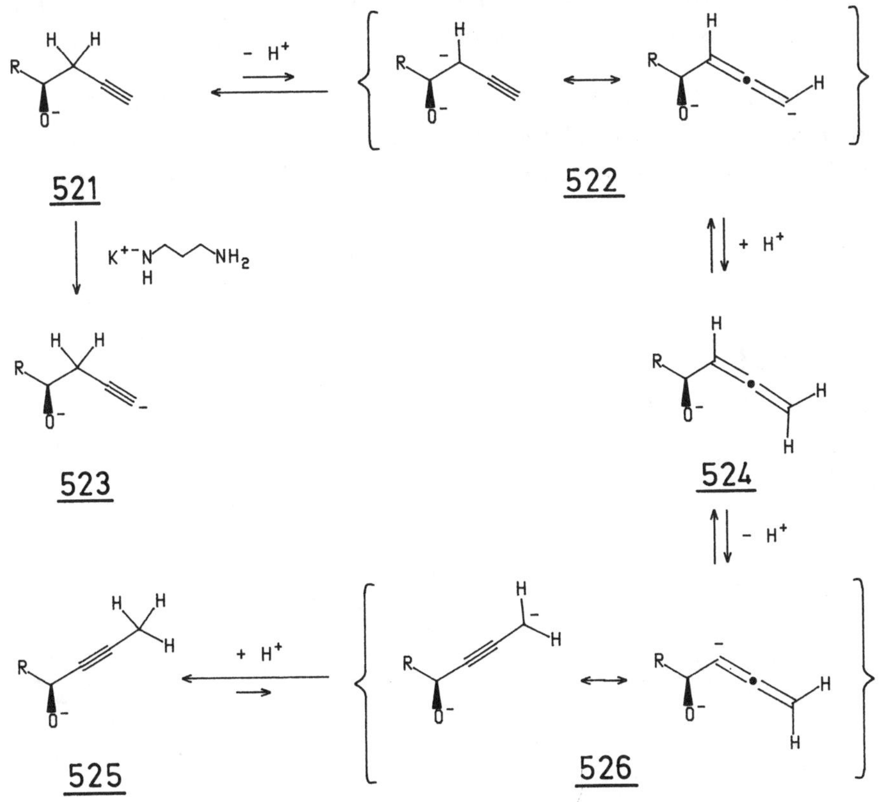

$$\underline{521} \qquad \xrightarrow{-H^+} \qquad \underline{522}$$

$$\underline{523} \qquad \qquad \underline{524}$$

$$\underline{525} \qquad \xrightarrow{+H^+} \qquad \underline{526}$$

Kaliumaminopropanamid ist stärker basisch als ein Alkin. Dieses Amid bewirkt zunächst auch Isomerisierung von **525** zu **521**. Doch wird *dann* das Acetylen **521** *irreversibel* in das Acetylid **523** überführt. Dort liegt es - energetisch betrachtet - in einem Loch. Bei der wäßrigen Aufarbeitung führt die zweifache Protonierung zum beobachteten terminalen Alkin **143**.

Das Proton am alkoholischen Kohlenstoffatom ist *nicht* acid. Da es demzufolge von den verwendeten Basen nicht abgespalten werden kann, ist das gleichbedeutend mit Konfigurationserhalt am Chiralitätszentrum.

ANTWORT 57

Fragestellung aus: W.-D. Fessner, G. Sedelmeier, P. R. Spurr, G. Rihs, H. Prinz-bach, J. Am. Chem. Soc. *109*, 4626 [1987]; H. Prinzbach, W.-D. Fessner, in: *Organic Synthesis: Modern Trends* (O. Chizhov, Herausgeber), S. 23, Blackwell Scientific Publications, Oxford, London, Edinburgh, Boston, Palo Alto, Melbourne 1987.

a) Isodrin (**145**) entsteht durch die gezeigte Diels-Alder-Reaktion. Diese erfolgt *positionsselektiv* an der *unsubstituierten* = ungehinderten Doppelbindung des Dieno-phils **527**. Außerdem verläuft diese Diels-Alder-Reaktion *diastereoselektiv* sowohl

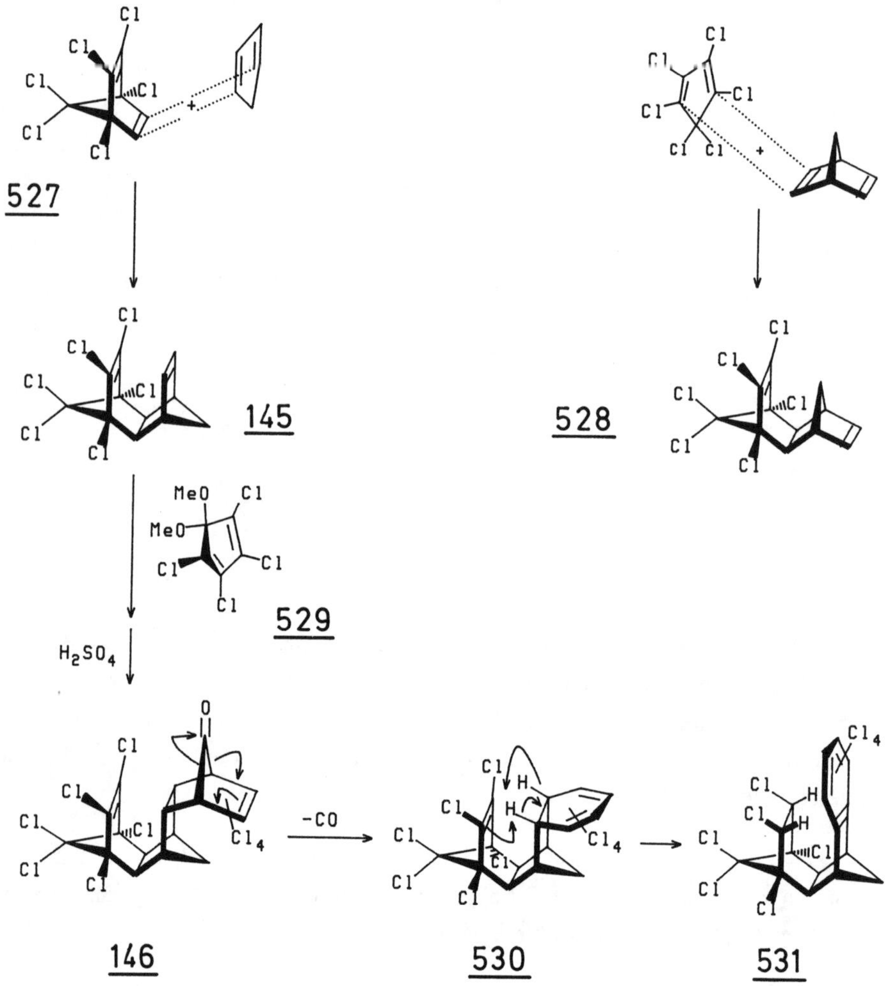

527

145

528

529

H₂SO₄

146

−CO

530

531

bezüglich des Dienophils als auch in Hinblick auf das Dien. Das *Dienophil* wird von der endo-Seite angegriffen, weil dadurch der voluminösen CCl_2-Brücke des Norbornadiens ausgewichen wird. Das *Dien* ist im Übergangszustand der Cycloaddition so orientiert, daß das endo-Produkt entsteht. Dieser sterisch begründete Vorzug tritt auch bei der Addition von Propen an Cyclopentadien auf (F. K. Brown, K. N. Houk, Tetrahedron Lett. *25*, 4609 [1984]).

Nebenbemerkung: Aldrin (**528**) ist ein Isomer von Isodrin (**145**). Es entsteht ebenfalls durch eine - allerdings *inverse* - Diels-Alder-Reaktion.

b) **145** und das elektronenarme **529** unternehmen eine Diels-Alder-Reaktion mit inversem Elektronenbedarf. **145** wird diastereoselektiv von der weniger gehinderten Seite angegriffen. Dabei weist die sperrige $C(OMe)_2$-Einheit von **529** im Übergangszustand von der Methylenbrücke des Norbornen-Abkömmlings **145** *weg*. [Das gilt übrigens analog für die CCl_2-Einheit des Hexachlorcyclopentadiens im Übergangszustand der gerade erwähnten Bildung von Aldrin (**528**).]

c) Zuerst wird cheletrop Kohlenmonoxid eliminiert. Die anschließende Umwandlung von **530** in **531** erinnert an die (intermolekulare) Reduktion von Olefinen mit Diimid. Die letztere Reaktion ist in der Notation von Woodward und Hoffmann eine Gruppenübertragungsreaktion. Bei **530** → **531** findet letztlich eine intramolekulare Variante einer Gruppenübertragungsreaktion statt. Für diesen Reaktionstyp wurde auch Bezeichnung "dyotrope Umlagerung" vorgeschlagen (M. T. Reetz, Angew. Chem. *84*, 161, 163 [1972]; vergleiche K. Mackenzie, G. Proctor, D. J. Woodnutt, Tetrahedron *43*, 5981 [1987]).

Das qualitative Orbital-Korrelationsdiagramm für diese dyotrope Umlagerung ist *identisch* mit dem der Diimid-Reduktion eines Olefins! Siehe: R. B. Woodward, R. Hoffmann, *The Conservation of Orbital Symmetry*, S. 141, Verlag Chemie / Academic Press, Weinheim 1970.

d) Das Reaktionsgeschehen, das von **531** zu **147** führt, kann auf das Prinzip **532** → **534** zurückgeführt werden. Zunächst entsteht - wie bei der Bildung von Li- oder Mg-organischen Verbindungen aus einem Halogenid und dem betreffenden Metall - nach anfänglichem Einelektronen-Transfer das Carbanion **533**. Dieses wird von *tert*-Butanol zu **534** protoniert.

Nach dem gleichen Mechanismus entsteht auch das β-Chlor-substituierte Anion **535**. Bevor dieses analog **533** protoniert werden kann, wird ein Chlorid-Ion abgespalten. Dadurch ergibt sich der Olefinteil des Reaktionsprodukts **147**. (Diese

Teilreaktion erinnert an die Freisetzung eines Olefins aus vicinalen Dihalogeniden
bei der Reduktion mit Zink!)

$$R — Cl \xrightarrow{+\,e^-} R — Cl\rceil^{\bullet -} \xrightarrow[-\,Cl^-]{} R^{\bullet} \xrightarrow{+\,e^-} R^- \xrightarrow[-\,tBuO^-]{tBuOH} R—H$$

<u>532</u>   <u>533</u>   <u>534</u>

<u>535</u>   <u>147</u>

e) 1. Schritt: Umacetalisierung zu **536**, dadurch Entfernung der Schutzgruppe; 2.
Schritt: Cheletrope Eliminierung von CO, wodurch **537** entsteht.

f) Die Umwandlung von **537** in **149** ist eine katalytische Dehydrierung. Pd/C ist
ein Katalysator, der im System "Olefin plus Wasserstoff $\rightleftharpoons$ Alkan" dem *Gleichgewicht*
zur Einstellung verhilft, auf welcher Seite das Gleichgewicht auch liegen mag! Normalerweise bildet sich bei dieser Reaktion das Alkan. Dies ist in Anbetracht einer -
die Bindungsenthalpien im Anhang dieses Buches zugrundegelegt - *Exothermie* von
$\Delta H = -30$ kcal mol^{-1} verständlich. Also müßte die Dehydrierung von **537** zu **149** mit
diesen 30 kcal mol^{-1} endotherm verlaufen ... *wenn* **149** nicht die 38 kcal mol^{-1} Benzolmesomerie gewänne! Daraus errechnet sich die Wärmetönung *dieser* Dehydrierung zu
$\Delta H = -8$ kcal mol^{-1}. Da außerdem die Entropie bei der Dehydrierung *zunimmt*, ist der
ΔG-Wert von **537** → **147** auf alle Fälle negativ. Deshalb liegt das sich durch die Palla-
diumkatalyse einstellende Gleichgewicht des Systems **537** $\rightleftharpoons$ **149** auf der Seite des
letzteren!

Der *Mechanismus* der *Dehydrierung* ist wegen des Prinzips der mikroskopischen
Reversibilität *identisch* mit dem der *Hydrierung*.

Übrigens: *So* unbekannt kann Ihnen die Reaktion **537** → **149** nicht gewesen sein!
Bei der katalytischen Transfer-Hydrierung eines Olefins mit Cyclohexen/Palladium
wird das Cyclohexen zunächst zum Cyclohexadien reduziert. Anschließend verliert das
in situ gebildete Cyclohexadien ein Mol Wasserstoff und geht dadurch in Benzol über
... genau wie es das Cyclohexadien-Derivat **537** tut!

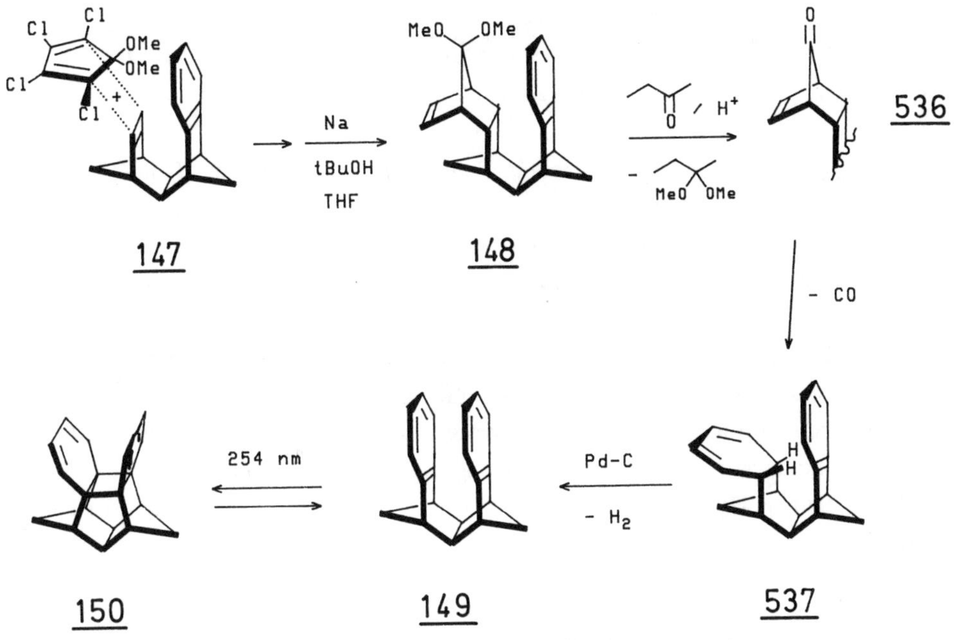

g) *Ein* Photon der Frequenz ν hat die Energie $E = h\nu$. Ein *Mol* Photonen kann daher eine Energie von maximal $N_L h\nu$ in ein Substrat einbringen. Mit $N_L = 6.022 \times 10^{23}$ mol^{-1}, $h = 6.626 \times 10^{-34}$ Js und $\nu = c/\lambda = 2.9979 \times 10^8$ ms^{-1}/254×10^{-9}m und 1 kcal = 4.1868 kJ ergibt sich $E_{254\,nm} = 112$ kcal mol^{-1}. Diese 112 kcal mol^{-1} entsprechen dem Maximalbetrag der Aktivierungsenergie des Prozesses **149 → 150**.

Die Reaktionswärme der Umwandlung von **149** in **150** ist gleich der Summe der mit den *strukturellen* Änderungen verknüpften Veränderungen der Bindungs- und Stabilisierungs-*Enthalpien*. Diese umfassen die Umwandlung von 2 π- in 2 σ-Bindungen, die Aufhebung von 2 × Benzolmesomerie, das Aufwenden der Cyclobutan-Spannung und den Gewinn von 2 × 1,3-Butadien-Resonanz. Dies bedeutet nach den Daten im Anhang dieses Buches eine Reaktionswärme von $[2 \times (-19.4) + 2 \times (+38) + 26.4]$ kcal mol^{-1} $- 2 \times 3$ kcal mol^{-1} ("wilde" Annahme meinerseits) = $+58$ kcal mol^{-1}.

h) Bei der Bestrahlung von **149** stellt sich ein photostationäres Gleichgewicht ein. Dafür gilt *streng* Gl. (57.1).

$$[150]/[149] = (\varepsilon_{149} \times \Phi_{149 \to 150})/(\varepsilon_{150} \times \Phi_{150 \to 149}) \quad (57.1)$$

$\Phi_{A \to B}$ bedeutet dabei die Quantenausbeute der photochemischen Transformation von **A** in **B**. Da es sich bei der Gleichgewichtseinstellung zwischen **149** und **150** um eine intramolekulare Reaktion handelt, wo beide Reaktionspartner zudem durch das starre Molekülgerüst regelrecht aufeinander gepreßt werden, dürften die betreffenden Quantenausbeuten *beide* kaum kleiner als der Maximalwert 1 sein. Näherungsweise mag deshalb die vereinfachte Gleichung $[150]/[149] = \varepsilon_{149}/\varepsilon_{150}$ zutreffen. In der Tat macht diese vereinfachte Gleichung deutlich, weshalb man nur bei 254 nm überhaupt eine und trotzdem nur *partielle* Umwandlung von **149** in **150** erreichen konnte: Die Extinktionskoeffizienten der Abbildung 5 des Fragenteils ergeben für das Verhältnis **[150]** : **[149]** bei 254 nm einen Wert von 37 : 63 und bei 300 nm einen Wert von 10 : 90.

i) Die Molekülorbitale eines komplexen Moleküls wie **150** sind keinem Chemiker geläufig. Trotzdem lassen sich dessen *relevante* Orbitale leicht aufspüren, wenn man sie aus sogenannten Fragmentorbitalen zusammensetzt. Die Bezeichnung "Fragmentorbital" spielt weniger auf das fragmentarische Wissen an, das die meisten Chemiker nur im Gehirn beherbergen können. In Wirklichkeit meint der Term "Fragmentorbital" die Orbitale eines *kleinen Ausschnitts* aus dem zu untersuchenden Molekül, die Orbitale eines Molekülfragments also. Womit wir dann doch wieder bei unserem meist nur fragmentarischen Wissen wären: Denn diese Molekülfragmente sucht man sich natürlich derart aus, daß man *deren* Orbitale noch aus Vorlesungen kennt.

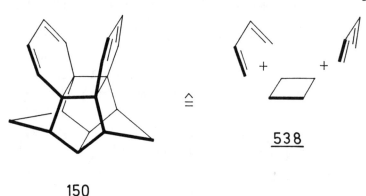

$\hat{=}$

538

150

Die (delokalisierten!) Molekülorbitale von **150** lassen sich daher aus der Kenntnis der Orbitale der in **150** auftretenden Fragmente **538** ableiten. Diese Fragmente sind zweimal Butadien und einmal Cyclobutan.

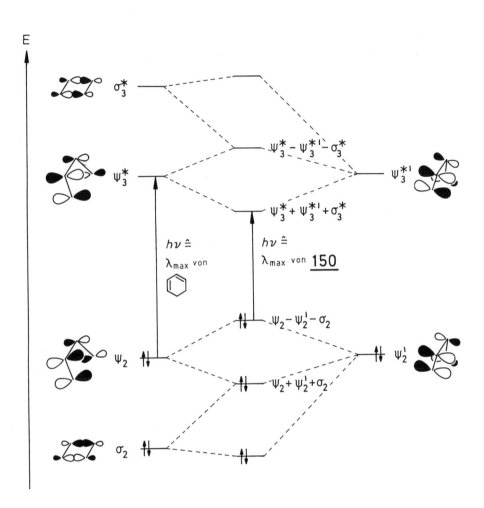

Abbildung 13 Herleitung der Grenzorbitale von **150** nach der Methode der Kombination von Fragmentorbitalen

In Abbildung 13 wechselwirken die Fragmentorbitale - wie von "normalen" MOs bekannt - nur dann miteinander, wenn sie von *ähnlicher Energie* und *gleichartiger Symmetrie* sind. Diese Abbildung 13 leitet ab, wie es zu einer *Anhebung* von HOMO$_{150}$ bzw. einer *Absenkung* von LUMO$_{150}$ kommt, jeweils verglichen mit den

Grenzorbitalen von Cyclohexadien selbst. (Die Grenzorbitale des Cyclohexadiens werden mit den Butadien-Orbitalen gleichgesetzt.) Dies verursacht den *bathochromen* Shift im UV-Spektrum von **150** versus Cyclohexadien.

j) Die erste Cycloaddition ist die *endo*-Addition von Maleinanhydrid an die *weniger gehinderte* Seite von **150**. Das resultierende **539** unternimmt dann die zweite - eine intramolekulare - Diels-Alder-Reaktion. Dabei besteht in dem starren Molekülgerüst keine stereochemische Alternative zur Bildung von **151**.

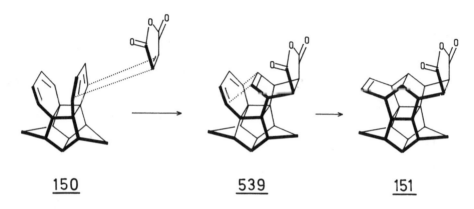

$$\underline{150} \qquad\qquad \underline{539} \qquad\qquad \underline{151}$$

k) Die Hydrolyse von **151** führt zu einer Dicarbonsäure. Diese ist als **540** abgekürzt. Die Decarboxylierung dieser Säure erfolgt über das Di-Kupfer(I)-Salz **541**. **541** führt in einer Redoxreaktion zu CO_2, elementarem Kupfer und dem Olefinteil **542** des Diens **543** (Methode: R. A. Snow, C. R. Degenhardt, L. A. Paquette, Tetrahedron Lett. *1976*, 4447).

$$\underline{540} \qquad\qquad \underline{541} \qquad\qquad \underline{542}$$

Das Dien **543** wird über Dialkohole zu Diketonen oxidiert. Die Formylierung zu **544** ermöglicht nachfolgend die sogenannte "decarbonylierende Diazogruppen-Übertragung". Über das intermediär auftretende **545** erhält man dabei das α-Diazoketon **546**.

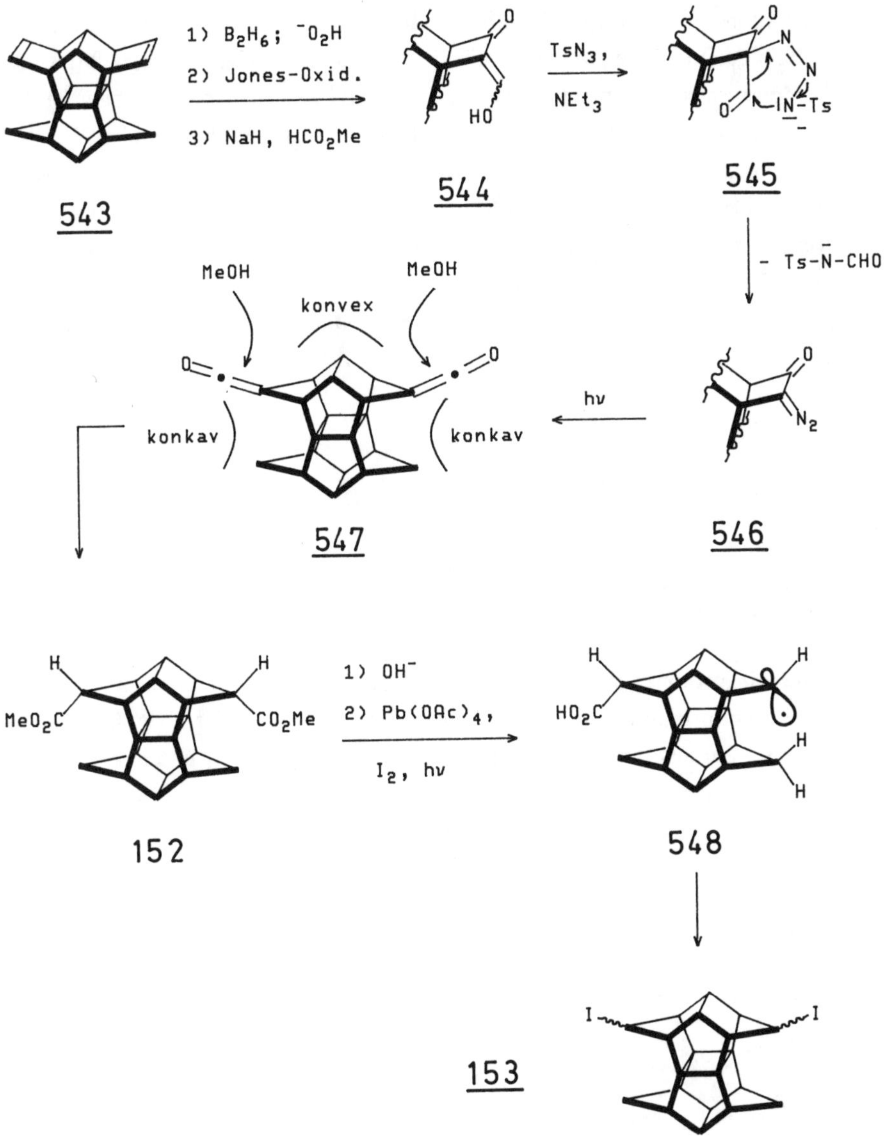

1) Die photochemische Wolff-Umlagerung von **546** ergibt zunächst das Bisketen **547**. Dieses nimmt von der sterisch weniger gehinderten, konvexen Seite Methanol zum Bis(methylester) **152** auf.

m) Die durch Verseifung des Diesters **152** erhaltene Dicarbonsäure wird dem Kochi-Abbau (R. A. Sheldon, J. K. Kochi, Org. React. *19*, 279 [1972]) unterworfen. Diese Reaktion verläuft vermutlich über Radikale. Hier veranschaulicht man sich an **548**, weshalb das Iod stereo-*unselektiv* eintritt: Man kann sich vorstellen, daß das radikalische Zentrum von **548** nicht wie bei *anderen* Radikalen planar konfiguriert ist. Das H-Atom neben dem einsamen Elektron weicht vermutlich der abstoßenden Wechselwirkung mit dem gegenüberliegenden "flagpole"-Wasserstoffatom aus. Dadurch würde das Radikal **548** pyramidalisiert. Als Konsequenz davon befände sich das ungepaarte Elektron in einem sp³-Orbital mit *ungleich großen Orbitallappen*. Der Angriff des Iods auf das Radikal **548** erfolgt nun teilweise auf der Seite des *großen radikalischen Orbitallappens* (bessere Überlappung im Übergangszustand), teilweise auf der sterisch weniger gehinderten *konvexen Molekülseite*.

ANTWORT 58

Fragestellung aus: Y. Inouye, H. Uchida, T. Kusumi, H. Kakisawa, J. Chem. Soc. Chem. Commun. *1987*, 346.

a) Die Ringprotonen von Aplysiapyranosid bilden ein ABXY-Spinsystem. Im ¹H-NMR-Spektrum präsentiert sich dieses Spinsystem allerdings einfacher: Es sieht wie ein A₂XY-System aus! Man konstatiert nämlich *erstens* $\delta_A = \delta_B$ und *zweitens* lauter *gleich große* vicinale Kopplungskonstanten.

155   549

In der Sesselkonformation von Cyclohexan ist die Resonanz eines axialen Protons hochfeldverschoben verglichen mit einem äquatorialen Proton (vergleiche Aufgabe

62!). Außerdem ist in der Sesselform des Cyclohexans $^3J_{axial/axial}$ erheblich größer als $^3J_{axial/äquatorial}$ bzw. $^3J_{äquatorial/äquatorial}$. Das NMR-Spektrum von Aplysiapyranosid beweist daher, daß in Lösung *keine statische Sesselkonformationen* **155** oder **549** vorliegen. Am einfachsten erklärt sich das experimentelle Spektrum, wenn man eine *rasche* gegenseitige Umwandlung von **155** und **549** annimmt.

b) Den Reaktionstyp **156** → **157** nutzt die *Retrosynthese* von **155**, um *beide* Bromatome der Zielstruktur einzuführen. Das Dienin **552** sollte mit Bromwasser zunächst positions-, regio- und diastereoselektiv zu dem Bromhydrin **554** reagieren. Die Positionsselektivität ergibt sich aus der größeren Nucleophilie der konjugierten versus der isolierten C=C-Doppelbindung. Die Diastereoselektivität resultiert aus der S_N2-artigen Ringöffnung der stereoselektiv gebildeten Bromoniumion-Zwischenstufe. Die Regioselektivität ist eine Konsequenz der besonders *raschen* Substitution in der Allyl- (hier: Propargyl-)Stellung.

Man kann schwer vorhersagen, ob die nachfolgende Cyclisierung von **554** über das Konformer **554a** oder via **554b** erfolgt. **554a** führt zum korrekt konfigurierten Pyran **553**. Der andere Übergangszustand **554b** läge dagegen auf dem Weg zu dem Stereoisomer **555**. Die Entscheidung für einen dieser Übergangszustände bliebe dem Experiment vorbehalten. In Anbetracht der *Kürze* der vorgeschlagenen Synthese wäre wahrscheinlich sogar die Separierung des benötigten Isomers **553** von verunreinigenden **555**-Anteilen tragbar.

Die *Synthese* beginnt mit der *stereoselektiven* Gewinnung des Dienins **552**. Dazu muß das stabilste Enolat des Ketons **550** gewonnen werden, d.h. das höher substituierte und Z-substituierte Enolat. Dies könnte bei Deprotonierung unter thermodynamischer Kontrolle gelingen. Die Reaktion zum Enoltriflat **551** und die katalytische Kupplung mit dem Stannan (J. K. Stille, Angew. Chem. *98*, 504, dort S. 511 [1986]) *bewahren* die Konfiguration der bei der Enolisierung erzeugten C=C-Doppelbindung.

Als Abschluß der Synthese ist eine stereoselektive Hydroaluminierung / NCS-Oxidation vorgesehen (vergleiche H. P. On, W. Lewis, G. Zweifel, Synthesis *1981*, 999).

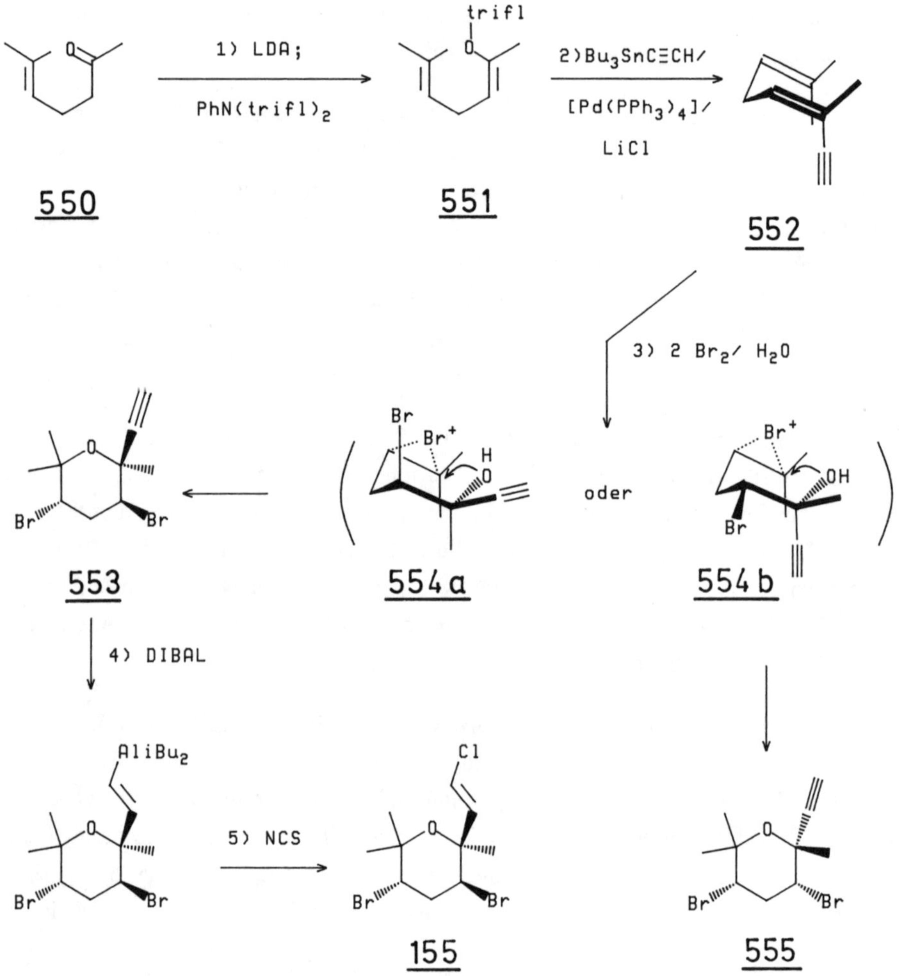

550    $\xrightarrow[\text{PhN(trifl)}_2]{\text{1) LDA;}}$ 551 $\xrightarrow[\text{LiCl}]{\text{2)Bu}_3\text{SnC}\equiv\text{CH/}}_{\text{[Pd(PPh}_3\text{)}_4\text{]/}}$ 552

3) 2 Br$_2$/ H$_2$O

553   554a   oder   554b

4) DIBAL

5) NCS

155   555

ANTWORT 59

Fragestellung aus: E. Fabiano, B. T. Golding, M. M. Sadeghi, Synthesis *1987*, 190.

Im ersten Teilschritt wird der Alkohol nach Mitsunobu zu **556** aktiviert (Übersicht: O. Mitsunobu, Synthesis *1981*, 1). Das gleichzeitig entstandene Anion **557** deprotoniert die Stickstoffwasserstoffsäure zum Azid-Anion. Letzteres verdrängt die Abgangsgruppe von **556** nucleophil. Das resultierende Alkylazid reagiert mit dem zweiten Äquivalent Triphenylphosphin zu dem Imino-Phosphoran **558** (Staudinger-Reaktion; Übersicht: Y. G. Gololobov, I. N. Zhmurova, L. F. Kasukhim, Tetrahedron *37*, 437 [1981]). Letzteres wird mit Wasser bei 50°C zum primären Amin hydrolysiert.

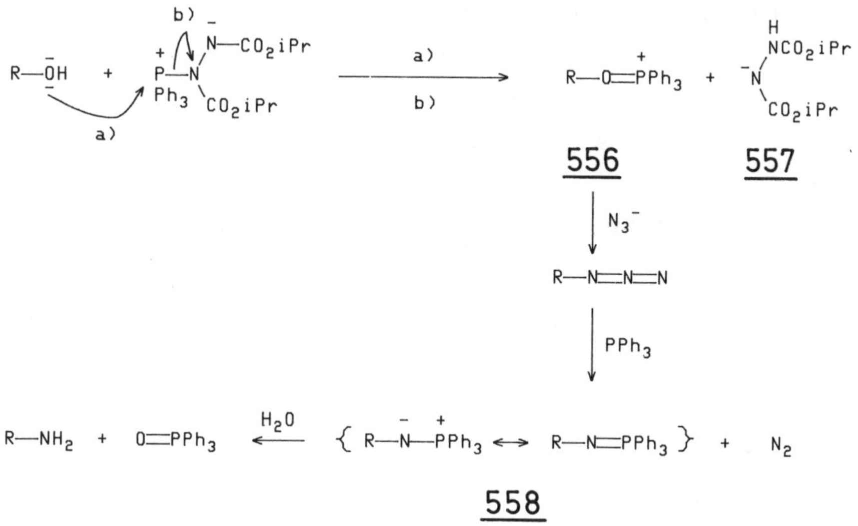

$$\underline{556} \qquad \underline{557}$$

$$\underline{558}$$

ANTWORT 60

a) Fragestellung aus: R. Brückner, P. A. Wender, unveröffentlichte Ergebnisse.

Die Reduktion mit Diimid (**559**) ist eine Gruppenübertragungsreaktion:

Nebenbemerkung: Für die folgenden Betrachtungen spielt es keine Rolle, daß auch das *Keton* **158** der Diimid-Reduktion unterliegen und die Doppelbindung des Substrats daher schon *vor* der Hydrazon-Bildung verschwinden könnte.

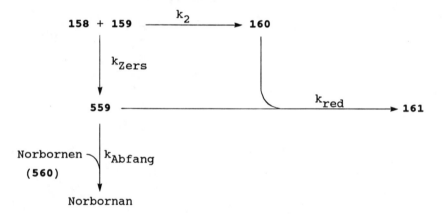

160   **161**

Das folgende mechanistische Schema sei zugrundegelegt:

$$158 + 159 \xrightarrow{\ k_2\ } 160$$

$$\downarrow k_{Zers}$$

$$559 \xrightarrow{\hspace{4cm}} \xrightarrow{\ k_{red}\ } 161$$

$$\text{Norbornen} \searrow \downarrow k_{Abfang}$$
$$(560)$$

$$\downarrow$$

$$\text{Norbornan}$$

Diesem Schema entnimmt man die Geschwindigkeitsgleichungen (60.1) und (60.2).

$$d[160]/dt = k_2[158][159] - k_{red}[160][559] \qquad (60.1)$$

$$d[161]/dt = k_{red}[160][559] \qquad (60.2)$$

Die Division von Gl. (60.1) durch Gl. (60.2) ergibt Gl. (60.3).

$$\frac{d[160]/dt}{d[161]/dt} = \frac{k_2[158][159] - k_{red}[160][559]}{k_{red}[160][559]} \tag{60.3}$$

Aus dem Bodensteinschen Quasistationaritäts-Prinzip folgt Gl. (60.4).

$$\frac{d[559]}{dt} = k_{Zers}[159] - k_{red}[559][160] - k_{Abfang}[559][560]$$

$$= 0 \tag{60.4}$$

Gl. (60.4) löst man nach [559] auf und setzt den erhaltenen Wert in Gl. (60.3) zu Gl. (60.5) ein.

$$\frac{d[160]/dt}{d[161]/dt} = \frac{k_2[158]}{k_{Zers}} \left(1 + \frac{k_{Abfang}[560]}{k_{red}[160]}\right) \tag{60.5}$$

Der Quotient (d[160]/dt) / (d[161]/dt) soll *groß* sein, denn die Bildung des gewünschten **160** soll zu Lasten des unerwünschten **161** verfolgen. Dieser Quotient *wird* nach Gl. (60.5) groß, wenn $k_{Abfang} > k_{red}$ ist (deshalb wurde Norbornen verwendet, eines der reaktivsten Olefine überhaupt: H. O. House, *Modern Synthetic Reactions*, 2. Auflage, S. 248, W. A. Benjamin, Inc., Menlo Park 1972), wenn [158] groß ist sowie [560] > [160] gewählt wird; genau dies war in dem vorgestellten Experiment gewährleistet!

b) Fragestellung aus: T.-L. Ho, S.-H. Liu, Synth. Commun. *17*, 969 [1987].

Betrachten wir zunächst das folgende mechanistische Schema:

$$162 + \text{Kat}_{\equiv} \underset{k_{162}}{\overset{K_{GG,162}}{\rightleftharpoons}} 162\cdots\text{Kat} \xrightarrow{+H_2} 163 + \text{Kat}_{\equiv}$$

bzw.

$$163 + \text{Kat}_{\equiv} \underset{k_{163}}{\overset{K_{GG,163}}{\rightleftharpoons}} 163\cdots\text{Kat} \xrightarrow{+H_2} 164 + \text{Kat}_{\equiv}$$

$\text{Kat}_{\equiv}$ bzw. $\text{Kat}_{=}$ symbolisieren Katalysator-Plätze, die in Gleichgewichtsreaktionen mit den Gleichgewichtskonstanten K_{GG} Substrate mit C≡C-Dreifach- bzw. mit C=C-Doppelbindungen binden.

Aus dem mechanistischen Schema leitet man die Geschwindigkeitsausdrücke (60.6) und (60.7) ab.

$$\frac{d[163]}{dt} = k_{162}[H_2] \times K_{GG,162}[162][\text{Kat}_{\equiv}]$$
$$- k_{163}[H_2] \times K_{GG,163}[163][\text{Kat}_{=}] \qquad (60.6)$$

$$\frac{d[164]}{dt} = k_{163}[H_2] \times K_{GG,163}[163][\text{Kat}_{\equiv}) \qquad (60.7)$$

Für das Geschwindigkeitsverhältnis von gewollter zu Über-Reduktion ergibt sich durch Division von Gl. (60.6) durch Gl. (60.7) die Beziehung (60.8).

$$\frac{(d[163]/dt)}{(d[164]/dt)} = \frac{k_{162} \times K_{GG,162}[162][\text{Kat}_{=}]}{k_{163} \times K_{GG,163}[163][\text{Kat}_{=}]} - 1 \qquad (60.8)$$

Nur wenn die Katalysator-Plätze zur Bindung und Reduktion von C≡C-Dreifach- und C=C-Doppelbindungen *identisch* sind, kann man in Gl. (60.8) kürzen. *Danach enthält diese Gleichung keinen Parameter mehr, der von [Octen] abhängt; mit anderen Worten würde in diesem Fall das Solvens Octen die Selektivität der Hydrierung nicht beeinflussen.* Das Experiment *widerspricht* dieser Schlußfolgerung. Daher ist das oben formulierte mechanistische Schema *falsch*!

Einen Ausweg bietet die Annahme, die Katalysatorplätze zur Bindung/Reduktion von Dreifach- und Doppelbindungen seien voneinander *verschieden*. In letzterem Fall kann das Solvens Octen gemäß

$$\text{Octen} \; + \; \text{Kat}_= \; \underset{k_{\text{Octen}}}{\overset{K_{\text{GG,Octen}}}{\rightleftharpoons}} \; \text{Octen} \cdots \text{Kat} \; \xrightarrow{+H_2} \; \text{Octen} \; + \; \text{Kat}_=$$

einen Teil der Katalysatorplätze Kat$_=$ in Form des Komplexes **Octen‥Kat** binden. Wären *diese* Katalysatorplätze also nicht in dieser Weise von dem ungesättigten Solvens blockiert, hätten sie **163** gebunden und dessen Überreduktion zu **164** bewerkstelligt. Wie *stark* das Octen die für **163** verfügbare Konzentration an freien Katalysatorplätzen [Kat$_=$] vermindert, errechnet sich *in* Octen näherungsweise *alleine* aufgrund der letztgenannten Reaktionsgleichung! Dort gilt also Gl. (60.9).

$$[\text{Kat}_=] \; = \; \frac{1}{K_{\text{GG,Octen}}} \; \frac{[\text{Octen} \cdots \text{Kat}]}{[\text{Octen}]} \tag{60.9}$$

[Kat$_=$] wird nach Gl. (60.9) mit steigender Octen-Konzentration kleiner. Dadurch wird der Quotient (d[**163**]/dt) / (d[**164**]/dt) in Gl. (60.8) *größer*. Dies harmoniert mit dem Experiment.

Das bemerkenswerte Resultat dieser Überlegungen lautet also: Doppel- und Dreifachbindungen werden an *verschiedenen* Katalysator-Plätzen hydriert!

ANTWORT 61

Fragestellung aus: H. Eckert, B. Forster, Angew. Chem. *99*, 922 [1987].

Das im Gleichgewicht gebildete Amid-Enolat **561** wird von Triphosgen (**165**) am Sauerstoff acyliert. Der resultierende Formimidsäure-ester **562** erleidet eine α-Elimi-nierung zum Isonitril. Im ersten und im zweiten Reaktionsschritt wird, wie das For-melschema zeigt, jeweils ein Anion Cl_3CO^- frei. Dieses spaltet eines der Chloratome, die sich in β-Stellung zur negativen Ladung befinden, ab. (Vergleichen Sie mit der in gleicher Weise begründeten Instabilität von β-Abgangsgruppen-substituierten Carb-anionen: Die gibt es nicht!). Dadurch entsteht in situ Phosgen. Dieses überführt **561** nach dem bekannten Mechanismus ebenfalls ins Isonitril. Zum vollständigen Umsatz von *einem* Mol Formamid in das Isonitril genügt also *ein Drittel* Mol Triphosgen.

Im zweiten Beispiel reagiert Triphosgen mit der konjugierten Base des Bisphe-nols. Diese wird zunächst zu dem Carbonat **564** acyliert. Das überschüssige Phenolat überführt danach das *aktivierte* Carbonat **563** in das *nicht-aktivierte* Polycarbonat **564**. Wie bei der Isonitril-Bildung (siehe oben) wird zweimal Cl_3CO^- freigesetzt. Daraus entsteht in situ wiederum Phosgen. Deshalb reicht auch hier 1/3 Moläquivalent Tri-phosgen für eine *vollständige* Polykondensation aus.

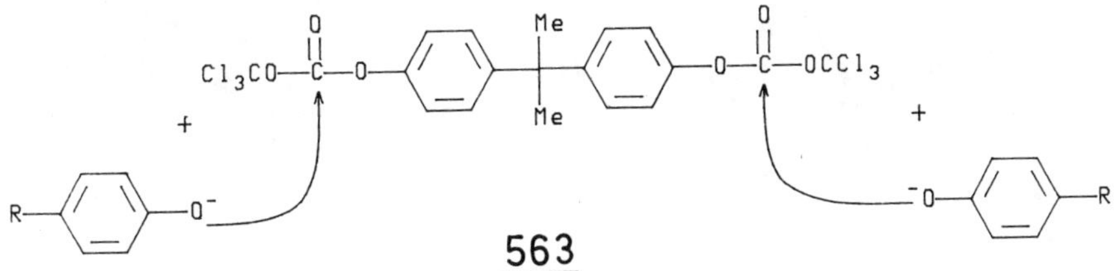

$$\underline{563}$$

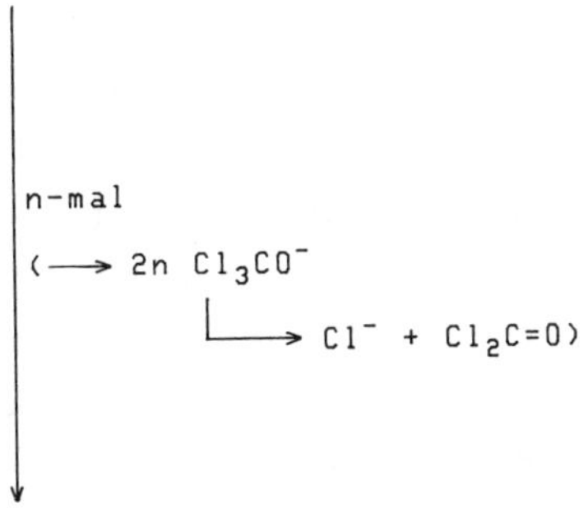

$$n\text{-}mal$$

$$(\longrightarrow 2n \; Cl_3CO^-$$

$$\longrightarrow Cl^- + Cl_2C=O)$$

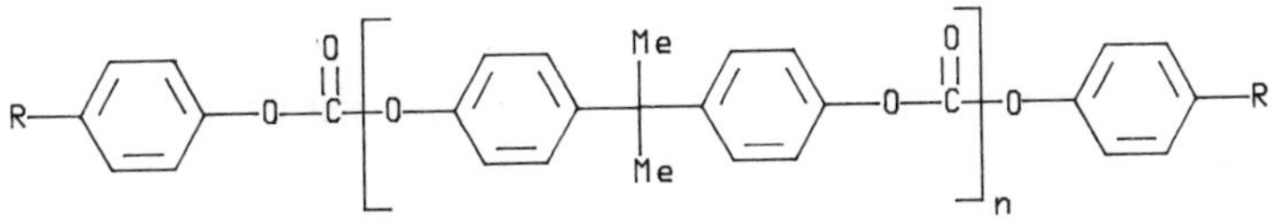

$$\underline{564}$$

ANTWORT 62

Fragestellung aus: D. Wehle, L. Fitjer, Tetrahedron Lett. *27*, 5843 [1986]; Angew. Chem. *99*, 135 [1987]; D. Wehle, Dissertation Universität Göttingen, 1986.

a) Die ^{1}H-NMR-Resonanz eines axialen Substituenten am Cyclohexan liegt bei höherem Feld als das Signal des gleichen Substituenten in äquatorialer Orientierung. Als Sonde können Sie in diesem Beispiel das Singulett des alkoholischen Wasserstoffs sowie sämtliche (!) Resonanzen der Allylgruppe verwenden. Damit ergeben sich die Zuordnungen **167** = **565** und **168** = **566**.

565   566

Das Allylmagnesiumbromid greift demnach bevorzugt *äquatorial* an. Dies entspricht der üblichen Diastereoselektivität bei der Addition von Nucleophilen an Cyclohexanone: *Elektronisch* bevorzugt ist der *axiale* Angriff. Zu diesem sind allerdings nur sterisch anspruchslose Nucleophile befähigt, d.h. Reduktionsmittel wie LiAlH$_4$ oder - wie erst kürzlich gefunden wurde - die schlanken (!) α-Cyancarbanionen (B. M. Trost, J. Florez, D. J. Jebaratnam, J. Am. Chem. Soc. *109*, 613 [1987]). Raumerfüllende Reduktionsmittel wie LiB(sBu)$_3$H oder typische Metallorganyle (wie im vorliegenden Fall) greifen Cyclohexanone aus der *sterisch* weniger behinderten *äquatorialen* Richtung an (Y.-D. Wu, K. N. Houk, J. Am. Chem. Soc. *109*, 908 [1987]).

Daß der äquatoriale Angriff auf Cyclohexanon der *sterisch* bevorzugte ist, ergibt sich übrigens aus den in diesem Buch wiederholt betonten Prinzip "konvex bevorzugt / konkav benachteiligt"!

b) Zur Ableitung der Geschwindigkeitsgleichung wird zuerst die Definition der Gleichgewichtskonstanten zu (62.2) umgeschrieben.

$$k_2 = k_1/K_{GG} \qquad\qquad (62.2)$$

Aus der Materialbilanz der Isomerisierung ergibt sich Gl. (62.3).

$$[\mathbf{168}] = [\mathbf{167}]_0 - [\mathbf{167}] \qquad\qquad (62.3)$$

Für die Bildungsgeschwindigkeit von **167** ergibt sich aus dem mechanistischen Schema Gl. (62.4). Darin substituiert man k$_2$ mittels Gl. (62.2) sowie [**168**] mittels Gl. (62.3).

$$\frac{d[167]}{dt} = - k_1[167] + k_2[168] \tag{62.4}$$

$$= -\left(k_1 \frac{K_{GG}+1}{k_{GG}}\right)\left([167] - \frac{[167]_0}{K_{GG}+1}\right) \tag{62.5}$$

$$\text{Wegen} \quad d[167] = d\left([167] - \frac{[167]_0}{K_{GG}+1}\right)$$

darf man das Differential im Zähler von Gl. (62.5) umschreiben und kann anschließend den Term mit der Variablen in das Differential aufnehmen:

$$d\left(\ln [167] - \frac{[167]_0}{K_{GG}+1}\right) = - k_1\left(\frac{K_{GG}+1}{K_{GG}}\right)dt \tag{62.6}$$

In dem *Argument* des Logarithmus von Gl. (62.6) resubstituiert man mit $[167]_0 =$ [167] + [168] [aus Gl. (62.3) erhalten] und erhält Gl. (62.7).

$$d\left[\ln\left(\frac{1}{K_{GG}+1}\right)\left([167] \times K_{GG} - [168]\right)\right] = - k_1\left(\frac{K_{GG}+1}{K_{GG}}\right)dt \tag{62.7}$$

In Gl. (62.7) darf man *im* Differential den Term $(1/(K_{GG}+1))$ als *Konstante* ansehen und deshalb streichen. Danach ersetzt man die Stoffmengenkonzentrationen [167] bzw. [168] (in mol/L) der Gl. (62.7) durch die *prozentualen Anteile* der Komponenten 167 bzw. 168 (Massenprozent bezogen auf die *Gesamtmenge* von 167 plus 168). Das ist statthaft, da die prozentualen Anteile $\%_{167}$ bzw. $\%_{168}$ *proportional* zu den entsprechenden Stoffmengenkonzentrationen [167] bzw. [168] sind. Damit erhält man Gl. (62.8).

$$d \ln(\%_{167} \times K_{GG} - \%_{168}) = -\left(k_1 \frac{K_{GG}+1}{K_{GG}}\right)dt \tag{62.8}$$

Gl. (62.8) ist eine *auswertbare* Form der gesuchten Beziehung (62.1). In Tabelle 3 wurden die Versuchsdaten entsprechend aufbereitet.

Tabelle 3 Zur Bestimmung der kinetischen Parameter des Systems **167⇌168** (vergleiche Text)

			$\ln(\%_{167} \times K_{GG} - \%_{168})$	
t [s]	$\%_{167}$	$\%_{168}$	$K_{GG} = 1.5$	$K_{GG} = 1.77$
0	93.7	6.3	4.90	5.07
775	89.0	11.0	4.81	4.99
1530	84.2	15.8	4.71	4.89
2285	78.8	21.2	4.57	4.77
3040	77.1	22.9	4.53	4.73
3795	72.3	27.7	4.39	4.61
4550	69.6	30.4	4.30	4.53
5905	64.8	35.2	4.13	4.38
7260	60.0	40.0	3.91	4.19
8615	56.9	43.1	3.74	4.05
10570	53.1	46.9	3.49	3.85
12525	49.3	50.7	3.15	3.60
16880	43.4	56.6	2.58	3.01

Die Aufgabe ist jetzt, nach Gl. (62.8) aufzutragen und zu prüfen, ob mit unserem "intelligent guess" für K_{GG} eine Gerade resultiert.

Tabelle 3 verzeichnet die entsprechenden Logarithmen für unseren Tip K_{GG} = 1.5. In Abbildung 14 erweist sich die entsprechende Auftragung als Gerade. Der Fall ist schon im ersten Anlauf gelöst!

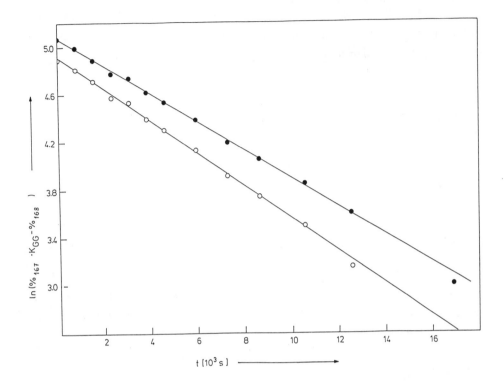

Abbildung 14 Auswertung der kinetischen Daten nach Gl. (62.8); offene Kreise für K_{GG} = 1.5, massive Punkte für K_{GG} = 1.77 (vergleiche Text)

Tatsächlich bestimmten die Autoren den Wert von K_{GG} experimentell *direkt*, indem sie die vollständige Gleichgewichtseinstellung abwarteten. Daraus ergab sich K_{GG} = 1.77. Die Auftragung der *damit* gewonnenen Daten liefert nach Abbildung 14 *ebenfalls* eine Gerade. Was ist los?! Nun, daß bloße Auge genügt offenbar nicht, *eine* der beiden Kurven in Abbildung 14 als die bessere auszumachen. *Gröbere* Abweichungen des geschätzten K_{GG} vom wirklichen Wert als der vergleichsweise geringfügige Unterschied von 1.5 versus 1.77 hätten sich in der Abbildung *selbstverständlich* bemerkbar gemacht! Ein zu großer Wert von K_{GG} hätte eine nach unten durchhängende Kurve verursacht; bei einem zu kleinen Schätzwert K_{GG} wäre die Kurve dagegen *zunehmend* steil abgefallen.

Bleiben wir aber bei dem, was uns die nichtoptimale (aber dafür von *uns* aufgefundene) Gleichgewichtskonstante K_{GG} = 1.5 aus der Geradensteigung von $-1.40 \times 10^{-4}\,s^{-1}$ liefern würde! Diese Steigung bedeutet nach Gl. (62.8) K_1 = $8.4 \times 10^{-5}\,s^{-1}$. Aus Gl. (62.2) errechnet sich damit $k_2 = 5.6 \times 10^{-5}\,s^{-1}$. (Mit dem *korrekten* K_{GG}-Wert fand man $k_1 = 7.6 \times 10^{-5}\,s^{-1}$ und $k_2 = 4.3 \times 10^{-5}\,s^{-1}$.)

c) Zur Berechnung der Inversionsbarriere $\Delta G^{\neq}_{167\,\to\,168}$ schreibt man die Eyring-Gleichung (62.9) zu Gl. (62.10) um.

$$k_1 = \frac{k_B T}{h}\,\exp(-\Delta G^{\neq}/RT) \tag{62.9}$$

$$\Delta G^{\neq} = -RT\,\ln(k_1 h/k_B T) \tag{62.10}$$

Aus Gl. (62.10) berechnet man mit "unserem" (etwas falschen) k_1 bei 140°C eine freie Aktivierungsenthalpie $\Delta G^{\neq}_{167\,\to\,168}$ von 32.0 kcal mol^{-1} (Literaturwert: $\Delta G^{\neq}_{167\,\to\,168}$ = 32.2 kcal mol^{-1}).

Für Cyclohexan berechnet man aus $\Delta H^{\neq}$ = 10.9 kcal mol^{-1} und $\Delta S^{\neq}$ = 2.9 cal mol^{-1}K^{-1} bei 140°C nach $\Delta G^{\neq} = \Delta H^{\neq} - T\Delta S^{\neq}$ einen Wert $\Delta G^{\neq}$ = 9.7 kcal mol^{-1}.

Die Inversionsbarriere von **167** ist also erheblich höher als im Cyclohexan. Der Grund ist, daß **167** ein 12fach *substituiertes* Cyclohexan ist. Die Ringinversion eines Cyclohexan-*Sessels* verläuft über einen *halbsesselförmigen* Übergangszustand. Darin sind 10 der 12 Ring-Substituenten ekliptisch zueinander orientiert! Dies ist bereits im Cyclohexan-Übergangszustand ungünstig. Doch stehen *darin* nur die kleinen C-H-Bindungen ekliptisch. Deshalb sind in dem Halbsessel-Übergangszustand der Ringinversion von **167** viel gravierendere Abstoßungen zu erwarten, denn dort stehen schließlich 10 - verglichen mit C-H-Bindungen - erheblich *größere* C-C-Bindungen ekliptisch zueinander.

d) Umgelagert wurde das Isomer **167** mit der *axialen* OH-Gruppe ... glücklicherweise also das Hauptprodukt der Grignard-Reaktion. Das Thionylchlorid diente zur *Abspaltung* von dessen Alkoholgruppe nach der standardmäßigen Bildung des Chlorsulfinsäure-esters **567**. Bisher kannten Sie die Reagenzienkombination Thionylchlorid/Pyridin wohl nur bei der Überführung eine Alkohols in das Chlorid. Sie wissen von den beiden Mechanismen, die an der letzteren Reaktion beteiligt sein können: S_Ni- oder S_N2-Reaktion. *Beide* können aber in **567** *nicht* wirksam werden, denn nicht nur müßte ein *tertiäres* Chlorid entstehen, sondern dies müßte obendrein in einer doppelten Neopentylstellung geschehen!

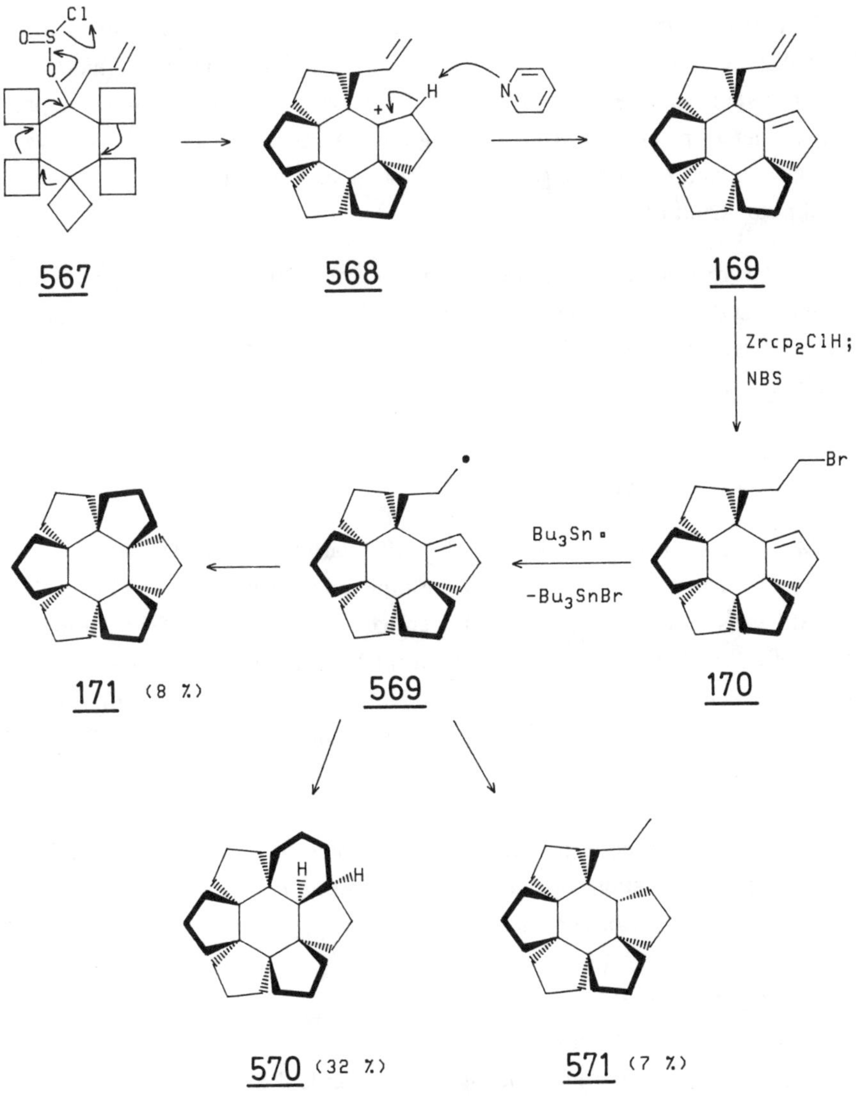

Statt zu einer Substitutionsreaktion kommt es daher zu einer Fragmentierung. Sie erfolgt besonders leicht, wenn die Abgangsgruppe von einer benachbarten C-C-Bindung gewissermaßen aus dem Molekül herausgeschoben wird. Dieser "Schub" muß aus der richtigen Richtung kommen. Nur dann gelingt also ein anchimer unterstützter (der vornehme Ausdruck für "Schub") Austritt der Abgangsgruppe, wenn die helfende Nachbargruppe *anti* zu ihr steht, d.h. ebenfalls axial orientiert ist! Folglich lagert sich **567** *leicht* um, während der von **168** abgeleitete isomere *äquatoriale* Chlorsulfinester *ohne* diesen beschleunigenden Effekt auskommen müßte.

Der Austritt der Abgangsgruppe nutzt den diskutierten Nachbargruppeneffekt so "gründlich", daß gleich ein umgelagertes *Kation* resultiert. Letzteres initiiert nachfolgend noch eine ganze Kaskade von Wagner-Meerwein-Umlagerungen. Diese profitieren von der Abnahme der Ringspannung und kommen erst zum Stillstand, wenn in dem Carbeniumion **568** kein gespanntes Cyclobutan mehr enthalten ist. **568** wird von Pyridin zum Olefin **169** deprotoniert.

Die Hydrozirkonierung der weniger gehinderten Doppelbindung von **169** und die Bromierung der entstandenen Zirkoniumverbindung liefern **170**. Das Radikal **569** ist die Schlüssel-Zwischenstufe auf dem Weg zum Coronan **171**. Das gleiche Radikal **569** erklärt aber auch das Auftreten von **570** und **571**.

e) Zur Abschätzung der Umwandlungsbarriere von Sessel-**171** in Sessel'-**171** mit der NMR-Spektroskopie:

Man bedient sich der Heisenbergschen Unschärferelation in der Form $\Delta E \times \Delta t \geq h$. Darin setzt man $\Delta E = h \Delta\nu$, wobei $\Delta\nu$ die Linienbreite (d.h. Energie-Unschärfe!) des NMR-Signals sein soll. Betreffs der Lebensdauer Δt des betrachteten Zustands muß man sich erst einmal fragen, *welchen* Zustand wir eigentlich betrachten: Δt ist die Zeitspanne, die ein Molekül Sessel-**171** im NMR-Spektrometer damit zubringt, *unverändert* auf das Eintreffen eines Radiowellen-Quants zu warten. Diese Wartezeit ist beendet, sobald sich das Molekül in Sessel'-**171** umgewandelt hat. D.h., die Lebenszeit Δt des Sessel-**171** ist größenordnungsmäßig durch die Halbreaktionszeit $\tau_{1/2}$ gegeben, nach welcher er zur Hälfte zu Sessel'-**171** isomerisiert hat. Mit $\tau_{1/2} = \ln 2/k$ (bei einer unimolekularen Reaktion) setzen wir näherungsweise $\Delta t \approx 1/k$ in die Heisenberg-Relation ein. Diese schreibt sich damit:

$$h\Delta\nu \times (1/k) \geq h \qquad\qquad (62.11)$$

Gl. (62.11) muß jetzt noch richtig gelesen werden! Sie gilt für den betrachteten Kern in Sessel-**171**, und sie gilt für diesen Kern ein zweites Mal im Sessel'-**171**. Wann können die NMR-Signale *dieses* Kerns in den beiden Isomeren *getrennt beobachtet* werden? Offensichtlich nur dann, wenn die jeweiligen Linienbreiten ($\Delta\nu_{\text{Sessel-}\mathbf{171}}$ bzw.

$\Delta\nu_{Sessel'\text{-}171}$) den eigentlichen Signal-*Abstand* ($\Delta\delta = \delta_{Sessel\text{-}171} - \delta_{Sessel'\text{-}171}$) nicht "zukleistern".

Mit anderen Worten: Für

k $\leq$ $\Delta\delta$ werden *getrennte NMR-Signale* beobachtet,   (62.12)

und für

k $\geq$ $\Delta\delta$ sieht man ein gemeinsames Signal.   (62.13)

Da im ^{13}C-NMR-Spektrum die Resonanzen von axialen und äquatorialen C-Atomen kollabieren, ist Gl. (62.13) erfüllt. Daraus könnte man die Untergrenze für die Geschwindigkeitskonstante k der Isomerisierung berechnen, wenn man die Größe $\Delta\delta$ kennen würde.

$\Delta\delta$ nähern wir - mangels besseren Wissens - als die Verschiebungs-Differenz von axialer versus und äquatorialer Methylgruppe im Methylcyclohexan. Dafür gilt $\Delta\delta = 6$ ppm (H.-O. Kalinowski, S. Berger, S. Braun, *^{13}C-NMR-Spektroskopie*, S. 103, Georg Thieme Verlag, Stuttgart, New York 1984). 6 ppm entsprechen bei einem 50.3-MHz-^{13}C-NMR-Spektrum $\Delta\delta = 300$ Hz. Also bedeutet das Kollabieren der ^{13}C-Resonanzen von **171** nach Gl. (62.13), daß $k_{Inversion} \geq 300$ s^{-1} ist. Mit der Eyring-Gleichung (62.10) berechnet man aus diesem k-Wert bei 25°C $\Delta G^{\neq} \leq 14.1$ kcal mol^{-1}.

Diese Inversionsbarriere von **171** liegt demzufolge um mindestens 18 kcal mol^{-1} tiefer als die von **167**. Das beruht darauf, daß der *zentrale* Ring des Polycylus **171** von den umgebenden starren fünfgliedrigen Ringen *fast flach gedrückt* wird. Der "Sessel" **171** sieht daher schon ein bißchen wie der *halbsesselförmige* Übergangszustand der Ringinversion aus. Dieser geometrischen Ähnlichkeit entspricht die energetische! Der *zusätzlich* erforderliche Energie-Aufwand bis zum *vollständigen* Erreichen des Übergangszustands ist deshalb relativ klein.

ANTWORT 63

Fragestellung aus: P. J. Harrington, L. S. Hegedus, K. F. McDaniel, J. Am. Chem. Soc. *109*, 4335 [1987].

Zu **572** führen konventionelle Schritte.

Im Schritt e) wird zweiwertiges Palladium benötigt. Dieses bewirkt eine Art Wacker-Oxidation des Olefins. Der Unterschied zur Wacker-Oxidation besteht einerseits darin, daß die Palladium-substituierte Carbeniumion-Zwischenstufe mit einem Amid statt mit Wasser reagiert. Andererseits unterscheiden sich die Reaktionsbedingungen bei e) in dem Oxidationsmittel, das aus dem zwischenzeitlich gebildeten Pd(0) das zweiwertige Palladium zurückbildet. Der Wacker-Prozeß verwendet $CuCl/O_2$, während hier p-Benzochinon zum Einsatz kommt.

Schritt d): Hier geht es um die Iodierung eines Indols. Elementares Iod ist ein zu schwaches Elektrophil, um Aromaten *direkt* zu iodieren. Erst die Kombination von I_2 mit $AgClO_4$ entspricht einem *hinreichend scharfen* Elektrophil, wenn es um die Substitution eines Wasserstoffatoms (!) an Aromaten Ar-H geht. Elementares Iod ist aber *ausreichend* elektrophil, wenn an einem *stärkeren* Nucleophil als Ar-H substituiert wird, d.h. an einer Aryl-*Metall*-Verbindung.

Daher beschreitet man hier zur Überführung des Indols **573** in das Iodindol **575** den Umweg über das Quecksilberderivat **574**. Bei der Darstellung von **574** wird das gebräuchliche Hg(II)-Reagenz $Hg(OAc)_2$ auf weniger gebräuchliche Weise aktiviert: Die zugefügte $HClO_4$ dürfte einen Acetatrest zu Essigsäure protonieren. Da das resultierende ClO_4^--Anion im Gegensatz zu dem stärker basischen Acetat-Ion *nicht* am Hg(II) koordiniert, wird letzteres zu einem besseren Elektrophil.

Mit b) und g) folgen zwei Heck-Reaktionen (Übersicht: H.-U. Reißig, Nachr. Chem. Techn. Lab. *34*, 1066 [1986]). Diese benötigen 0-wertiges Palladium. Da in beiden Fällen Pd(II)-acetat *eingesetzt* wurde, entsteht das katalytisch wirksame Pd(0) erst in situ. Vermutlich bewirkt das zugesetzte Triethylamin die Reduktion.

Im Schritt h) entsteht der Pd(II)-Abkömmling **576** nach genau dem gleichen Wacker-ähnlichen Mechanismus, mit dem **572** im Schritt e) das Primärprodukt bildete. **576** stabilisiert sich allerdings nicht wie oben durch die Eliminierung von Pd(0). Stattdessen wird PdCl(OH) abgespalten, und **172** entsteht.

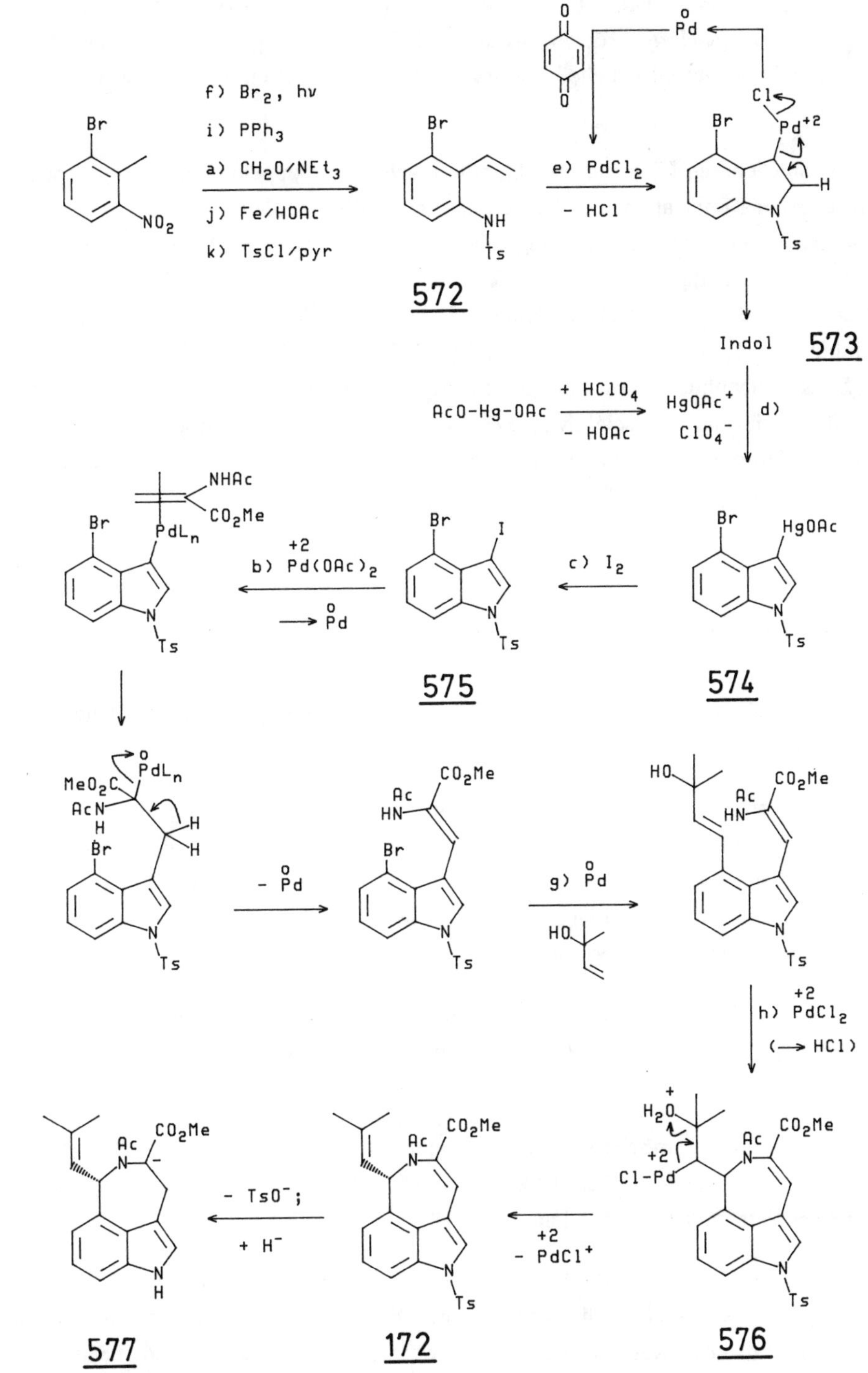

f) Br$_2$, hv

i) PPh$_3$

a) CH$_2$O/NEt$_3$

j) Fe/HOAc

k) TsCl/pyr

e) PdCl$_2$

− HCl

572

Indol **573**

AcO–Hg–OAc $\xrightarrow[- \text{HOAc}]{+ \text{HClO}_4}$ HgOAc$^+$ ClO$_4^-$ d)

+2
b) Pd(OAc)$_2$

$\rightarrow$ $\overset{o}{\text{Pd}}$

c) I$_2$

575 **574**

− $\overset{o}{\text{Pd}}$

g) $\overset{o}{\text{Pd}}$

+2
h) PdCl$_2$

(→ HCl)

− TsO$^-$;

+ H$^-$

+2
− PdCl$^+$

577 **172** **576**

Im *letzten* Reaktionsschritt soll die Doppelbindung des α-Aminoacrylester-Teils von **172** *positionsselektiv* reduziert werden. Die Doppelbindung des Isobutenyl-Substituenten darf dabei nicht behelligt werden. Damit scheidet eine katalytische Hydrierung aus.

Photochemisch kann man selektiv die *gewünschte* Doppelbindung aktivieren, da *nur diese* in Konjugation mit dem aromatischen Chromophor steht. Die Anhebung eines Elektrons macht das vormalige HOMO zu einem SOMO. Dieses SOMO ist das tiefste unvollständig besetzte Orbital des *angeregten* Acrylesters **172***. Es liegt energetisch tiefer als das LUMO des Esters **172** in dessen elektronischem *Grundzustand*. Mithin ist **172*** ein stärkeres Elektrophil als **172**. Deshalb kann **172*** *im Gegensatz zu* **172** das nucleophile Hydrid-Ion aus dem NaBH$_4$ aufnehmen. So entsteht das Esterenolat **577**, das diastereoselektiv zu **173** protoniert wird. Dabei wurde bereits berücksichtigt, daß der N-Tosylrest im gleichen Arbeitsgang durch alkalische Methanolyse verlorengeht.

ANTWORT 64

Fragestellung aus: S. M. Kerwin, A. G. Paul, C. H. Heathcock, J. Org. Chem. *52*, 1686 [1987].

Hier werden zwei Robinson-Annellierungen nacheinander durchgeführt. β-Chlorketone sind eine stabile Vorratsform für die basenempfindlichen und gelegentlich polymerisationsfreudigen α,β-ungesättigten Ketone. Bei der Einwirkung von Base werden erstere in letztere umgewandelt. Der Michael-Akzeptor der Robinson-Annellierung wird hier auf diese Weise in situ erzeugt.

Die erste Robinson-Annellierung liefert **579**. Daraus setzt NaOMe das *thermodynamische Enolat* **580** frei (vergleiche Aufgabe 53c); das *kinetische Enolat* **582** tritt nicht auf.

Das thermodynamische Enolat **580** reagiert *ambidoselektiv* an C$_\alpha$ (→ **581**) statt an C$_\gamma$ (das ein Isomeres ergeben hätte). Diese α-Selektivität ist typisch für die Reaktion von Dienolaten mit Elektrophilen.

Die *selektive* Aufeinanderfolge von *zwei* Robinson-Annellierungen ist möglich, weil die *erste* Annellierung die schnellere ist. Dies liegt an der vergleichsweise hohen Konzentration des β-Ketoester-Anions **578**, welches *stabiler* als das Dienolat **580** ist.

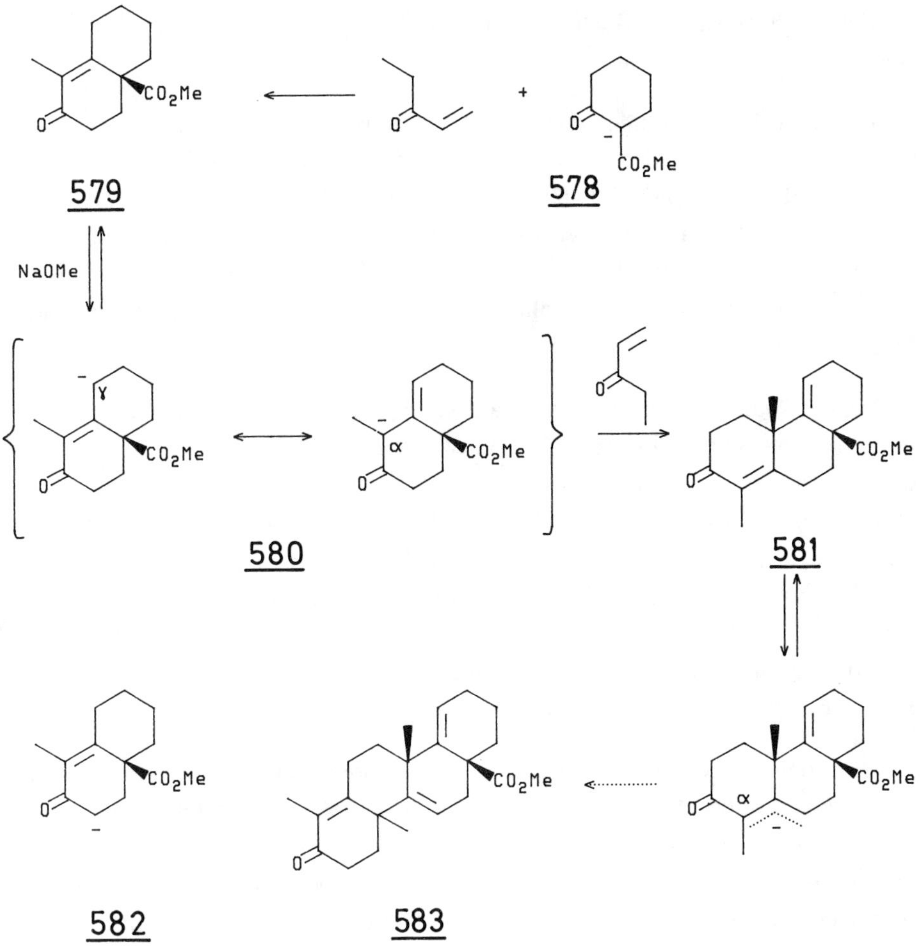

CO_2Me

579

$+$

CO_2Me

578

NaOMe

CO_2Me

γ α

CO_2Me

580

CO_2Me

581

CO_2Me

582

CO_2Me

583

α

CO_2Me

Allerdings könnte eine *Überreaktion* in Form einer *dritten* Robinson-Annellierung zu **583** konkurrieren. Man wird die Reaktionszeit daher so optimiert haben, daß einerseits fast alles **578** verbraucht ist und andererseits erst wenig **581** zu **583** weiterreagiert hat.

ANTWORT 65

Fragestellung aus: G. Guella, I. Mancini, F. Pietra, Helv. Chim. Acta *70*, 621 [1987].

Bei der *Retrosynthese* führt man den Chinonteil von **175** auf ein Phenol (**584**) zurück. Man nutzt dabei, daß Phenole durch Oxidation mit Fremys Salz in Chinone übergehen (H. Zimmer, D. C. Lankin, S. W. Horgan, Chem. Rev. *71*, 229 [1971]). Auf diese Weise wird das Problem der Synthese eines Chinons zu der vertrauteren Frage der Darstellung eines substituierten Benzols vereinfacht. Die weitere retrosynthetische Zerlegung von **584** in den metallierten Phenolether **586** und das Allylbromid **585** ist naheliegend.

Bei der *Synthese* übernimmt man die Z-konfigurierte Doppelbindung des Synthesebausteins **585** aus Nerol (**588**). Dazu muß **588** zunächst positionsselektiv oxidiert werden. Zu diesem Zweck wird die Alkoholfunktion als Ester geschützt. Die freie OH-Gruppe würde nämlich das Oxidationsmittel an die falsche C=C-Doppelbindung, nämlich an diejenige in der Allylalkohol-Teilstruktur, lenken. Versetzt man das resultierende Nerol-acetat mit MCPBA, wird *darin* die elektronen-reichere Doppelbindung epoxidiert. Dies liefert das Oxiran **589**. (Zur *analogen Positionsselektivität* bei der MCPBA-Oxidation des strukturell verwandten Geraniolphenylethers: M. Aziz, F. Rouessac, Tetrahedron *44*, 101 [1988]).

Im dritten Syntheseschritt wird die tertiäre OH-Gruppe der Zielstruktur durch die *regioselektive* (weil S_N2-artige) Reduktion des Oxirans **589** erzeugt. Gleichzeitig wird durch die Reduktion des Acetatrestes eine primäre OH-Gruppe freigesetzt. Diese primäre *und* allylständige OH-Gruppe wird schließlich positionsselektiv durch Brom substituiert. Die Silylierung zu **585** erscheint trotz der sterischen Hinderung unproblematisch.

Der aromatische Synthesebaustein ist aus Guajacol über den SEM-Ether **587** zugänglich. Die Substituent-gesteuerte Metallierung von **587** sollte regioselektiv *ortho zu der stärker dirigierenden Gruppe* erfolgen. Da der SEM-Ether aufgrund seines Chelatisierungsvermögens die Lithiierung *stärker* steuert als der Methylether, sollte ausschließlich das gewünschte **586** entstehen.

Den Abschluß der Synthese stellen die Alkylierung von diesem **586** mit dem Allylbromid **585**, die Abspaltung der beiden siliciumhaltigen Schutzgruppen (→ **584**) sowie die Oxidation zum Zielmolekül dar.

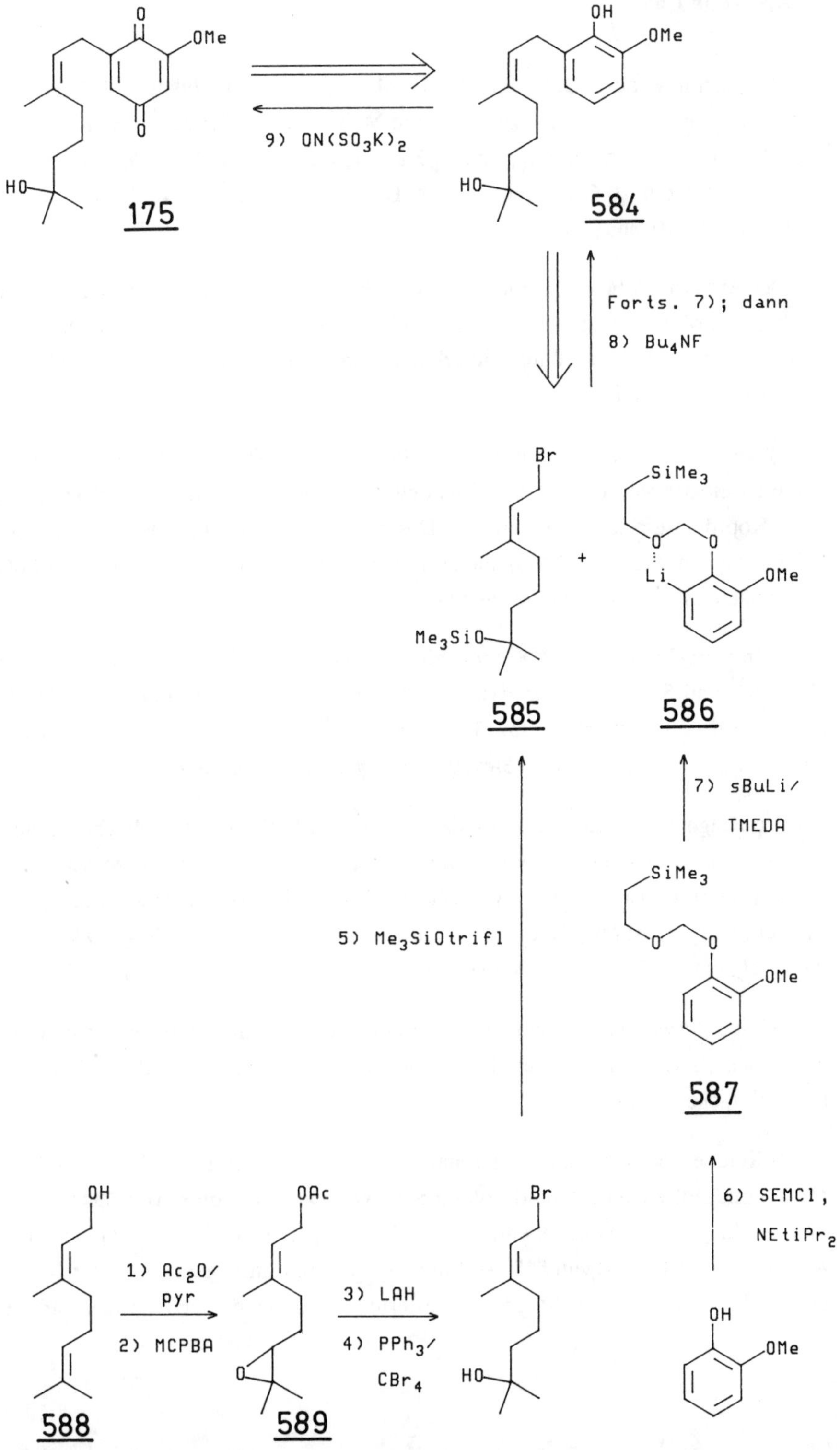

9) ON(SO₃K)₂ → written as 9) ON(SO_3K)_2

Forts. 7); dann
8) Bu₄NF

175 **584**

Br
SiMe₃
Li
OMe
Me₃SiO

585 + **586**

7) sBuLi/
TMEDA

5) Me₃SiOtrifl

SiMe₃
OMe

587

6) SEMCl,
NEtiPr₂

OH
OAc
Br

1) Ac₂O/
pyr
2) MCPBA

3) LAH
4) PPh₃/
CBr₄

OH
OMe

588 **589**

ANTWORT 66

Fragestellung aus: G. Quinkert, U.-M. Billhardt, H. Jakob, G. Fischer, J. Glenneberg, P. Nagler, V. Autze, N. Heim, M. Wacker, T. Schwalbe, Y. Kurth, J. W. Bats, G. Dürner, Cr. Zimmermann, H. Kessler, Helv. Chim. Acta *70*, 771 [1987]; G. Quinkert, N. Heim, J. Glenneberg, U.-M. Billhardt, V. Autze, J. W. Bats, G. Dürner, Angew. Chem. *99*, 363 [1987].

Der Arylether **176** wird ortho-selektiv zu **590** lithiiert und alkyliert. Beim weiteren Ausbau des Moleküls zu **591** ist die Metallierung von **177** erwähnenswert. Sie erfolgt wiederum in der ortho-Stellung und erlaubt erneut die positionsselektive Funktionalisierung des Aromaten.

a) BF$_3$ spaltet eine Acetatgruppe aus Pb(OAc)$_4$ ab. Das vierwertige Blei wird dadurch so elektrophil, daß es eine Bindung zum phenolischen Sauerstoff knüpft, um seine Koordinationslücke aufzufüllen. Das resultierende Pb(IV)-Derivat **592** könnte sich über einen cyclischen Übergangszustand zersetzen. Unter Freisetzung von Pb(II)-acetat käme man zum Chinolacetat **178**.

b) In dem Chinolacetat **178** steckt ein ein 1,3-Cyclohexadien. Die Konjugation mit Carbonyl- und Sulfonylgruppe gestattet diesem Dien die Absorption von UV-Licht. Dieses wird benötigt, um die im Grundzustand *endotherme* elektrocyclische Ringöffnung vom Typ Cyclohexadien → Hexatrien *exergonisch* zu machen.

Die Ringöffnung *kostet* im Grundzustand ca. 20 kcal mol^{-1} (vergleiche Bindungs-enthalpien im Anhang dieses Buches). Das ist der Preis *jeder* elektrocyclischen Ring-öffnung. Dort wird nämlich - in der Bilanz - *immer* eine σ- in eine π-Bindung umge-wandelt. Umgekehrt *bringt* die Umwandlung einer π- in eine σ-Bindung 20 kcal mol^{-1}; *darin* liegt die Triebkraft von Cycloadditionen oder Olefin-Polymerisationen!

c) Die *zentrale* Doppelbindung des Hexatriens **593** ist als Folge des Reaktionsme-chanismus cis-konfiguriert. Für die E-Konfiguration des Enolacetats in **593** gibt es keine einfache Erklärung.

d) Ketene sind, wie Sie wissen, scharfe Acylierungsmittel. Folglich acyliert **593** das Methylimidazol zu einem Imidazolium-Salz **594**. Das Carbanion von **594b** deproto-niert die im gleichen Molekül enthaltene OH-Gruppe. Dadurch entsteht einerseits die Acylimmonium-Einheit von **595**; Acylimmonium-Ionen sind die acylierenden Teilchen bei der Einhorn- bzw. der Steglich-Veresterung. Andererseits erzeugt das Carbanion

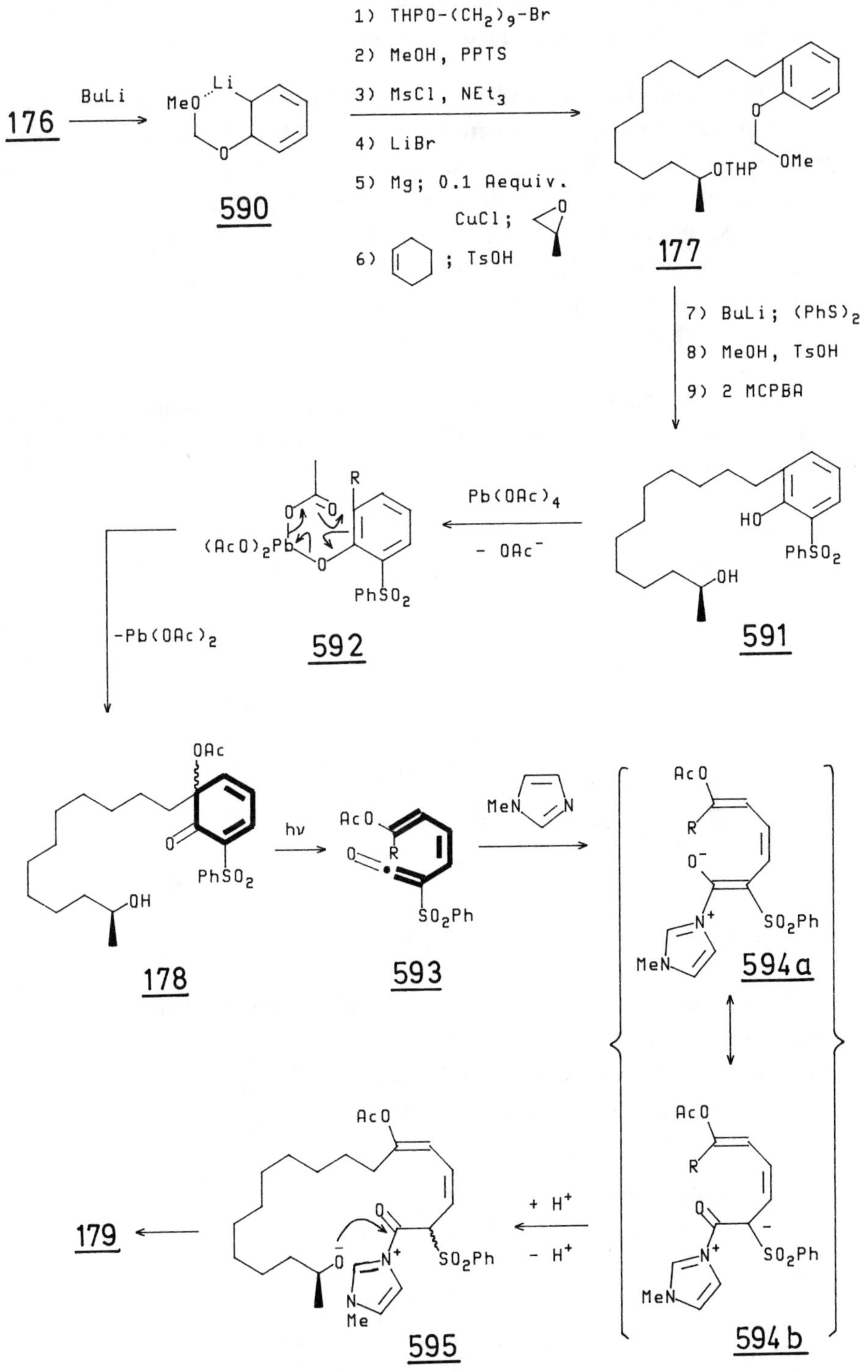

1) THPO-(CH₂)₉-Br
2) MeOH, PPTS
3) MsCl, NEt₃
4) LiBr
5) Mg; 0.1 Aequiv. CuCl;
6) ; TsOH

7) BuLi; (PhS)₂
8) MeOH, TsOH
9) 2 MCPBA

176 590 177

Pb(OAc)₄
- OAc⁻

(AcO)₂Pb 592 591

-Pb(OAc)₂

178 593 594a

594b

595 179

von **594** ein *Alkoholat* im *gleichen* **595**, das bereits das Acylierungsmittel enthält. Dies ist die perfekte Voraussetzung für eine *rasche* Lactonisierung zu **179**.

e) Der *sterisch leichter zugängliche* und als Enolester gleichzeitig *elektronisch akti-vierte Ester* in **179** soll gespalten werden. D.h., der Carboxyl-Kohlenstoff des Acetats soll *positionsselektiv* anstelle des Carboxyl-Kohlenstoffs des Lactons nucleophil ange-griffen werden. Es gilt daher, mit einem *milden* und dadurch im genannten Sinn *selektiven* Nucleophil nur das Acetat zur Reaktion zu bringen. Das Azid-Ion dient hier als dieses reaktionsträge und in der Tat selektive Nucleophil. Es wird von einem Pha-sentransfer-Katalysator an das Substrat herangeführt. Zunächst reagiert es zum Ace-tylazid, das nachfolgend zu Essigsäure hydrolysiert wird.

Die Abgangsgruppe beim Angriff des Azids auf **179** ist ein Enolat. Dieses stabili-siert sich durch die Abspaltung von Phenylsulfinat zum beobachteten **180** (als E,Z-Isomeren-Gemisch).

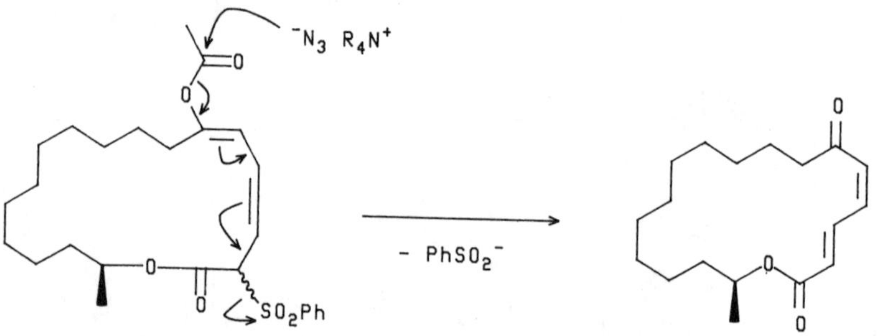

Anmerkung: Die Stereoselektivität der *folgenden* beiden Reaktionsschritte über-steigt das von Ihrer Seite qualitativ Vorhersagbare. *Ihnen* sollte nur noch aufgefallen sein, daß das OsO_4 als Elektrophil - weil Oxidationsmittel - positionsselektiv die *elek-tronenreichere* Doppelbindung des ungesättigten Lactons angreift.

ANTWORT 67

Fragestellung aus: A. K. Singh, R. K. Bakshi, E. J. Corey, J. Am. Chem. Soc. *109*, 6187 [1987].

Zum Auftakt entreißt ein Bu$_3$Sn-Radikal der Selenverbindung **182** den Phenylse-lenylrest. Das resultierende Acylradikal **596** cyclisiert *rasch* zu dem Radikal **597**, einem *fünfgliedrigen* Lacton. Auch die Cyclisierung des 1-Hexenylradikals liefert bevorzugt ein *Fünfring*-Radikal, das bekannte Cyclopentylmethyl-Radikal.

Wenn dieses Radikal **597** mit einem Bu$_3$SnH-Molekül zusammentrifft, entsteht als Abfangprodukt **183**. Bei sehr niedriger Bu$_3$SnH-Konzentration - d.h., wenn dieses Reagenz *nach und nach* zum Reaktionsgemisch gefügt wird - ist die Geschwindigkeit dieser Abfangreaktion vernachlässigbar klein: Die betreffende Reaktionsgeschwin-digkeit ist ja proportional zu dem Produkt aus [**597**] und [Bu$_3$SnH], d. h. proportional zu dem *Produkt von zwei sehr kleinen Größen*. Wenn sich demnach unter *diesen* Bedin-gungen in diesem Fall das Radikal **597** *nicht* durch das Einfangen eines H-Atoms sta-bilisieren kann, sucht es eine *andere* Stabilisierungsmöglichkeit. **597** könnte zu **596** dis-soziieren. Letzteres müßte *rasch* zu **597** *und* alternativ *langsam* zu dem isomeren Ra-dikal **598** cyclisieren. **598** würde auch bei *niedrigen* Bu$_3$SnH-Konzentrationen auf einen *erfolgreichen* Zusammenstoß mit diesem Reagenz abwarten können, wodurch **184** entstünde.

Weshalb wartet **598** *erfolgreicher* als **597** auf das spärlich anzutreffende Bu$_3$SnH? Vielleicht entsteht **598** irreversibel. **598** könnte aber auch in einer reversiblen Reaktion gebildet werden, vorausgesetzt (!), diese fände *vollständig* zu Lasten von **597** statt; letzteres wäre der Fall, wenn **598** *erheblich* stabiler als **597** wäre.

Um Übereinstimmung mit dem Experiment zu erzielen, muß $k_5 >> k_6$ erfüllt sein (vergleiche Formelschema). Wenn man die Umlagerung von **597** zu **598** *einstufig* formuliert, müßte $k_5 >> k_{Umlag}$ gelten.

Übrigens: Einer *Dissoziation* eines Radikals begegneten Sie auch in Aufgabe 14.

ANTWORT 68

In erster Näherung zeigt dieses Spektrum Dubletts und Tripletts: Die Dubletts entsprechen Protonen mit *einem*, die Tripletts solchen mit *zwei* vicinalen H-Atomen.

Beginnen wir mit der Zuordnung der Dubletts. Diese werden wegen ihres *nur einen* vicinalen Kopplungspartners durch die Protonen 2-H, 3-H, 5-H bzw. 8-H verursacht. Who is who?

Vermutlich haben Sie bemerkt, daß die Dubletts zu zwei Kategorien gehören: Es gibt scharfe Signale bei δ = 7.61 bzw. 8.34; diese zeigen also *keine* weiteren nichtaufgelösten Kopplungen. Sie entsprechen in **599** daher 3-H und 2-H, und zwar in dieser Reihenfolge: Ein Acceptor-Substituent entschirmt ja die ortho- und nicht die meta-Protonen. Sodann sehen Sie zwei "breite Dubletts" bei δ = 7.31 bzw. 9.09, die nichtaufgelöste kleine Kopplungen verbergen. Also rühren diese Dubletts von den Protonen 5-H / 8-H in **599**. Letztere können - anders als 2-H und 3-H - *kleinere* meta- bzw. para-Kopplungen enthalten.

Die breiten Dubletts sowie die Tripletts enthüllen die folgende Protonen-Konnektivität: Das Proton mit δ = 9.09 ppm ist direkter Nachbar von δ = 7.67 ppm; letzteres ist direkt benachbart zu δ = 7.43 ppm, und das wiederum zu δ = 7.31 ppm. (Die Tripletts wurden den mit ihnen koppelnden Dubletts aufgrund ihrer unterschiedlich großen Dacheffekte zugeordnet.)

Die restlichen Kopplungsmuster werden jetzt verständlich. Die Dublett-*Feinstruktur* beider Tripletts rührt von jeweils einer meta-Kopplung J_{meta} = 1.20 Hz. Dieses J_{meta} müßte *auch* in den verursachenden breiten Dubletts *aufgelöst* werden,

käme dort nicht zusätzlich eine kleine para-Kopplung überlagernd - und nichtaufge-
löst - hinzu.

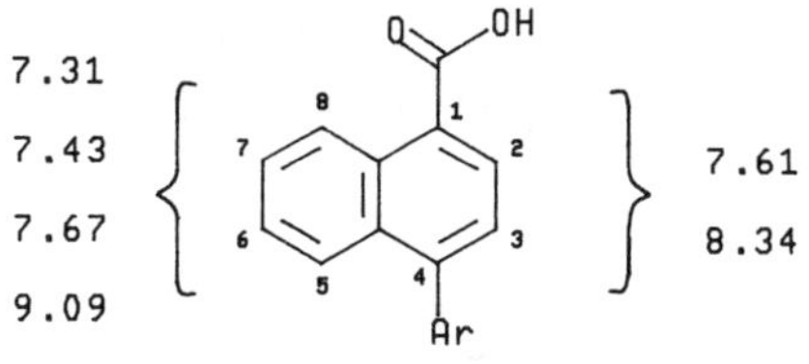

7.31
7.43
7.67
9.09

7.61
8.34

599

Tieffeld-Shift

1.3 ppm

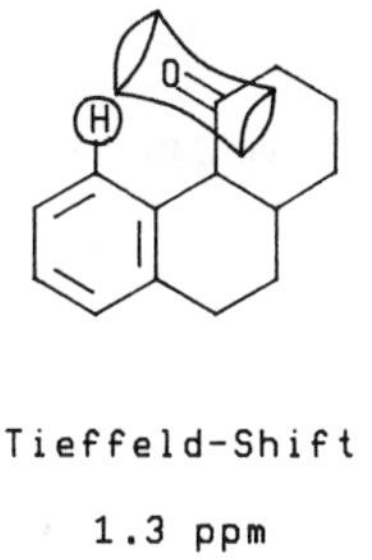

600

Bisher blieb offen, ob das nach extrem tiefem Feld verschobene Dublett bei δ = 9.09 ppm zum 5-H oder zum 8-H von gehört. Der Vergleich mit dem angedeuteten Tieffeldsignal des Ketons **600** - durch den Anisotropie-Effekt der Carbonylgruppe verursacht - gestattet, δ = 9.09 ppm dem 8-H zuzuweisen.

Damit sind die restlichen NMR-Signale von **599** wie in **601** zuzuordnen.

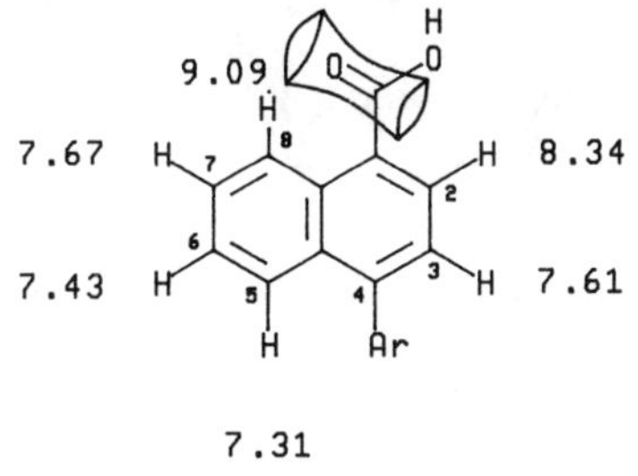

9.09

7.67
7.43

8.34
7.61

7.31

601

7.81

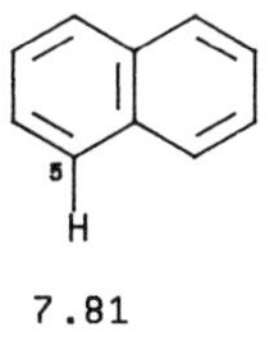

602

Auffällig ist die *Hochfeld*-Verschiebung des 5-H von **601**: Vergleichen Sie mit der entsprechenden Resonanz im unsubstituierten Naphthalin (**602**)! Dieser Hochfeld-Shift von mindestens 0.50 ppm muß durch den *benachbarten* Naphthalin-Ring am C-4 zustande kommen. Offensichtlich befindet sich das 5-H im *abschirmenden* Teil des durch den aromatischen Ringstrom verursachten Zusatzmagnetfeldes.

In einem *planaren* Molekül **185** würde das 5-H durch den zweiten Naphthalinring *entschirmt*. Nur in einer *verdrillten* Konformation von **185** gerät 5-H in den *abschirmenden* Sektor. Somit ist eine *Verdrillung* von **185** erwiesen!

Die Abbildung 15 macht plausibel, daß der beobachtete Hochfeld-Shift um 0.50 ppm zu einer vollständigen 90°-Verdrillung des untersuchten Biphenyls paßt.

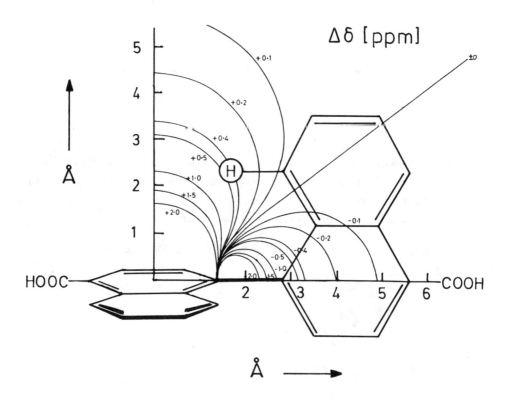

Abbildung 15 Entschirmende und abschirmende Bereiche des Ringstrom-bedingten Magnetfeldes eines Benzolrings, dessen Zentrum mit dem Koordinatenursprung zusammenfällt (C. W. Haigh, R. B. Mallion, Org. Magn. Res. *4*, 203 [1972]; verändert zitiert nach H. Günther, *NMR-Spektroskopie*, S. 369, Georg Thieme Verlag, Stuttgart 1973). Dieser Benzolring ist hier als Teilstruktur des *verdrillten* Binaphthylderivats **185** dargestellt.

ANTWORT 69

Fragestellung aus: D. H. Hua, J. Am. Chem. Soc. *108*, 3835 [1986].

a) Um die stereochemischen Implikationen einer Reaktion zu verstehen, muß man erst ihren *Mechanismus* klären.

Sowohl das Elektrophil **186** als auch das Nucleophil **187** besitzen *zwei* reaktive Zentren. Die Konstitution des *Reaktionsprodukts* könnte *unmittelbar* aus der selektiven 1,4-Addition des γ-Terminus des Allylanions an das Enon hervorgehen. Sie könnte sich aber auch *mittelbar* über einen *anderen* Mechanismus ergeben: Vielleicht findet zunächst eine 1,2-Addition an **R-186** statt. Dies entspräche der *üblichen* Ambidoselektivität bei der Einwirkung von Organolithiumverbindungen auf α,β-ungesättigte Carbonylverbindungen. Das Allylanion müßte in diesem Fall mit seinem α-Kohlenstoffatom reagieren. Dadurch entstünde **603** als Primärpodukt. Die Verbindung **603** enthält ein 1,5-Hexadien mit einem O⁻-Substituenten in der 3-Stellung. Dieses Strukturelement prädisponiert zu einer *äußerst raschen* Cope-Umlagerung. Das Umlagerungsprodukt **604** ist das *Enolat* des isolierten Reaktionsprodukts!

Nebenbemerkung: Es wurde gefunden, daß Bis(alkylthio)-substituierte Allyl-Anionen in der Bilanz eine γ-1,4-Addition an Cyclopentenone unternehmen. In *diesem* Fall konnte gezeigt werden, daß die isolierten γ-1,4-Additionsprodukte *nicht* das Primärprodukt waren. *Mechanistisch* erfolgte, genau wie vorstehend für die Umsetzung des Sulfinyl-allylanions **187** mit dem Cyclopentenon **186** vorgeschlagen, zuerst eine α-1,2-Addition. Dieser schloß sich - analog zu dem oben propagierten **603** → **604** - eine Oxy-Copeumlagerung an: F. E. Ziegler, U. R. Chakraborty, R. T. Wester, Tetrahedron Lett. *23*, 3237 [1982].

Im folgenden soll deshalb mit dem zweistufigen Reaktionsmechanismus argumentiert werden. Insbesondere soll auch die Stereoselektivität der betrachteten Reaktionen im Rahmen dieses zweistufigen Mechanismus analysiert werden. Sie ergibt sich im *ersten* Teilschritt der Reaktion! Überzeugen Sie sich davon anhand von Molekülmodellen!

Nach dem gerade Gesagten erfolgt zunächst die 1,2-Addition von **606** (≈ **187**) an das Keton. Wie geschieht dies *im Detail*? Das wissen wir nicht! Vergleichen Sie aber einmal die Formeln **605** und **606**! Sie entlarven das Enolat-Anion **605** als Kohlenstoff-Analogon des Sulfinyl-Anions **606**. Wir nutzen jetzt diese *strukturelle* Analogie, indem wir eine *mechanistische* Analogie des Sulfinylanions zum Enolat postulieren! Mit anderen Worten betrachten wir die 1,2-Addition von **606** an das Keton **186** als eine Thia-Aldoladdition! Damit haben wir die mechanistischen Erwägungen auf ein Terrain verlegt, wo wir uns besser auskennen:

605   **606**

Nach dem Zimmermann-Traxler-Modell repräsentiert das sesselförmige **607** den Übergangszustand der Aldolreaktion. Gemäß unserer Hypothese würde das Thia-enolat **606** daher *ebenfalls* über einen Sessel-Übergangszustand (**608**) reagieren. **606** besitzt im Gegensatz zum "echten" Enolat (**605**) wegen seines pseudo-tetraedrisch koordinierten Schwefels statt zwei enantiotoper Seiten zwei *diastereotope Seiten*. Daher leiten sich von **606** (im Gegensatz zu **605**) *zwei diastereomere* Sessel-Übergangszustände ab, nämlich **608a** und **608b**.

607   **608a**   **608b**

608a und **608b** *unterscheiden* sich als Diastereomere *energetisch*. Die Thia-Aldoladdition sollte natürlich über den *energieärmeren* Übergangszustand verlaufen.

Vermutlich ist **608a** mit dem Tolylrest in der *äquatorialen* Position energetisch vorteilhafter als **608b**, worin dieser Tolylrest die behinderte *axiale* Position einnimmt.

Im *hier interessierenden* Fall ist dieser mutmaßlich *günstigste* Übergangszustands-Typ **608a** im Sessel **609** verwirklicht.

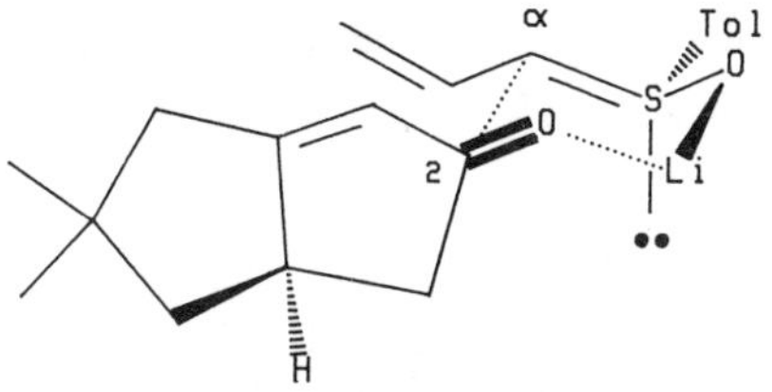

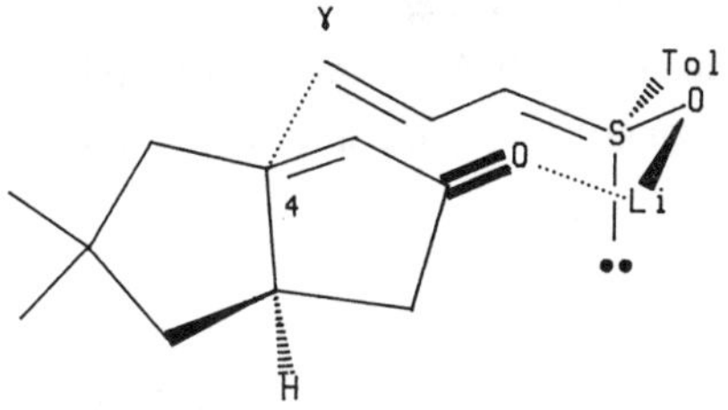

Nebenbemerkung für Skeptiker: **609** steht für den Übergangszustand der *α-1,2-Addition*. Falls man eine *γ-1,4-Addition* für den wahrscheinlicheren Mechanismus hält (siehe aber oben), wäre stattdessen **610** der maßgebliche Übergangszustand. Die stereochemischen Gegebenheiten sind in **609** und **610** dieselben! In Anbetracht dieser Ähnlichkeit von **609** und **610** erhebt sich dann jedoch noch die Frage, inwieweit sich die α-1,2- und die γ-1,4-Additionsmechanismen *überhaupt* voneinander unterscheiden? Eine Charge-transfer-Wechselwirkung, die in **609** zwischen dem Allylanion-Teil als Donor und dem Enon als Akzeptor auftreten *müßte*, schüfe ja genau *die* Bindung, die den *"anderen"* Übergangszustand **610** auszeichnet! Insofern stellen **609** und **610** möglicherweise nur verschiedene Ansichten von *ein und demselben* Decalin-artigen Übergangszustand dar.

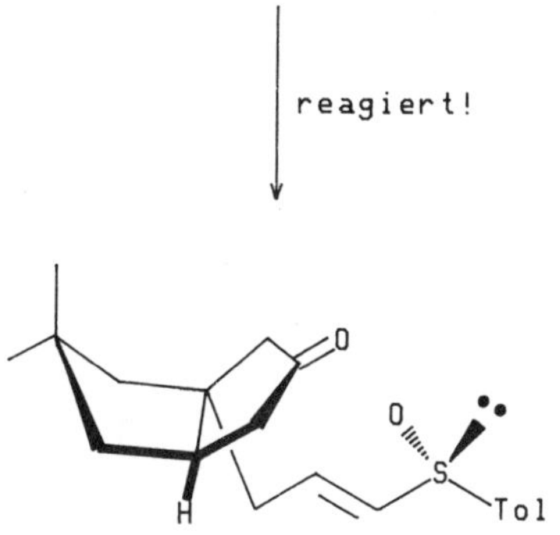

Zurück zum Hauptthema! **609** wurde als energetisch günstiger Übergangszustand vorgestellt. Er inkorporiert in der Tat das *reaktive* (R)-Enantiomer des racemischen Enons **186** und führt zum experimentell beobachteten Reaktionsprodukt **611**!

Weshalb bleibt das *andere* Enantiomer S-**186** *unangetastet* zurück? Von S-**186** würden sich die sesselförmigen Übergangszustände **612** bzw. **613** ableiten. *Beide* sind *energetisch unzugänglich* verglichen mit dem von R-**186** abgeleiteten Übergangszustand **609**: In **612** würde das Bicyclooocten von der sterisch gehinderten *konkaven* Seite angegriffen. In **613** stünde der Tolylrest am Schwefel *axial*.

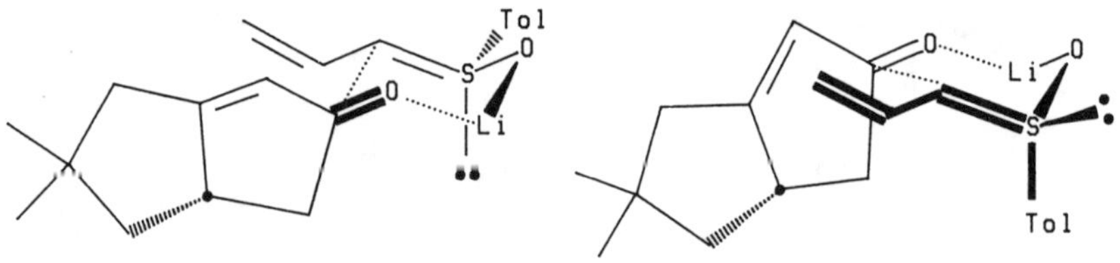

612   613

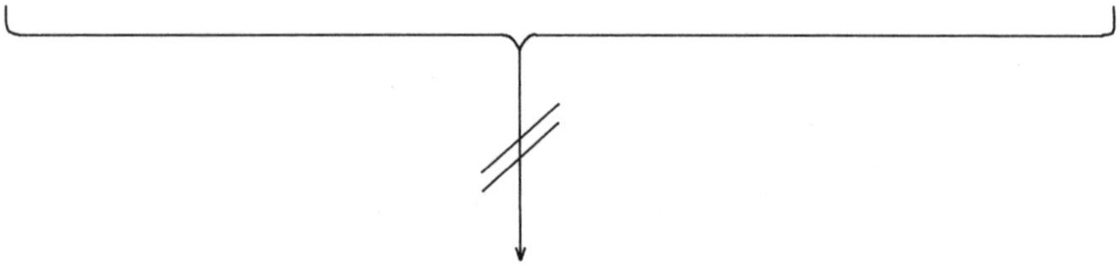

reagieren nicht!

Die *erste* kinetische Resolution der Frage 69 ist damit erschöpfend erklärt.

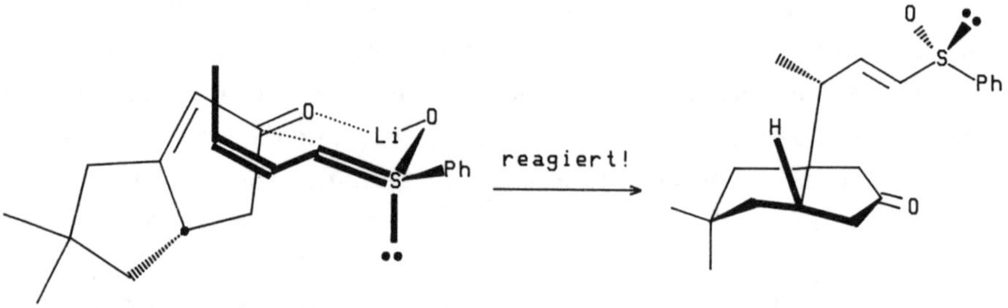

614   reagiert!   615

Die *zweite* kinetische Resolution betrifft die Umsetzung von rac-**188** mit S-**186**. Aus dem oben Gesagten leiten Sie leicht ab, daß für diese Reagenzpaarung nur *ein* energiearmer und daher realisierbarer Übergangszustand **614** besteht. Dieser überführt das *reaktive* Enantiomer R-**188** des Crotylsulfoxids in das beobachtete Reaktionsprodukt **615**. Beachten Sie, daß die Konfiguration des Crotyl-Teils von **188** bei der Deprotonierung von **188** *erhalten* bleibt! Ein sesselförmiger Übergangszustand der Cope-Umlagerung dürfte gewährleistet sein.

616   **617**

reagieren nicht!

S-**188** ist das unreaktive Enantiomer. Von ihm leiten sich nämlich nur die *energiereichen* Übergangszustände **616** (die Phenylgruppe ist *axial* orientiert) bzw. **617** (der Bicyclus wird auf der *konkaven* Seite angegriffen) ab.

b) Aus der *ersten* kinetischen Resolution von Teilfrage a) zieht man als Fazit: Das (R)-Enon reagiert *rasch* mit einem (S)-Sulfoxid-Anion; das (S)-Enon reagiert *erheblich langsamer* mit diesem (S)-Sulfoxid-Anion. Mit anderen Worten gilt für die betreffenden Reaktionsgeschwindigkeitskonstanten $k_{R\text{-Enon,S-Anion}} >> k_{S\text{-Enon,S-Anion}}$.

Das Auftreten der *zweiten* kinetischen Resolution ist gleichbedeutend damit, daß das (S)-Enon *rasch* mit dem (R)-Sulfoxid-Anion reagiert und *langsam* mit dem (S)-Sulfoxid-Anion. Für die Geschwindigkeitskonstanten gilt demnach $k'_{S\text{-Enon,R-Anion}} >> k'_{S\text{-Enon,S-Anion}}$.

Die *beiden* kinetischen Resolutionen bedeuten also *übereinstimmend*, daß Enon und Sulfoxid *rasch* miteinander reagieren, wenn sie *verschiedene* Konfigurationsbezeichnungen tragen. Sie reagieren nur *langsam* miteinander, wenn sie der *gleichen* Konfiguration angehören. Wenn Sie jetzt noch bedenken, daß $k'_{R\text{-Enon,S-Anion}} = k'_{S\text{-Enon,R-Anion}}$ sowie $k'_{S\text{-Enon,S-Anion}} = k'_{R\text{-Enon,R-Anion}}$ gelten müssen, dann folgern Sie: Bei der Umsetzung von rac-**186** mit rac-**188** reagieren bevorzugt die Paarungen R-**186**/S-**188** und S-**186**/R-**188**. Es müßte folglich *diastereomerenrein* und racemisch die Verbindung **615** resultieren!

Anmerkung: Wenn man aus zwei racemischen Edukten nur eines von vier diastereomeren Produkten erhält (als Racemat), spricht man von einer "gegenseitigen kinetischen Resolution".

ANTWORT 70

Fragestellung aus: R. J. Parry, R. Mafoti, J. M. Ostrander, J. Am. Chem. Soc. *109*, 1885 [1987].

"Alkohole macht man aus Ketonen oder Aldehyden"! Mit dieser Faustregel zur *Retrosynthese* vermutet man als Vorstufe von Sesbanin (**189**) das Keton **618**. Dessen Reduktion zum Alkohol sollte bevorzugt aus der *gewünschten* Richtung erfolgen. Dort ist nämlich eine geräumige "Einflugschneise" für das reduzierend wirkende Hydrid-Ion vorhanden. Hingegen ist die Einflugschneise des Hydrid-Ions auf der gegenüberliegenden "falschen" Seite durch das peri-ständige H-Atom versperrt!

189   **618**   **619**

Bei Antwort 19 formulierten wir als weitere Faustregel zur Retrosynthese, daß man cyclische Verbindungen meistens vorteilhaft auf käufliche *cyclische* Vorstufen zurückführt. In diesem Sinne könnte man den Pyridin-Teil von **618** aus Nicotinamid ableiten. Letzteres würde nach der Alkylierung zu dem stärker elektrophilen Pyridiniumsalz **619** von einem Nucleophil **621** selektiv in der 4-Position angegriffen (vergleiche F. Kröhnke, K. Ellegast [mitbearbeitet von E. Bertram], Liebigs Ann. Chem. *600*, 189 [1956]; M. N. Palfreyman, K. R. H. Woolridge, J. Chem. Soc., Perkin Trans. 1 *1974*, 57).

Ein Syntheseäquivalent **621** des Synthons **620** ist in einer dreistufigen *Synthese* zugänglich. Mit Et$_2$AlCN gelingt im ersten Schritt die selektive 1,4- (statt 1,2-) Addition eines Cyanid-Ions an Cyclopentenon (Methode: W. Nagata, M. Yoshioka, M. Murakami, J. Am. Chem. Soc. *94*, 4654 [1974]). Die Verseifung zum Methylester sowie eine Ketalisierung schließen sich an.

Das Syntheseäquivalent **622** des elektrophilen Synthesebausteins **619** erhält man mit einer Menschutkin-Reaktion aus Nicotinamid. Die 1,4-Addition des von **621** abgeleiteten Esterenolats an das Pyridiniumsalz **622** setzt die *eine* Schlüsselidee der Retrosynthese in die Tat um. Der primär resultierende Amid-ester **623** sollte nach Zugabe von LDA gleich noch den *letzten* Cyclus der Zielstruktur ergeben: Das Anion des Amids bildet mit den Ester das Imid **624**.

Bei der nächsten Reaktion wird klar, weshalb eine Trimethylsilylgruppe in die Seitenkette des Pyridinrings eingeführt wurde. Da diese Seitenkette im Zielmolekül nicht auftaucht, muß sie - nachdem sie ihre Aufgabe bei der Aktivierung des Nicotinamids erfüllt hat - wieder entfernt werden. Dies wird durch die Trimethylsilylgruppe erleichtert, wenn man die hohe Affinität des Fluorid-Ions zum Silicium ausnutzt: Bei der Zugabe von Tetrabutylammoniumfluorid müßte die silylierte Seitenkette von **624** so fragmentieren, wie man es von der Spaltung von SEM-Ethern (Me$_3$Si-CH$_2$-CH$_2$-O-CH$_2$-OR) mit dem gleichen Reagenz kennt.

Die Fragmentierung ergibt zunächst das Dihydropyridin **625**. Dieses sollte unter den basischen Reaktionsbedingungen vielleicht schon von alleine und insbesondere, wenn man durch Einleiten von Luft-Sauerstoff nachhilft, zu **626** aromatisieren. Die letztere Reaktion ist als Teilschritt der Substitution von Pyridinen in 2-Stellung gemäß Nu$^-$ + Pyridin bekannt.

Die Umketalisierung des Dioxolans sollte das Keton **618** freisetzen. Dessen *diastereoselektive* Reduktion entspricht dem *anderen* Schlüsselschritt der Retrosynthese und müßte den gesuchten Naturstoff **231** ergeben.

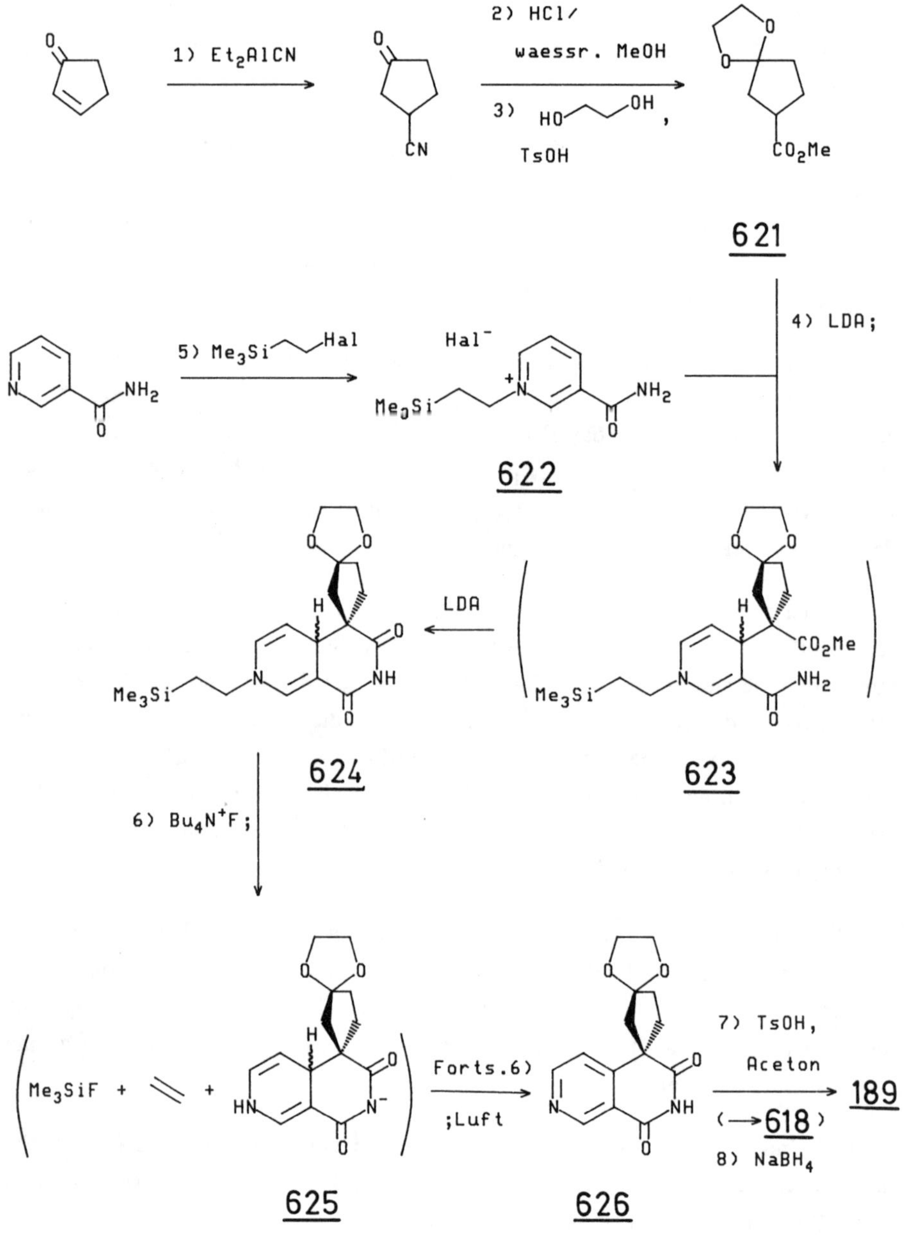

6 21

6 22

6 24   **6 23**

6 25   **6 26**   **189**

(⟶ **618**)

Teil 3

ANHANG

EINIGE ZAHLENWERTE,

DIE MAN ÖFTERS BRAUCHT UND DANN NIE AUF ANHIEB FINDET!

BINDUNGSENTHALPIEN

in kcal mol^{-1} (aus: J. D. Roberts, M. C. Caserio, *Basic Principles of Organic Chemistry*, S. 76, 77, 82, W. A. Benjamin, Inc., New York, Amsterdam 1965)

H–H	104.2	O–O	35		C–Cl	81
C–H	98.7	O=O	119.1		C–Br	68
N–H	93.4	S–S	54		C–I	51
O–H	110.6	Cl–Cl	58.0		N–O	53
S–H	83	Br–Br	46.1		N=O	145
Cl–H	103.2	I–I	36.1		N–Cl	46
Br–H	87.5	C–O	85.5			
I–H	71.4	C=O	166	(Formaldehyd)		
C–C	82.6	C=O	176	(andere Aldehyde)		
C=C	145.8	C=O	179	(Ketone)		
C≡C	199.6	C=O	192.0	(Kohlendioxid)		
N–N	39	C≡O	255.8	(Kohlenmonoxid)		
N=N	100	C–N	72.8			
N≡N	147	C=N	147			
		C≡N	212.6			

Sublimationsenthalpie $C_{Graphit}$: 171.7 kcal mol^{-1}

Verdampfungsenthalpie H_2O: 10.4 kcal mol^{-1}

STABILISIERUNGSENERGIEN

aus Verbrennungsenthalpien in kcal mol^{-1} (aus: J. D. Roberts, M. C. Caserio, *Basic Principles of Organic Chemistry*, S. 244, W. A. Benjamin, Inc., New York, Amsterdam 1965)

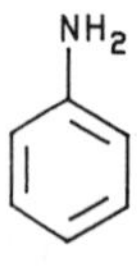

NH$_2$ 41   71

OH 40   104

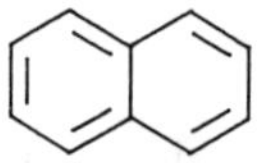

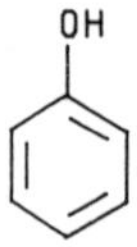

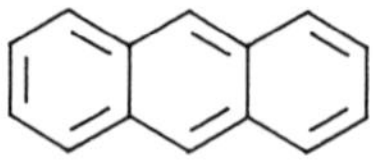

CH$_3$ 39 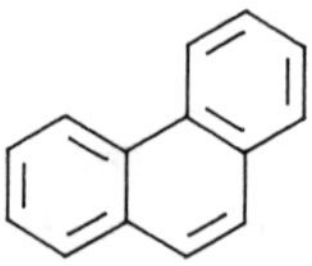   111

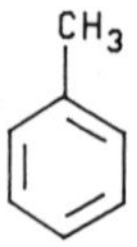

38

RINGSPANNUNG

in kcal mol^{-1} (aus: S. W. Benson, *Thermochemical Kinetics*, S. 273, J. Wiley & Sons, New York, London, Sydney, Toronto 1976)

△	27.6	△	53.7		
⬜	26.2	⬜	29.8		
⬠	6.3	⬠	5.9	⬠	6.0
⬡	0	⬡	1.4	⬡	4.8
⬣	6.4	⬣	5.4		
⯃	9.9	⯃	6.0 (trans: 15.3)		
⬟	12.8	⬟	9.9 (trans: 12.8)		

WIE GROß SIND BESTIMMTE GRUPPEN?

Konformative Freie Enthalpien an Cyclohexan-Derivaten: $\Delta G_{axial} - \Delta G_{äquatorial}$-Werte in kcal mol^{-1} (aus: J. Hine, *Structural Effects on Equilibria in Organic Chemistry*, S. 114, John Wiley & Sons, New York, London, Sydney, Toronto 1975)

tBu	>4	SH	0.9
Ph	3.0	OH	0.87 - 0.52
iPr	2.15	$SiCl_3$	0.61
CO_2^-	1.92	OMe	0.60
NH_3^+	1.9	OAc	0.60
Et	1.75	NCO	0.51
Me	1.70	OTs	0.50
NH_2	1.6 - 1.2	Cl	0.43
Vinyl	1.35	I	0.43
CO_2H	1.35	Ethinyl	0.41
COCl	1.25	Br	0.38
CO_2Et	1.20	-NC	0.21
NO_2	1.10	-CN	0.17
SMe	1.07	F	0.15

GEBRÄUCHLICHE ABKÜRZUNGEN

für Reagenzien, funktionelle Gruppen oder Schutzgruppen

Ac	Acetyl-
9-BBN	9-Borabicyclo[3.3.1]octan
Boc	tert-Butoxycarbonyl-
Bn	Benzyl-
Bz	Benzoyl-
DABCO	1,4-Diazabicyclo[2.2.2]octan
DBN	1,5-Diazabicyclo[4.3.0]non-5-en
DBU	1,8-Diazabicyclo[5.4.0]undec-7-en
DCC	Dicyclohexylcarbodiimid
DDQ	2,3-Dichlor-5,6-dicyanbenzochinon
DIBAL	Diisobutylaluminiumhydrid
DIBAH	desgleichen!
DMAP	4-(N,N-Dimethylamino)pyridin
DME	Dimethoxyethan
DMF	N,N-Dimethylformamid
DMSO	Dimethylsulfoxid
HMPT	Hexamethylphosphorsäuretrisamid
HMPA	desgleichen!
HOAc	Essigsäure
LAH	Lithiumaluminiumhydrid
LDA	Lithiumdiisopropylamid
MCPBA	*meta*-Chlorperbenzoesäure
MEM	(2-methoxyethoxy)methyl-
MOM	Methoxymethyl-
MsCl	Methansulfonylchlorid
NBS	N-Bromsuccinimid
NCS	N-Chlorsuccinimid
PPTS	Pyridinium-*para*-toluolsulfonat
pyr	Pyridin
SEM	[2-(Trimethylsilyl)ethoxy]methyl
Si $\leqslant$	tBuMe$_2$Si-
Si $\leqslant$ $^{Ph}_{Ph}$	tBuPh$_2$Si-

THF	Tetrahydrofuran
THP	Tetrahydropyran-2-yl-
TMEDA	Tetramethylethylendiamin
TMS	Tetramethylsilan
Tol	Tolyl-
trifl$_2$O	Trifluormethansulfonsäureanhydrid
Tris	(2,4,6-Triisopropylbenzol)sulfonyl-
Trit	Triphenylmethyl-
TsCl	p-Toluolsulfonylchlorid

SELEKTIVITÄTEN UND GLEICHGEWICHTSLAGEN

Fall 1: In einer Gleichgewichtsreaktion kennen Sie die prozentualen Anteile der Komponenten **A** und **B** im Gleichgewicht. Wie unterscheiden sich deren Freie Enthalpien ΔG [kcal mol^1] in Abhängigkeit von der Temperatur?

Fall 2: Bei einer Konkurrenzreaktion entstehen zwei Produkte **A** und **B** im angegebenen Molverhältnis. Wie groß ist die Differenz $\delta\Delta G^{\neq}$ der Freien Aktivierungsenthalpien $\Delta G^{\neq}$ dieser Konkurrenzreaktionen?

	ΔG bzw. $\delta\Delta G^{\neq}$ bei		
A : B	$-78^{\circ}C$	$+20^{\circ}C$	$+100^{\circ}C$
60 : 40	0.16	0.24	0.30
70 : 30	0.33	0.49	0.63
80 : 20	0.54	0.81	1.03
90 : 10	0.85	1.28	1.63
95 : 5	1.14	1.71	2.18
98 : 2	1.51	2.27	2.88
99 : 1	1.78	2.68	3.41
99.5 : 0.5	2.05	3.08	3.92
99.1 : 0.1	2.68	4.02	5.12

Fall 1: Sie kennen die Änderung der Freien Enthalpie ΔG [kcal mol^{-1}] bei einer Gleichgewichtsreaktion zwischen **A** und **B**. Wie hoch ist der prozentuale Anteil der Komponente **B** im Gleichgewicht in Abhängigkeit von der Temperatur?

Fall 2: Ein Substrat kann bei einer chemischen Umsetzung zwei Stereoisomere **A** und **B** ergeben. Die Differenz $\delta\Delta G^{\neq}$ der Freien Aktivierungsenthalpien $\Delta G^{\neq}$ dieser konkurrierenden Reaktionen ist Ihnen bekannt. Wie hoch ist der Prozentanteil **B** im Produktgemisch in Abhängigkeit von der Temperatur?

ΔG bzw. $\delta\Delta G^{\neq}$	% **B** bei		
[kcal mol^{-1}]	-78°C	+20°C	+100°C
-0.1	56 %	54 %	53 %
-0.2	63 %	59 %	57 %
-0.5	78 %	70 %	66 %
-1	93 %	85 %	79 %
-2	99.4 %	97 %	93.7 %
-3	99.96 %	99.43 %	98.3 %
-5	99.99975 %	99.98 %	99.88 %

HALBREAKTIONSZEITEN

$\tau_{1/2}$ von einer unimolekularen Reaktion mit der Freien Aktivierungsenthalpie $\Delta G^{\neq}$ (mittels der Eyring-Beziehung berechnet):

$\Delta G^{\neq}$ [kcal mol^{-1}]	$\tau_{1/2}$ bei		
	$-78^{\circ}C$	$+20^{\circ}C$	$+100^{\circ}C$
3	$3.9 \times 10^{-10}s$	$2.0 \times 10^{-11}s$	$5.1 \times 10^{-12}s$
5	$6.8 \times 10^{-8}s$	$6.1 \times 10^{-10}s$	$7.6 \times 10^{-11}s$
10	0.027 s	$3.3 \times 10^{-6}s$	$6.5 \times 10^{-8}s$
15	3.0 h	0.018 s	$5.5 \times 10^{-5}s$
20	140 a	1.6 min	0.047 s
25		5.9 d	40 s
30		86 a	9.4 h
40			780 a

WIEVIEL ENERGIE STECKT IN ELEKTROMAGNETISCHER STRAHLUNG?

λ [nm]	ν [cm^{-1}]	E [kcal mol^{-1}]
254		112
300		95
400		71
500		57
600		48
700		41
800		36
2500	4000	11
3333	3000	8.6
5000	2000	5.7
10000	1000	2.9

WICHTIGE KONSTANTEN

R = 1.9859 cal mol^{-1} K^{-1}

1 kcal = 4.1868 kJ

N_L = 6.022045 × 10^{23} mol^{-1}

h = 6.626176 × 10^{-34} Js

k_B = 1.380662 × 10^{-23} JK^{-1}

c = 2.9979 × 10^8 ms^{-1}